博碩文化

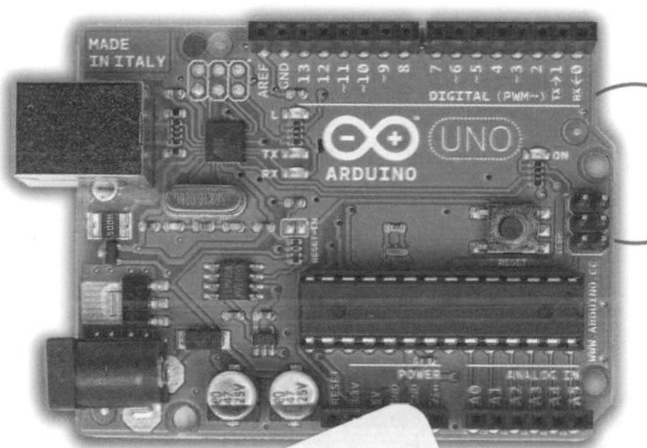

物聯網實戰

使用 樹莓派 / Arduino / ESP8266 NodeMCU / Python / Node-RED

打造安全監控系統

修訂版

林聖泉 著

本書範例程式
請至博碩官網下載

作　　者：林聖泉
責任編輯：林楷倫

董 事 長：陳來勝
總 編 輯：陳錦輝

出　　版：博碩文化股份有限公司
地　　址：221 新北市汐止區新台五路一段 112 號 10 樓 A 棟
　　　　　電話 (02) 2696-2869　傳真 (02) 2696-2867

發　　行：博碩文化股份有限公司
郵撥帳號：17484299　戶名：博碩文化股份有限公司
博碩網站：http://www.drmaster.com.tw
讀者服務信箱：dr26962869@gmail.com
訂購服務專線：(02) 2696-2869 分機 238、519
（週一至週五 09:30 ～ 12:00；13:30 ～ 17:00）

版　　次：2023 年 3 月二版一刷

建議零售價：新台幣 650 元
I S B N：978-626-333-411-3
律師顧問：鳴權法律事務所 陳曉鳴律師

本書如有破損或裝訂錯誤，請寄回本公司更換

國家圖書館出版品預行編目資料

物聯網實戰：使用樹莓派 /Arduino/ESP8266 NodeMCU/Python/Node-RED 打造安全監控系統 / 林聖泉著 . -- 二版 . -- 新北市：博碩文化股份有限公司 , 2023.03

面；　公分

ISBN 978-626-333-411-3(平裝)

1.CST: 微電腦 2.CST: 電腦程式語言

471.516　　　　112002189

Printed in Taiwan

PREFACE

自序

「樹莓派」，簡單說是一個迷你級的電腦主機，像皮夾般大小，跑 Linux 作業系統，接上螢幕、鍵盤、滑鼠，就跟筆電、桌機一樣可用來處理文書作業、連上網路、搜尋資料等。近幾年快速發展，玩家分享的資源如雨後春筍般在無際的網路上冒出。「Arduino」於 2005 年發展至今已逾十年，使用者相當多，是一種開源嵌入式系統開發平台，但是所建立的系統僅可執行單一應用，功能受限，若搭配「樹莓派」，將可擴大應用層面，提升價值。

在 GPIO 應用方面，「樹莓派」26 個 GPIO 都是數位腳位，而「Arduino」控制板，以 UNO 為例，除了 14 個數位腳位，另外還有 6 個 10 位元的類比信號輸入腳位，可以有更多方面的應用。兩者優點是「樹莓派」功能強大，而「Arduino」有相當多成熟的軟硬體可運用，結合兩者的優點，「Arduino」作為「樹莓派」周邊裝置，將加乘各自原有的功能。

本書像是一本建立物聯網的「食譜」，讀者只需準備好鍋具：「樹莓派」、「Arduino」；食材：感測器、致動器；搭配醬料、掌握火侯：Python、Node-RED，就可以烹調出一頓豐富佳餚－輕易建立一個專屬的物聯網。

本書分三個部分：

- 樹莓派
- Arduino
- 樹莓派與 Arduino

前兩部分是讓讀者對建立物聯網組成有基本認識，第三部分是本書最重要的部分，它環繞在如何運用相關技術建立居家的物聯網，使用「Node-RED」建立「流程」，同時藉「MQTT 協定」，讓訊息在物聯網輕易發布，提供相關裝置訂閱作為控制使用，而達到建立便利、舒適、安全的「居家環境安全監控系統」。

筆者要特別感謝國立中興大學提供半年休假研究、吾妻的細心照顧與鼓勵、以及博碩文化編輯同仁的大力協助。

請備好樹莓派、Arduino UNO、ESP8266 NodeMCU、感測器、致動器、電子零件，準備啟程囉！

修訂版除刪掉原第 4 章，主要做以下增修：

- 第 1 章：基於樹莓派作業系統安裝方式有大幅度的改良，修訂設定步驟；在執行 Raspberry Pi OS Imager 過程中，可以直接進行無線網路帳號、密碼的設定，再利用 PuTTY 連線啟動樹莓派 VNC 伺服器，直接利用 VNC Viewer 遠端連線，樹莓派不需外接顯示器，就可以操作，相當容易上手
- 新增 Arduino IoT Cloud 應用：第 9、10 章的例題，除保持原有樹莓派 MQTT 通訊方式外，再利用 Arduino IoT Cloud 建立物聯網，呈現別出心裁的作業方式，簡化物聯網的建立，也可以在智慧型手機上輕易建立使用者介面
- 第 11 章：Google 為保護使用者帳戶安全，建議關閉「低安全性應用程式存取權」，因此使用 email 結點原有的設定方式不再適用，改為需由 Google 提供的「應用程式密碼」，增訂它的設定步驟
- 採用 3.0.2 版 Node-RED，部分結點稍有變化，已做更新
- 改變 JavaScript 程式宣告變數的方式：以 const 與 let 宣告，前者為不變常數、後者為變數，不再使用 var
- 更新部分參考資料網址

筆者特別感謝林楷倫編輯在本書修訂版排版工作的付出。

林聖泉 於台中 2023/2

無線網路帳號、密碼

本書程式中有關無線網路帳號、密碼均以下列字串表示

- 無線網路帳號："urWiFiAccount"
- 無線網路密碼："urPassword"

讀者請自行查明更改。

單引號與雙引號

- Python 程式的字串可以使用單引號或雙引號，例如："Raspberry Pi" 與 'Raspberry Pi' 是相同字串
- C 程式的字串使用雙引號，例如："Raspberry Pi"；單引號用於表示字元，例如：'a'
- 無論 Python 或 C 程式，如果字串裡有單引號或雙引號，可以在單引號或雙引號前使用「\」（跳脫字元），例如："{\"Model\":\"B\"}"，實際上等於 {"Model":"B"}
- Node-RED「function」結點的字串格式與 Python 程式相同

CONTENTS
目錄

PART I 樹莓派

CHAPTER 1 樹莓派介紹

CHAPTER 2 Python 介紹

CHAPTER 3 樹莓派 GPIO

PART II Arduino

CHAPTER 4 Arduino 介紹

CHAPTER 9 居家環境監控系統

CHAPTER 10 居家設備控制系統

CHAPTER 11 居家安全監視系統

CHAPTER 12 使用者介面客製化

參考資料

附錄 A：安裝 Arduino 函式庫方法

附錄 B：電子零件清單

PART I 樹莓派

CHAPTER 1　樹莓派介紹

CHAPTER 2　Python 介紹

CHAPTER 3　樹莓派 GPIO

01

CHAPTER

樹莓派介紹

1.1 簡介

樹莓派（Raspberry Pi）由英國「樹莓派基金會」設計開發，本書採用樹莓派 4 Model B，外觀如圖 1.1，相當於皮夾大小，價格實惠，具備一般電腦主機功能。它擁有 Broadcom BCM2711 系統晶片、ARM Cortex-A72 64 位元四核心 CPU、可選 1GB、2GB、4GB、或 8GB SDRAM。它的作業系統是儲存在 micro SD card，必須另外下載安裝。資料傳輸部分，支援十億位元乙太網路介面（Gigabit Ethernet）、2.4GHz 與 5.0GHz IEEE 802.11ac 無線網路、與藍牙 5.0（Bluetooth 5.0）、藍牙低功耗（Bluetooth Low Energy；BLE）。周邊部分，2 個 USB 3.0、2 個 USB 2.0 插槽，可以接鍵盤、滑鼠、或網路攝影機，2 個 micro-HDMI 插槽可接雙螢幕，1 個 CSI（Camera Serial Interface）介面可以接 Pi 攝影機，1 個音訊輸出插孔，1 個 USB-C 插槽接 5V 電源，40 個腳位接頭。註：筆者也用精簡版樹莓派 Zero 2 W 測試，它的功能與樹莓派 4 相仿，價格相對實惠，讀者可以列入考慮。

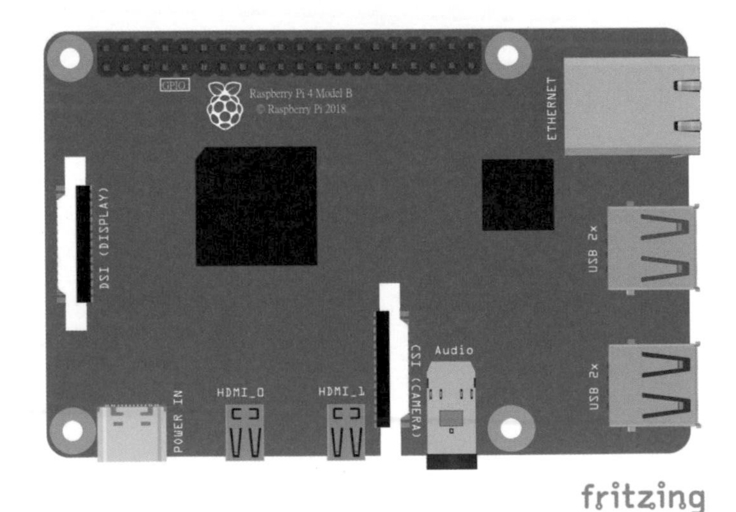

圖 1.1　樹莓派 4 Model B

樹莓派作業系統 Raspberry Pi OS，之前稱為 Raspbian，它是基於 Debian Linux 專為樹莓派發展的作業系統，其桌面與 PC 的 Windows 類似。

樹莓派官網在「關於我們」(About us) 揭露基金會推廣樹莓派的使命：

「Raspberry Pi 基金會是英國的一個慈善機構，它的使命是透過計算和數位技術的力量使年輕人能夠充分發揮潛力」(The Raspberry Pi Foundation is a UK-based charity with the mission to enable young people to realise their full potential through the power of computing and digital technologies.)。

(https://www.raspberrypi.org/about/，瀏覽日期：2022/11/28) 它除了提供初學者學習平台，也為經驗豐富的開發人士創造友善環境。樹莓派官網：

https://www.raspberrypi.org，提供豐富資源、應用程式下載專區、以及使用者討論區，這些都是自學者很好的學習管道。

1.2 開箱設定

安裝 PuTTY

PuTTY 為 SSH 與 telnet 用戶端連結程式，運用它啟用樹莓派 VNC (Virtual Network Computing)，屆時可以電腦在遠端連結樹莓派，毋須另外接顯示器，下載官網：https://www.putty.org/。

新機設定

STEP 01 下載 Raspberry Pi OS Imager 應用程式，下載官網：https://www.raspberrypi.org/software/，選 Download for Windows。

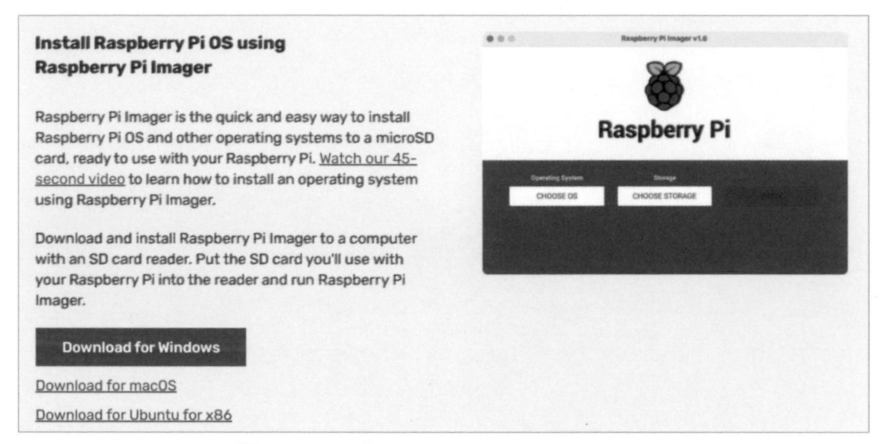
Install Raspberry Pi OS using Raspberry Pi Imager

Raspberry Pi Imager is the quick and easy way to install Raspberry Pi OS and other operating systems to a microSD card, ready to use with your Raspberry Pi. Watch our 45-second video to learn how to install an operating system using Raspberry Pi Imager.

Download and install Raspberry Pi Imager to a computer with an SD card reader. Put the SD card you'll use with your Raspberry Pi into the reader and run Raspberry Pi Imager.

Download for Windows

Download for macOS

Download for Ubuntu for x86

圖 1.2　下載 Raspberry Pi OS Imager

STEP 02 micro SD card 格式化：使用 SD card Formatter，下載官網：https://www.sdcard.org/downloads/formatter/。將 micro SD card（Class 10、至少 16 GB）放入轉接卡，插入筆電或桌機 SD 記憶卡插槽，執行 Formatter，如圖 1.3，點擊「Format」。

圖 1.3　micro SD card 格式化

STEP 03 執行 Raspberry Pi OS Imager，如圖 1.4，選擇 RASPBERRY PI OS（32-BIT）、SDHC CARD，如圖 1.5。

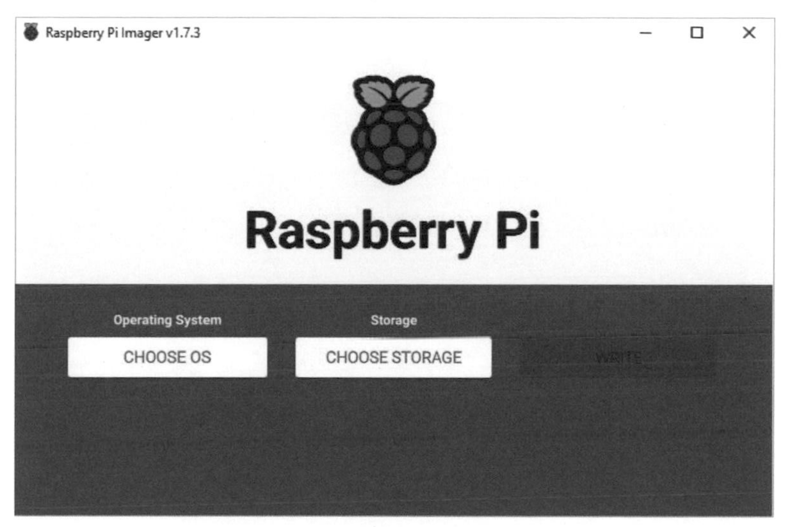

圖 1.4　Raspberry Pi OS Imager

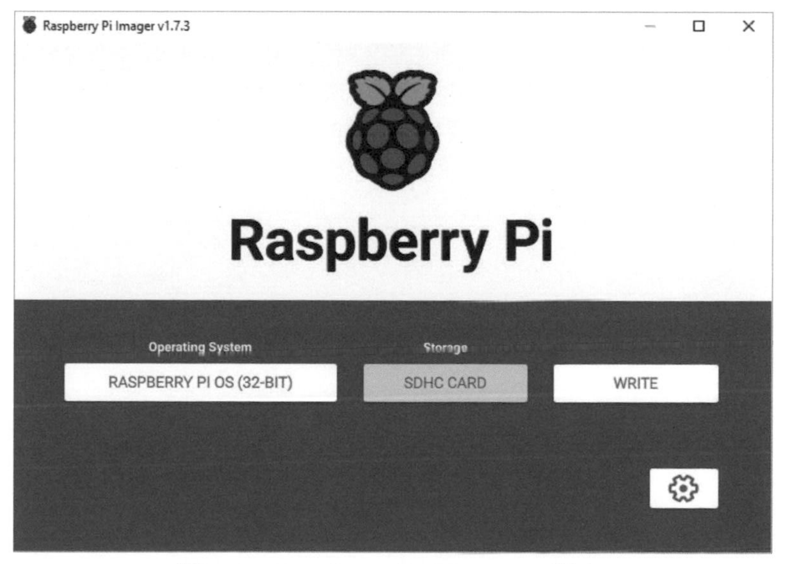

圖 1.5　Raspberry Pi OS Imager 設定

STEP 04 點擊圖 1.5 右下設定圖塊「Advanced options」進行無線網路、帳號密碼設定，如圖 1.6。此為新增功能，可以簡化安裝步驟

- Set hostname：raspberrypi.local，預設值
- 勾選 Enable SSH > Use password authentication
- Set username and password：使用者帳號與密碼設定
- Configure wireless LAN：確認無線分享器 SSID、Password；Wireless LAN country，台灣設為 TW
- Set locale settings：Time zone，台灣設為 Asia/Taipei
- 點擊「SAVE」

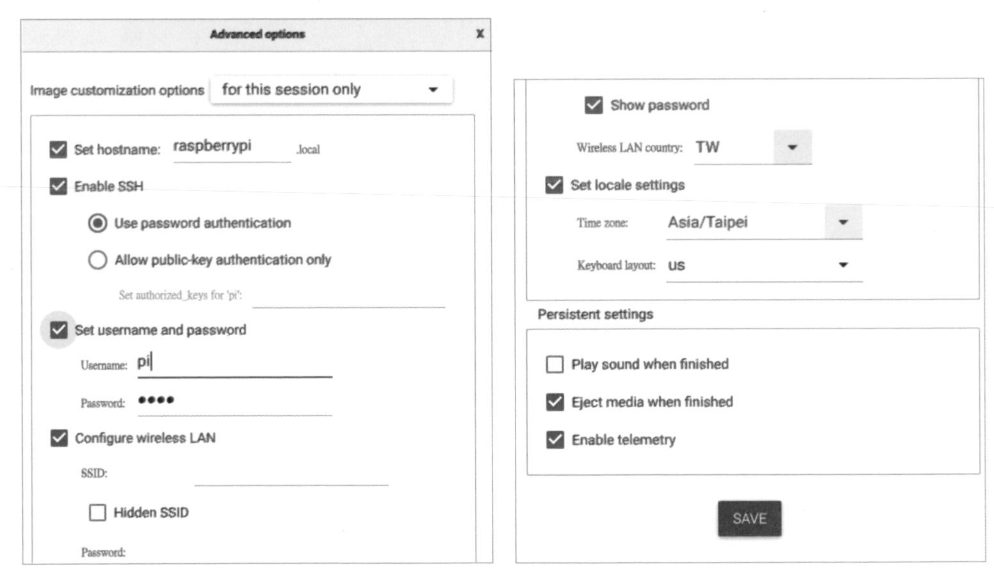

圖 1.6　無線網路設定

STEP 05 點擊「WRITE」，安裝完成如圖 1.7。

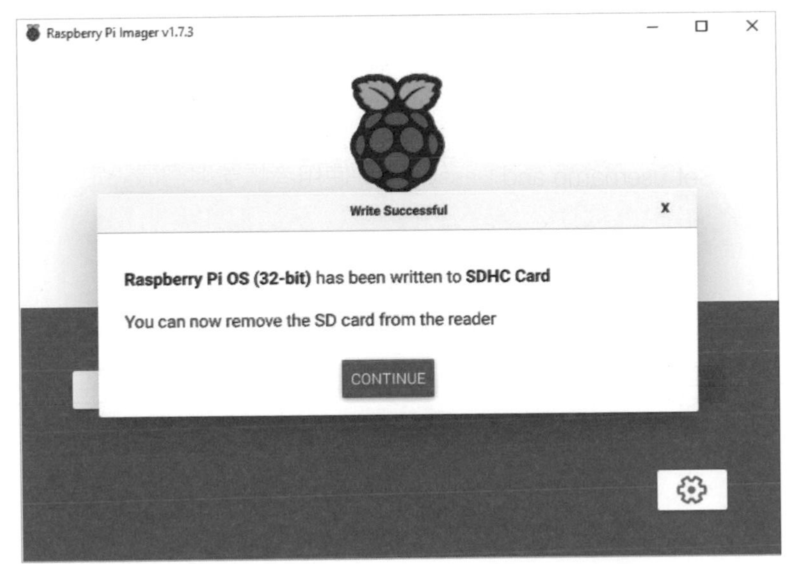

圖 1.7　Raspberry Pi OS Imager 完成作業系統安裝

STEP 06 將安裝好作業系統的 micro SD card 裝入樹莓派 SD card 插槽。

STEP 07 樹莓派接上電源。

STEP 08 利用電腦執行無線分享器工具程式，查詢樹莓派 IP。

STEP 09 執行 PuTTY 程式，圖 1.8 為執行程式畫面，Host Name（or IP address）為樹莓派網址（請確認 IP），Port 埠號為 22，Connection type 為 SSH，設定完成後儲存，本例名稱為 pi。點擊「Open」，打開連結，輸入帳戶名稱、密碼後，出現終端機視窗，即可開始使用樹莓派。

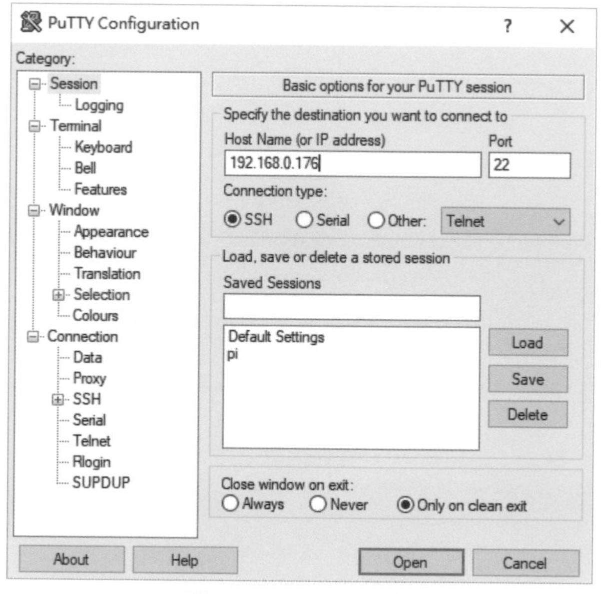

圖 1.8　PuTTY 設定

STEP 10　執行樹莓派配置，啟用 VNC server。至 PuTTY 終端機執行

```
$ sudo raspi-config
```

■ 點擊 Interface Options，如圖 1.9

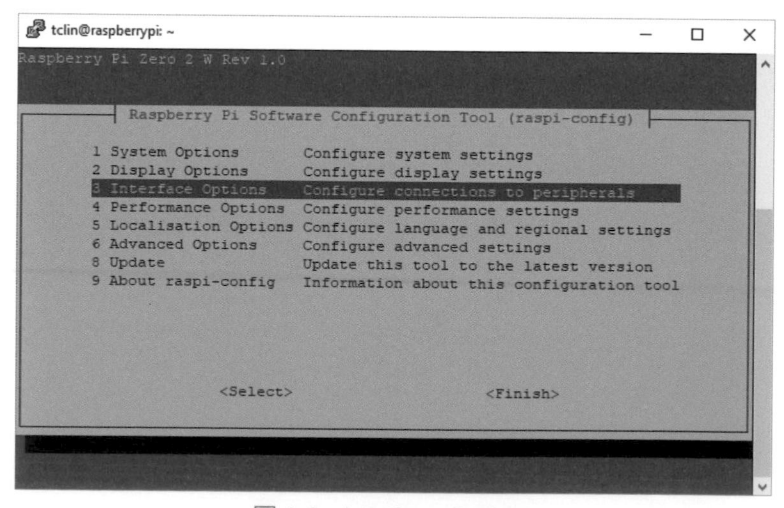

圖 1.9　Interface Options

■ 點擊啟用 VNC，可以利用 RealVNC 遠端連結，如圖 1.10

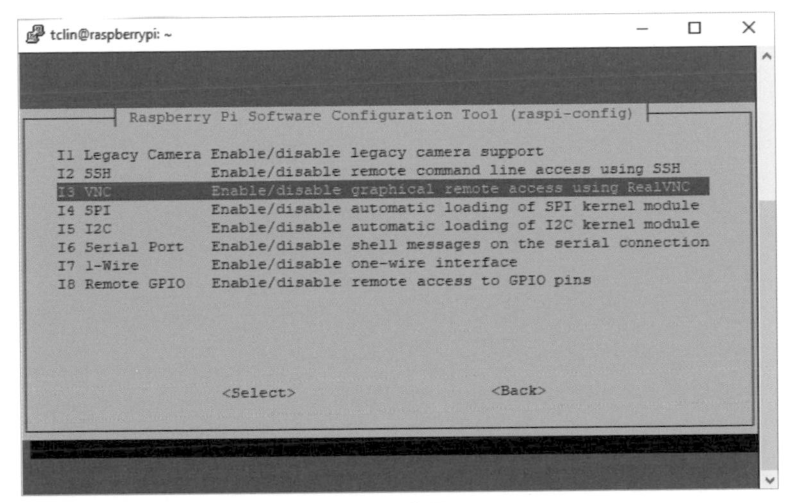

圖 1.10　啟用 VNC

■ 完成 VNC Server 啟用，如圖 1.11

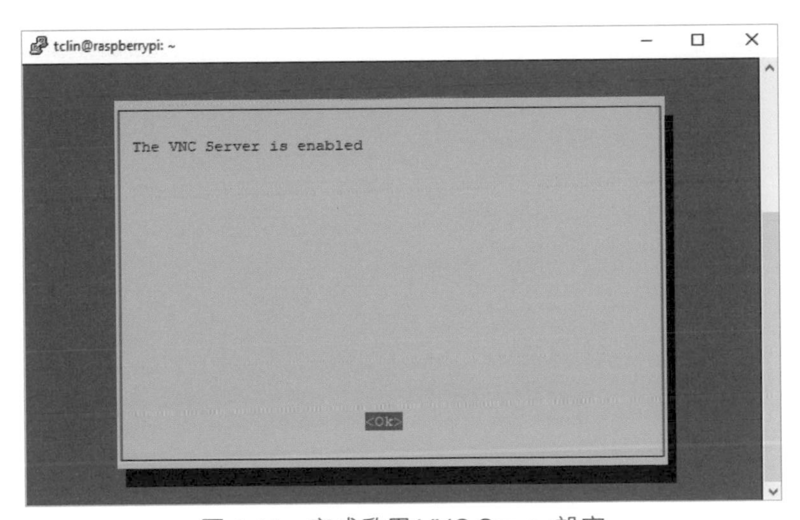

圖 1.11　完成啟用 VNC Server 設定

STEP 11 重新開機：

```
$ sudo reboot
```

遠端連結

利用桌機或筆電與樹莓派遠端連結，可以進行程式撰寫或監控，VNC Viewer 是使用相當普遍的連結軟體。樹莓派已安裝 VNC 伺服器，前面已利用 PuTTY 啟用，桌機或筆電遠端連結則需 VNC Viewer 軟體，下載官網：https://www.realvnc.com/en/connect/download/viewer/。

執行 VNC Viewer：File > New connection

設定 VNC server，即樹莓派網址（圖例 192.168.0.176），輸入名稱（連結名稱），如圖 1.12。點擊「OK」，輸入使用者帳戶（樹莓派帳戶 pi）、密碼，出現如圖 1.13 桌面。

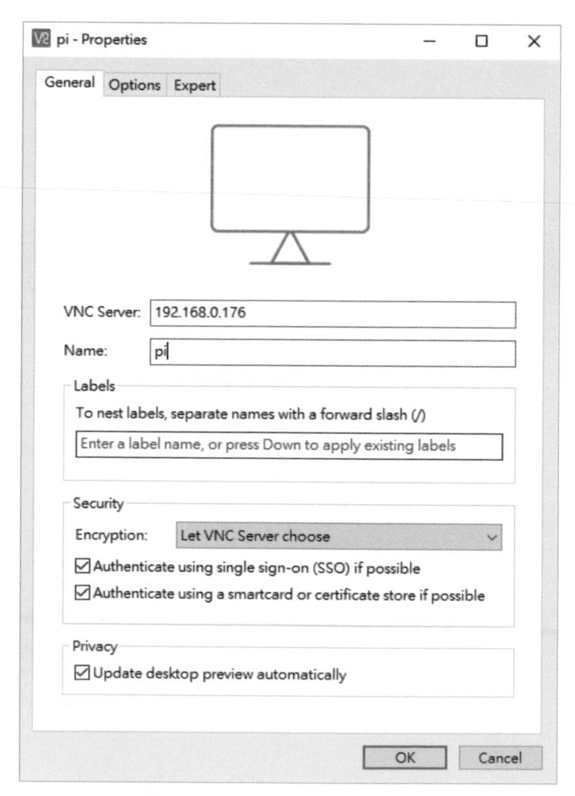

圖 1.12　VNC Viewer 設定

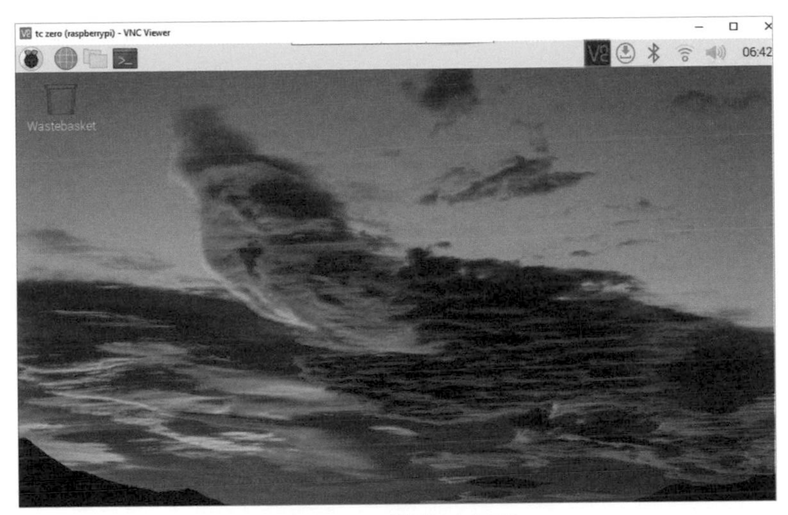

圖 1.13　樹莓派桌面

樹莓派資源豐富，應用程式更新相當頻繁，為了隨時掌握最新發展，開啟「終端機」執行軟體更新升級。

更新最新版發布的軟體清單

```
$ sudo apt update
```

根據更新軟體清單，進行軟體升級

```
$ sudo apt upgrade
```

另外，npm（Node Package Manager）是 Node.js 套件的管理工具，在使用 Node-RED 會用到，安裝指令

```
$ sudo apt install npm
```

本書會用到的程式

1. 軟體開發（**Programming**）：圖 1.14

    (1) Python's IDLE：Python's Integrated Development and Learning Environment 程式開發整合環境，安裝指令

    ```
    $ sudo apt install idle
    ```

(2) Node-RED：本書應用 Node-RED 撰寫物聯網應用程式，利用終端機安裝，指令為

```
$ bash <(curl -sL https://raw.githubusercontent.com/node-red/
linux-installers/master/deb/update-nodejs-and-nodered)
```

（參考資料：https://nodered.org/docs/getting-started/raspberrypi）。

註：Node-RED 3.0 版本不再支援 Node.js 12 版，由 2.x 版轉移至 3.0 版前須先完成 Node.js 14 版的安裝，步驟

```
$ sudo apt install curl
$ curl -sL https://deb.nodesource.com/setup_14.x | sudo bash -
$ sudo apt install -y nodejs
```

（參考資料：https://computingforgeeks.com/install-node-js-14-on-ubuntu-debian-linux/）

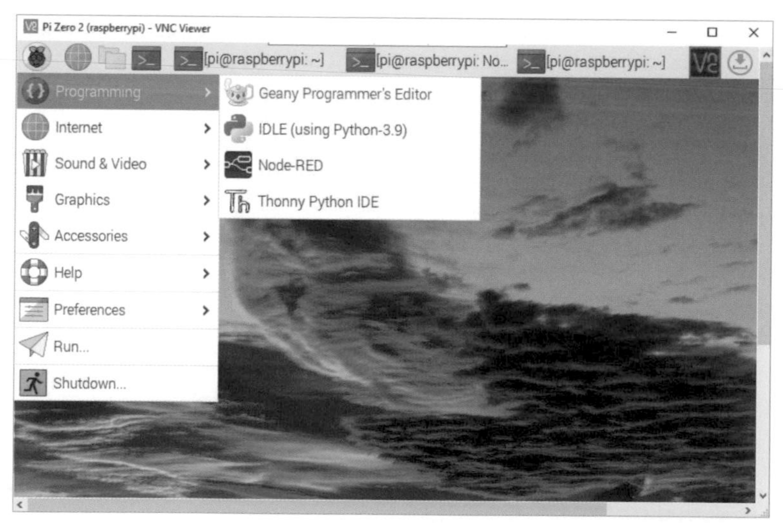

圖 1.14　開發軟體選單

2. 附屬應用程式（Accessories）：圖 1.15

(1) 終端機（Terminal）：常用於軟體更新、下載、編輯檔案等。

(2) 檔案管理員（File Manager）：相當於 PC Windows 的檔案總管。

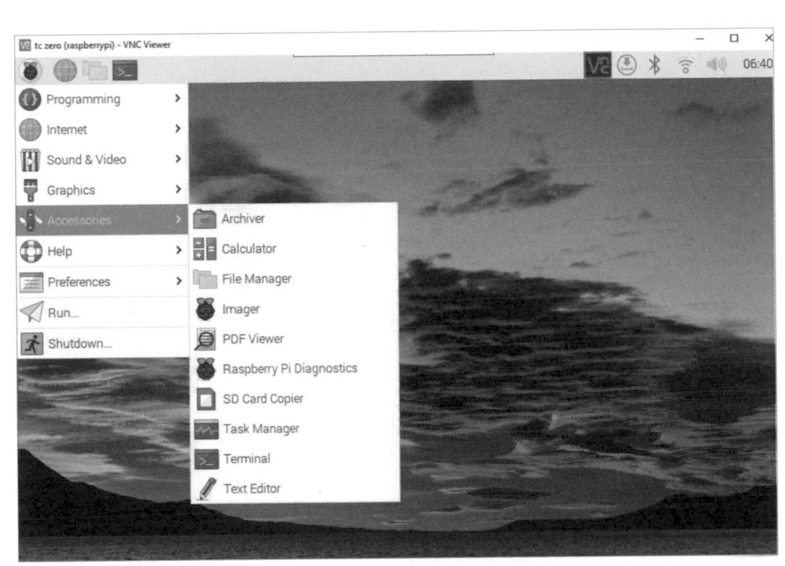

圖 1.15　附屬應用程式選單

其他

1. 偏好設定（**Preferences**）：外觀設定（Appearance Settings）可以選不同桌面圖片，樹莓派配置（Raspberry Pi Configuration）設定系統介面，顯示器配置（Screen Configuration）設定桌面長寬比，推薦軟體（Recommended Software）安裝列名清單中的軟體，如圖 1.16。若需安裝其他軟體，直接在主選單 > Preferences > Recommended Software 勾選軟體，如圖 1.17，點擊「Apply」。

圖 1.16　偏好設定

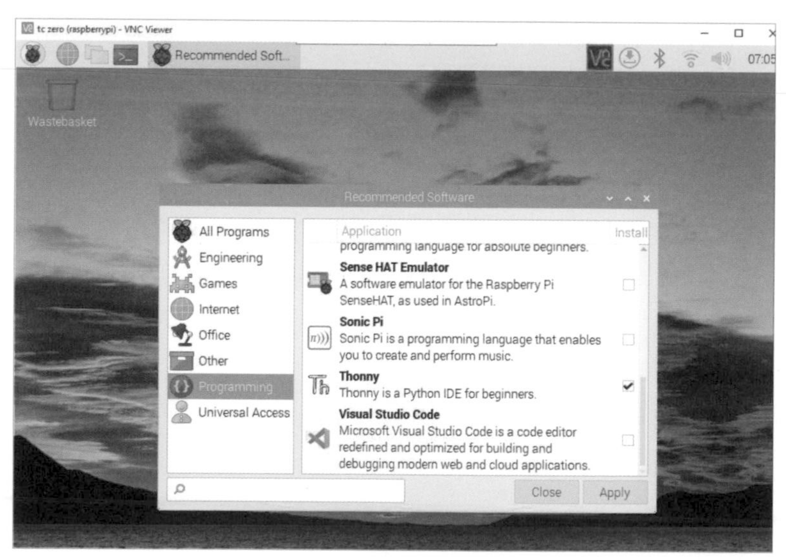

圖 1.17　推薦軟體清單

2. **關機（Shutdown）**：3 個選項分別為「Shutdown」關機、「Reboot」重新啟動、「Logout」登出。請讀者循正常程序關機。

1.3 作業系統

作業系統的指令相當多，僅列出常用的指令。

1. **ls**：顯示目錄檔案
   (1) 顯示所有檔案，包括隱藏檔
   ```
   $ ls -a
   ```
   (2) 顯示所有檔案詳細資料
   ```
   $ ls -l
   ```
2. **cd**：改變工作目錄
   (1) 到根目錄
   ```
   $ cd /
   ```
   (2) 到使用者主目錄（/home/pi）
   ```
   $ cd ~
   ```
   (3) 到上一層目錄
   ```
   $ cd ..
   ```
   (4) 到同一層 Pictures 目錄
   ```
   $ cd ./Pictures
   ```
3. **pwd**：顯示工作目錄。
4. **mkdir**：新增目錄。
5. **rm**：刪除目錄、檔案。
6. **mv**：移動目錄、檔案，也可以重新命名。
7. **cp**：複製目錄、檔案；「-r」複製目錄以及所有檔案。

8. **nano**：文字編輯器。

9. **sudo**：具有超級使用者（root）的使用權限，擁有無限制的讀寫權限。

10. **df**：顯示 micro SD card 尚餘空間。

11. **shutdown**

    (1) 關機

    ```
    $ sudo shutdown -h now
    ```

    -h now 表示即刻執行。

    (2) 重新開機

    ```
    $ sudo reboot
    ```

1.4 外接 USB 網路攝影機

樹莓派有 4 個 USB 插槽，可以同時接上 4 部網路攝影機，相較於僅能使用 1 部 Pi 攝影機，有較大的擴展性，網路攝影機價格也較便宜。本書將以網路攝影機作為相關的應用。網路攝影機安裝步驟：

- 將網路攝影機接上樹莓派 USB 插槽，至 /dev 目錄查看裝置是否被樹莓派識別出，攝影機名稱 video0、video1

- 安裝攝影程式 fswebcam

  ```
  $ sudo apt install fswebcam
  ```

- 完成後，測試攝影功能

  ```
  $ fswebcam test.jpg
  ```

  利用「圖片檢視器」開啟 test.jpg

■ 調整解析度

```
$ fswebcam -r 640x480 test.jpg
```

■ 移除橫幅

```
$ fswebcam --no-banner test.jpg
```

1.5 樹莓派腳位

樹莓派外觀可明顯看到兩排共 40 支接腳，除 GND、3.3V、5V 腳位外，就是在後面章節會用到的 GPIO（General Purpose Input/Output）腳位。Python 程式設定樹莓派 GPIO 腳位，有 2 種編號方式：

- GPIO.BOARD
- GPIO.BCM

GPIO.BOARD 為板子腳位排列物理編號，GPIO.BCM 為晶片內部編號（Broadcom SOC channel），對照如表 1.1（註：此為樹莓派 4 Model B 與 3 Model B+ 或 Zero 2 W 的腳位編號），兩者編號不同，不要混淆。26 個腳位可供數位輸出或輸入使用，均為 3.3V 腳位，不可輸入 5V 電壓，以免毀損板子，其中 9 個腳位有特定用途，如：I2C、SPI、UART 介面使用，若腳位夠用，可以避免使用這些腳位，以免在啟用前述介面時出現腳位衝突。第 27、28 腳位保留作其他用途。樹莓派提供 2 個 5V 輸出腳位，2 個 3.3V 輸出腳位。樹莓派腳位相當容易造成混淆，可以藉助於如圖 1.18 樹莓派腳位 T 型

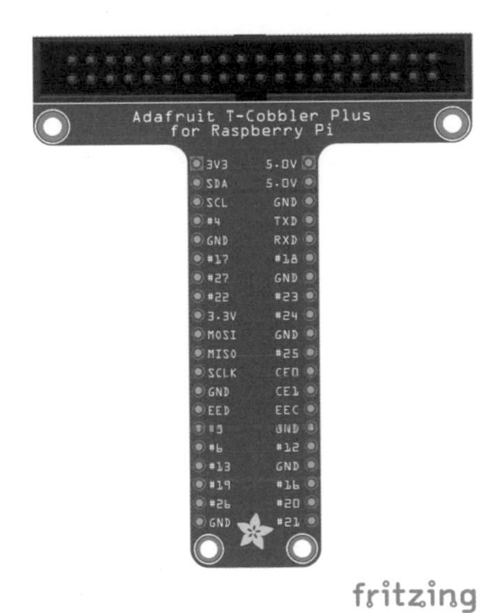

圖 1.18 樹莓派腳位 T 型轉接板

轉接板，板上有註明 GPIO 編號與代號。本書除例題 **3.1** 採用 GPIO.BOARD 編號外，均採用 GPIO.BCM 編號，建議讀者使用 T 型或其他型轉接板，可以省掉確認腳位所花費的時間，也減少誤接發生的機率。

表 1.1　樹莓派 GPIO 腳位編號

GPIO.BOARD 編號		GPIO.BCM 編號	
1	2	3.3V	5V
3	4	2/SDA	5V
5	6	3/SCL	GND
7	8	4	14/TXD
9	10	GND	15/RXD
11	12	17	18
13	14	27	GND
15	16	22	23
17	18	3.3V	24
19	20	10/MOSI	GND
21	22	9/MISO	25
23	24	11/SCLK	8/CE0
25	26	GND	7/CE1
27	28	Reserved	Reserved
29	30	5	GND
31	32	6	12
33	34	13	GND
35	36	19	16
37	38	26	20
39	40	GND	21

本章習題

1.1 樹莓派的作業系統為何？

1.2 Node-RED 軟體的用途為何？

1.3 試問樹莓派腳位 GPIO2、GPIO3、GPIO9、GPIO10 對應的物理編號為何？

1.4 試問樹莓派腳位 GPIO2、GPIO3 除了作通用數位輸入 / 輸出外，還有何種特殊用途？

MEMO

02

C H A P T E R

Python 介紹

Python 程式語言近幾年快速普及，它的特色，包括直譯式語言、免除宣告變數、利用縮排區分程式區塊（block）、數據處理功能強大的資料集（collection）等，以及相當多模組（註：模組為他人撰寫的程式）可利用，讓人耳目一新。本章整理 19 項 **Python** 相關語法，讀者熟悉後，可以輕鬆理解本書提供的所有 **Python** 程式。其他更多語法，請參考其他 Python 專書，或學習網站，Python 官網：https://www.python.org/。

Python 程式以 Text Editor 編輯後儲存，副檔名為 py，或利用 nano 編輯器編輯

```
$ nano welcome.py
```

鍵入一行程式：print("Welcome to RPi world!")

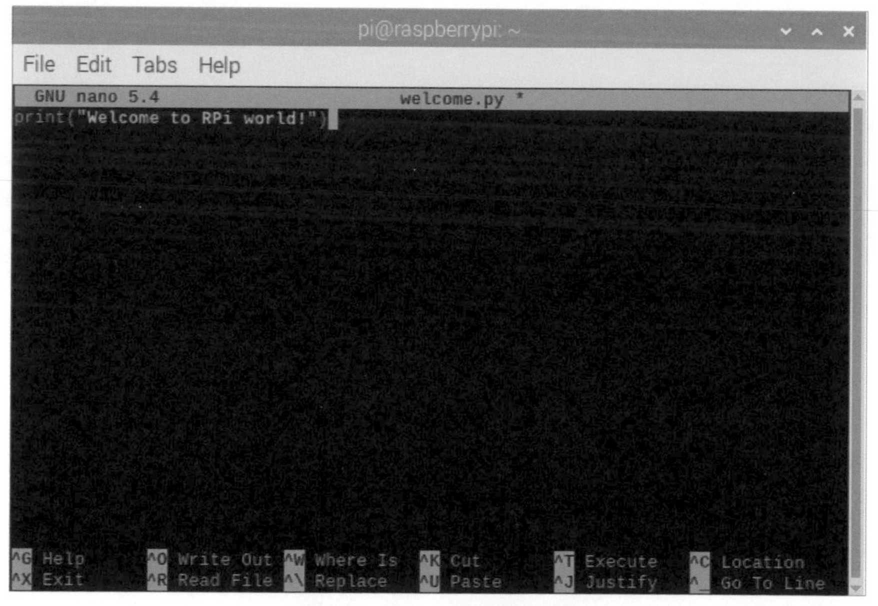

圖 2.1　nano 文字編輯器

編輯完成後，ctrl+x > y，存檔。在「終端機」執行

```
$ python welcome.py
```

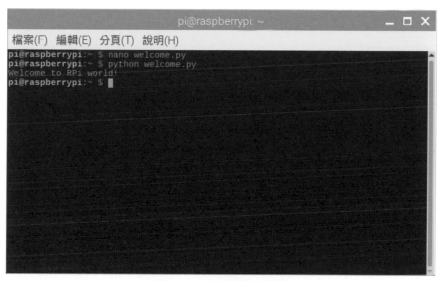

圖 2.2　終端機顯示畫面

利用 Python's IDLE 撰 寫 程 式，IDLE Shell 如圖 2.3。

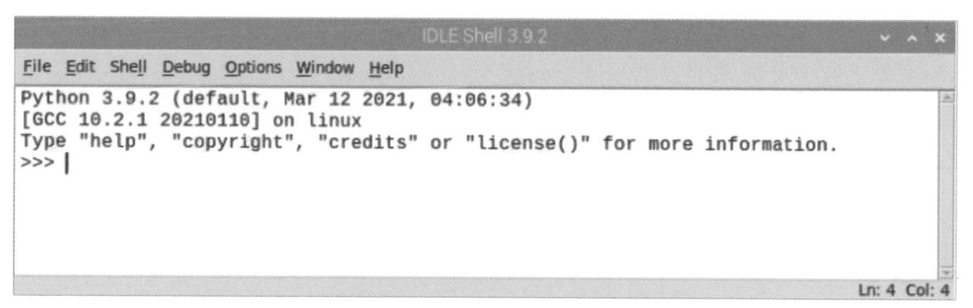

圖 2.3　Python 3.9.2 Shell

開啟新檔，編輯完成後，儲存程式，檔案名稱為 welcome.py。

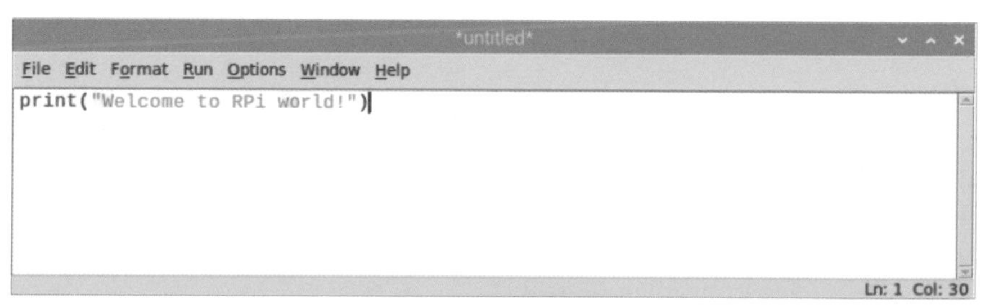

圖 2.4　編輯程式

執行程式：Run > Run Module。

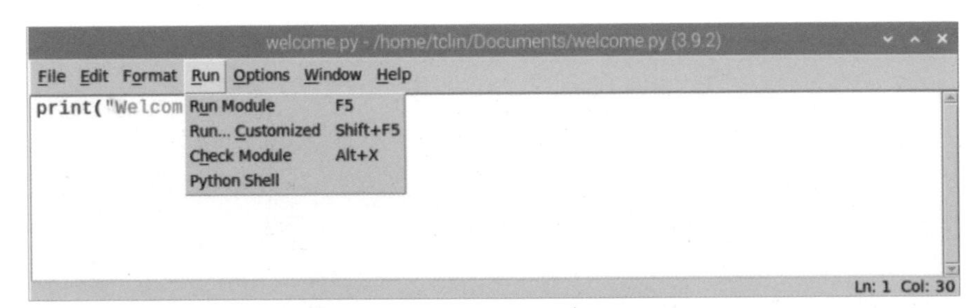

圖 2.5　Run Module 功能選單

也可以在 IDLE 指令欄一行一行鍵入，一次執行一行，如圖 2.6，其中 import random 為匯入隨機數產生模組，random.random() 為產生隨機數函式。

```
IDLE Shell 3.9.2
File Edit Shell Debug Options Window Help
Python 3.9.2 (default, Mar 12 2021, 04:06:34)
[GCC 10.2.1 20210110] on linux
Type "help", "copyright", "credits" or "license()" for more information.
>>> print("Welcome to RPi world!")
Welcome to RPi world!
>>> import random
>>> print(random.random())
0.6261436053486469
>>> |
Ln: 9 Col: 4
```

圖 2.6　指令輸入介面

簡單來說，Python 語言有別於 C、C++、或 Visual Basic，它不須宣告變數資料型態，不需要以 { } 或對應關鍵字如：LOOP → NEXT、IF → END IF 等來區隔程式區塊，而是使用「:」與內縮一定格數達到相同效果，每一行結束不需結束符號。以下羅列 Python 語言重要觀念、以及使用相當頻繁的語法：

1. 免除宣告變數

   依據指定值確定資料型態，例如：變數指定為整數值，它就是整數變數，指定為字串，它就是字串變數。

2. 顯示變數值

Python 內建函式 print 顯示變數值。

```
>>> a = 10
>>> b = 'hello'      # 單引號 ' ' 或雙引號 " " 都可以用來表示字串
>>> print(a)
>>> print(b)
```

3. 輸入數據

Python 內建函式 input 輸入字串。

```
>>> a = input('Please input your name')
>>> print('Your name is ' + a)
```

「+」字串相接。字串可以經資料型態轉換後，得到指定的資料型態，例如：a='123'，int(a) 即為整數 123。

4. 資料型態轉換

(1) int：整數字串轉換為整數。

(2) str：整數或浮點數轉換為字串。

(3) float：浮點數字串轉換為浮點數。

(4) bool：0 或非 0 轉換為布林代數值 False 或 True。

(5) type：顯示變數資料型態。

```
>>> a = 10
>>> b = '234'
>>> print(a + int(b))
>>> f = '234.5'
>>> print(float(f)/5)
>>> c=1
>>> bool(c)
>>> type(b)
```

5. 字串格式化：string formatting

數據與字串混合顯示，字串格式—"{0}....{1}....{2}....".format(var0,var1,var2,...)，利用字串中 {} 符號作為 format「引數替代元」，{0} 為第 1 個變數在字串的位置，{1} 為第 2 個，以此類推。例如：2 個變數 name='Tom'、money=2000。

```
>>> name='Tom'
>>> money=2000
>>> print("{0} has {1} dollars".format(name, money))
Tom has 2000 dollars
```

可以進一步設定輸出格式，例如：變數為浮點數，顯示小數點以下 2 位數。

```
>>> print("{0} *** {1:6.2f}".format(12, 3.14159))
12 ***   3.14
```

格式 {:6.2f}：寬度含小數點共 6 格。

其他格式有 {:d}—整數、{:e}—科學記號等。

6. 條件陳述：if-elif-else

elif 相當於 else if。條件判斷以「:」（冒號）區隔。

7. 比較運算

(1) ==：等於。

(2) !=：不等於。

(3) >、>=：大於、大於或等於。

(4) <、<=：小於、小於或等於。

例題 2.1

判斷輸入數值是否大於、等於、或小於 30。

範例程式

❶ int(input()) 將輸入字串轉為整數。

❷ 3 個判斷條件

- > 30
- == 30
- < 30

```
I = int(input())
if I > 30:
    print('Greater than 30')
elif I == 30:
    print('Equal 30')
else:
    print('Less that 30')
```

8. **for**：重複執行相同陳述，range(0,10) 起始值 0，終值 9（小於 10 的最大整數）；range(0,10,2) 起始值為 0，每次增加 2，終值為 8，以「:」區隔。

```
>>> for k in range(0, 10):
>>>     for j in range(0, 10, 2):
>>>         print(k*j)
```

例題 2.2

連續產生 20.0 到 32.0 浮點數的隨機數模擬溫度變化，如果溫度超出 28℃，顯示 "It's hot!"，溫度低於 24℃，顯示 "It's cold!"，介於 24 ~ 28℃，顯示 "It's comfortable!"，持續執行 20 次，每次間隔 1s。

範例程式

❶ 匯入 random 模組。

❷ 20 次 for 迴圈，每一迴圈產生 0 ~ 1.0 隨機數，乘以 12、加 20，可以獲得 20.0 ~ 32.0 的浮點數。

❸ if 語法判斷隨機數落入哪一區，顯示訊息。

```
import random
for i in range(0,20):
    temp = random.random()*12+20
    print("Temperature = {0:.1f}".format(temp))
    if temp > 28:
        print("It's hot!")
    elif temp < 24:
        print("It's cold!")
    else:
        print("It's comfortable")
```

註：也可以直接使用函式 random.uniform(20, 32) 產生介於 20 到 32 之間隨機數。

9. **while**：重複執行相同陳述，不確定執行次數。以下所列 while 的陳述，只要 count 小於 100，程式將持續執行：

```
>>> while count < 100 :
>>>     count += 1
>>>     print(count)
```

在數位輸入應用，可以利用 while 陳述，例如：程式暫停直到 GPIO 第 7 腳位由原本高準位變為低準位。

```
while GPIO.input(7) == True :
    pass
```

或讓程式暫停直到腳位由原本低準位變為高準位。

```
while GPIO.input(7) == False :
    pass
```

10. Collection

資料集（collection）有 4 種型態：list（清單）、tuple（元組）、set（集合）、dictionary（字典），每個項目可以擁有不同資料型態，這與陣列（array）不同。資料集以

- 是否具有排序功能
- 可否索引
- 可否更改內容

加以區分，其中最明顯差異是 list 具排序功能、set 無索引項目、tuple 不可以更改或新增項目內容。另外，list 與 tuple 允許項目重複。它們所提供的方法各有異同，以下方法有部分是重疊的：

- clear：清除資料集所有項目，除 tuple 外，其餘皆適用
- count：計數資料集的特定資料，list 與 tuple 適用
- del：移除資料集，資料集不再存在，4 種皆可適用
- index：取得指定資料的索引值，list 與 tuple 適用
- len：資料集長度，4 種皆適用
- remove：刪除資料集的特定資料，list 與 set 適用

(1) list：以 [] 表示，例如：[1,2,3,4]，索引自 0 開始

❶ append：附加資料，採用佇列（queue）資料處理方式，新增資料附加在清單最末筆。

❷ pop：取出清單項目，預設是取出清單最末筆，亦可取出特定索引值的資料，取出該筆資料的同時，它也會被清除掉。

❸ sort：排序，清單以遞增或遞減方式重新排列，遞增—reverse=False；遞減—reverse=True。項目的資料型態必須相同，才可以排序。

❹ reverse：清單項目反向列出。

練習 Python 3.9.2 Shell

```
>>> L = [123,'tclin', 56000.0,123]
>>> L.append('may')
>>> L.append('000')
>>> L.remove(56000)
>>> for k in L:        # 將清單 L 每一項列出
>>>     print(k)
>>> print(L.count(123))
>>> print(L.pop(2))
>>> print(L.index('tclin'))
>>> A=[1,3,1,7,10]
>>> A.sort(reverse=True)
>>> for k in A:
>>>     print(k)
```

(2) tuple：以 () 表示，例如：week=("Sunday", "Monday", "Tuesday", "Wednesday", "Thursday", "Friday", "Saturday")，為唯讀資料集，不可以刪除或新增項目，但是可以將整個 tuple 刪除

```
>>> del week
```

(3) set ：以 {} 表示，如：{"Sunday",1,2,2019}，具備集合運算功能，例如：交集、聯集等。

❶ add：新增資料。

❷ pop：隨機取出資料，取出的同時清除資料。

❸ union：與「引數集合」進行聯集運算。

❹ difference：差集，列出與「引數集合」相異的項目。

❺ difference_update：移除與「引數集合」相同的項目。

❻ intersection：與「引數集合」進行交集運算。

例題 2.3

集 合 A={"Lin","Chang","Wang","Chen","Kim"}、B={"Su","Huang","Yu","Lin","Wang"}，試以集合方法找出兩集合的聯集、差集（A-B）、交集。

範例程式

```
>>> A={"Lin","Chang","Wang","Chen","Kim"}
>>> B={"Su","Huang","Yu","Lin","Wang"}
>>> A.union(B)    # A與B聯集
{'Lin', 'Kim', 'Huang', 'Chen', 'Su', 'Yu', 'Wang', 'Chang'}
>>> A.difference(B)   #A與B差集
{"Chang","Chen","Kim"}
>>> A.intersection(B)   # A與B交集
{"Lin","Wang"}
```

(4) dictionary：與集合一樣使用 { }，項目以「關鍵詞：值」(key:value) 成雙呈現，項目間以「,」分隔，關鍵詞必須加上引號，以關鍵詞作為索引取值。此種資料型態為「JSON 資料格式」，是一種在網路間傳遞資料的標準格式，也應用在 Node-RED，這部分會在第 8 章說明。

❶ update：附加 1 組資料。

❷ pop：移除特定關鍵詞的資料。

❸ popitem：移除 1 組資料。

❹ items：dictionary 所有「關鍵詞：值」。

❺ keys：dictionary 所有關鍵詞。

❻ values：dictionary 所有值。

❼ get：取得關鍵詞對應值。

練習 Python 3.9.2 Shell

```
>>> dic1 = {"name": "Wang", "age": 25}
>>> dic1.update({"phone": "123456"})
>>> dic1["name"]
>>> dic1.pop("age")
>>> dic1.popitem()
>>> dic1.items()
>>> dic1.keys()
>>> dic1.values()
>>> dic1.get("phone")
```

11. 檔案管理

(1) open：2 個引數，分別為檔案名稱、檔案存取格式：'w'—寫入，'r'—唯讀。

(2) close：關閉檔案。

練習

```
>>> fd = open('test.txt','w')
>>> fd.write('Hello python')
>>> fd.close()
>>> fd = open('test.txt','r')
>>> print(fd.read())
Hello python
>>> fd.close()
```

12. ASCII 碼

chr 將 ASCII 碼轉為字元，例如：chr(65) 為 A。

練習

```
>>> STR=''
>>> for k in range(0, 26):
>>>     STR = STR + chr(97+k)
>>> print(STR)
abcdefghijklmnopqrstuvwxyz
```

13. 邏輯運算

(1) and：「及」運算。

(2) or：「或」運算。

(3) not：「反相」運算。

例題 2.4

產生介於 0 ~ 50 隨機整數 a，b=24，c=30，a 與 b、c 比較，若 a 最大，顯示 a+" is the largest among 3 numbers"，a 最小，顯示 a+" is the smallest among 3 numbers "，介於中間，顯示 a+" is between other 2 numbers "。

範例程式

```
>>> import random   #匯入 random 模組
>>> a = random.randint(0,50)   # 產生 0 到 50 隨機整數（含 0、50）
>>> b = 24
>>> c = 30
>>> if (a>b) and (a>c):
        print("{0} is the largest among 3 numbers".format(a))
    elif (a>=b) or (a>=c):
        print("{0} is between other 2 numbers".format(a))
    else:
        print("{0} is the smallest among 3 numbers".format(a))
```

14. 註解：單行註解，以 # 開頭。多行註解，以 """（連 3 個雙引號）開頭，再以 """ 結束。

```
# one line comment
"""
This is a block for comment
"""
```

例題 2.5

5 位同學姓名為 'Chen'、'Chang'、'Lin'、'Wang'、'Huang'，數學成績分別為 90、95、65、70、80。試以 list 儲存姓名與成績，由第一位開始，接著第二位，以此類推。計算五位同學的數學平均分數，並列印每位同學姓名與成績。

範例程式

```
>>> score = ['Chen', 90, 'Chang', 95, 'Lin', 65, 'Wang', 70, 'Huang',
80]
>>> average = 0
>>> for i in range(0, 10, 2):
        average = average + score[i+1]
        print(score[i], score[i+1])
Chen 90
Chang 95
Lin 65
```

```
Wang 70
Huang 80
>>> print('Average = {0} '.format(average/5))
Average = 80.0
```

例題 2.6

以 dictionary 儲存學生姓名與成績，重作例題 2.5。

範例程式

❶ score 儲存學生姓名（key）、成績（value）。

❷ 藉 score.keys 取得所有關鍵詞，再逐一索引得到學生成績。

```
score = {'Chen':90, 'Chang':95, 'Lin':65, 'Wang':70, 'Huang':80}
average = 0
K = score.keys()
for i in K:
    scoreValue = score.get(i)
    average = average + scoreValue
    print(i, scoreValue)
print('Average = {0} '.format(average/len(K)))
```

15. **Functions**：以 def 定義函式，return 運算結果，提供其他程式呼叫使用，不需定義回傳數據的資料型態，這種方式與 C 語言不同。

16. **None**：此為一關鍵詞，定義為 null 值，它不是 0、False、或空字串，可用於函式回傳值，資料型態為 NoneType。

例題 2.7

試撰寫計算階層值函式，

- 計算 5!
- 若輸入負值，回傳 None

範例程式

```
>>> def factorial(n):
        if n < 0:
            return None
        return n*factorial(n-1) if n > 0 else 1
>>> print(factorial(5))
120
>>> print(factorial(-5)
None
>>> if factorial(-5) == None:
        print('Not positive number')

Not positive number
```

17. **class**：「類別」用於建立物件的可擴充程式碼模板（an extensible program-code-template for creating objects）（https://en.wikipedia.org/wiki/Class_(computer_programming)），它是物件導向程式語言（object-oriented programming language）的重要概念，「物件」（object）為類別的「實例」（instance）。先定義「父類別」（base class），再基於「父類別」定義「子類別」（derived class），「子類別」繼承「父類別」的屬性與方法，「子類別」可以新增屬性與方法，也可以覆蓋繼承來的方法。透過建立類別，可以讓程式重複使用，或新增功能。

    舉例說明，定義「父類別」Property一個人財產的類別，2 個屬性—__name、__value，2 個方法—__init__、getName；開頭 __（2 個底線）表示私有屬性或方法，只能透過所屬的方法取得屬性：

    - __name：財產名稱
    - __value：財產總值
    - __init__：物件實例初始化函式
    - getName：取得物件名稱

「子類別」—House、Deposit、Stock，分別為房產、存款、與股票，在 __init__ 方法裡，以 super( ).__init__ 呼叫「父類別」方法，也新增一些屬性。可以依據需求衍生出更多樣、更實用的類別，這種讓「子類別」沿用「父類別」的方法，毋須重複撰寫相同功能的陳述，大大增加程式的再利用性。類別名稱開頭字母大寫。

```
class Property():
    def __init__(self, name, value):
        self.__name = name
        self.__value = value
    def getName(self):
        return self.__name
    def getValue(self):
        return self.__value
class House(Property):
    def __init__(self, name, value, ownerName, address):
        super().__init__(name, value)
        self.ownerName = ownerName
        self.address = address
class Deposit(Property):
    def __init__(self, name, value, account):
        super().__init__(name, value)
        self.account = account
class Stock(Property):
    def __init__(self, name, amount, price):
        value = amount*price
        super().__init__(name, value)
        self.amount = amount
```

例題 2.8

試運用 House、Deposit、Stock 類別建立 tc、money、top50 物件。tc 的屬性包括財產名稱 'apartment'、總價 5600000、所有人 'tclin'、住址 'taichung'。money 的屬性包括財產名稱 'money'、總價 100000、存款銀行 'taiwanBank'。top50 的

屬性包括股票名稱 'tpowerStock'、張數 5、每張股價 20000。建立 3 個物件完成後，顯示物件名稱與現值。

範例程式

```
....前面定義類別...
tc = House('apartment', 5600000, 'tclin','taichung')
money = Deposit('money', 100000, 'taiwanBank')
top50 = Stock('tpowerStock', 5, 20000)
total = [tc, money, top50]
for i in total:
    print("Property name:{0}, value:{1}".format(i.getName(),
    i.getValue()))
```

儲存程式，檔案名稱為 EX2_8.py，執行「終端機」

```
$ python3 EX2_8.py
Property name:apartment, value:5600000
Property name:money, value:100000
Property name:tpowerStock, value:100000
```

18. 模組

(1) Python 模組，僅列出本書用到的模組。

❶ RPi.GPIO：樹莓派 GPIO 模組，匯入模組

```
>>> import RPi.GPIO as GPIO
```

- GPIO.setmode(pinPattern)：設定 pinPattern 腳位編號方式—GPIO.BOARD 或 GPIO.BCM。BOARD 與 BCM，詳閱第 1 章
- GPIO.setup(pin, mode)：設定 pin 腳位模式，mode 模式—GPIO.IN 或 GPIO.OUT
- GPIO.input(pin)：讀取 pin 腳位狀態—True 或 False、1 或 0、HIGH 或 LOW，它們的意義都相同，讀者可任意選用一種表達方式
- GPIO.output(pin, status)：設定 pin 腳位準位—True 或 False

- GPIO.PWM(pin, Hz)：設定 pin 腳位 PWM 輸出，Hz 頻率

```
>>> servo = GPIO.PWM(33, 50)
```

- servo.ChangeDutyCycle(dutyCycle)：改變 PWM 訊號占空比 dutyCycle
- servo.ChangeFrequency：改變 PWM 頻率
- servo.start(dutyCycle)：設定占空比 dutyCycle，馬達開始轉動
- servo.stop( )：伺服馬達停止轉動
- GPIO.cleanup( )：清除所有使用過的腳位，全部設為輸入模式，這樣處理方式可以保護樹莓派。未經過 **cleanup** 處理，若某腳位為輸出模式，在程式結束時為高準位，萬一不慎接到 **GND**，造成短路，可能會使樹莓派毀損（參考資料：https://raspi.tv/2013/rpi-gpio-basics-3-how-to-exit-gpio-programs-cleanly-avoid-warnings-and-protect-your-pi）

❷ time：系統時間與時間停遲模組。

```
>>> import time
```

- time.sleep(s)：停滯 s 秒，s 為浮點數，例如：time.sleep(0.05) 停滯 50ms
- time.time( )：回傳自 1970 年 1 月 1 日零時迄此刻所經歷的總秒數，為浮點數
- time.asctime( )：回傳年、月、日、星期幾
- time.localtime( )：回傳完整時間資料，其中 tm_year 為西元年，tm_mon 為月份，tm_ mday 為日數，tm_hour 為時，tm_min 為分，tm_sec 為秒，tm_wday 為一星期的第幾天，tm_yday 為該年第幾天，tm_isdst 為日光節約調整時數

❸ random：產生 0 ～ 1 或任兩數之間的隨機數或隨機整數。

```
>>> import random
```

- random.random( )：產生隨機數
- random.randint(start no, end no)：產生 start no 與 end no 之間隨機整數，包含 start no 或 end no
- random.uniform(start no, end no)：產生 start no 與 end no 之間隨機浮點數

❹ os：作業系統指令模組。

```
>>> import os
```

os.system(str_os)：執行系統指令字串 str_os。

- 新增目錄

```
>>> str_dir = "mkdir new_dir"
>>> os.system(str_dir)
```

- 網路攝影機拍照

```
>>> snapshot = "fswebcam image.jpg"
>>> os.system(snapshot)
```

(2) 自訂模組

將類別獨立儲存檔案，作為模組使用，例如：前述之財產類別（Property），在程式開頭匯入模組，建立物件，並進行各式運算。Python 網路資源相當豐富，針對各種應用，許多人將完成的模組放在網路上讓大家分享，本書將指引讀者如何取得適用的模組。讀者不必認為所有程式都得是自己寫的，可以先蒐尋相關資訊，直接引用他人模組，加速學習成效，等技藝練成再將自己的成果分享給大家。

將前面定義的 Property、House、Deposit、Stock 等類別儲存成模組，檔案名稱為 property.py。

例題 2.9

根據例題 2.8，試撰寫計算財產總值程式。

範例程式

程式第 1 行先匯入前面建立的 property 模組，property 模組放在同一個目錄。

```
from property import *
tc = House('apartment', 5600000, 'tclin','taichung')
money = Deposit('money', 100000, 'taiwanBank')
stock = Stock('tpower', 5, 20000)
total = [tc, money, stock]
sum_tc = 0
for i in total:
    sum_tc = sum_tc + i.getValue();
print("Total value of properties : {0}".format(sum_tc))
```

註：sum 為內建函式，避免作為變數名稱。

19. 程式架構

while 1: 無窮迴圈，按下 ctrl + c 跳出迴圈到 except KeyboardInterrupt，最後 finally，進入尾聲。

```
try:
    while 1:
        # 主要執行區塊
except KeyboardInterrupt:
    # 當 ctrl + c 中止程式
finally:
    # 離開前最後處理陳述
```

例題 2.10

每間隔 100ms 產生 1 個隨機數，按 ctrl+c 後停止執行程式，顯示 "Exit!"、"Bye!"。

範例程式

匯入 sleep、random 模組。

```
from time import sleep
import random
try:
    while 1:
        print(random.random())
        sleep(0.1)
except KeyboardInterrupt:
    print("Exit!")
finally:
    print("Bye!")
```

本 章 習 題

2.1 BMI（Body Mass Index）值，BMI= $\frac{體重(kg)}{身高(m)^2}$ 標準 BMI 值是 18.5 ～ 25.0，低於 18.5 為過輕（underweight），25.0 ～ 30.0 為過重（overweight），高於 30.0 為肥胖（obese）。試撰寫程式計算 BMI 值，並顯示體重狀態。

2.2 氣象局針對降雨量分級定義：大雨（heavy rain）80mm/24hr 或 40mm/1hr、豪雨（torrential rain class 1）200mm/24hr 或 100/3hr、大豪雨（torrential rain class 2）350mm/24hr、超大豪雨（super torrential rain）500mm/24hr。試設計一程式，輸入降雨量，判定級數。

2.3 班上 5 位學生，姓名分別為 'wang'、'lin'、'huang'、'chang'、'wu'，修習科目：國文、英文、數學、化學。試以隨機方式產生每位學生各科成績，國文、英文成績分布範圍—50~90；數學、化學分布範圍—60~95。試以 list 儲存學生姓名、dictionary 儲存各科成績，計算並列出各科平均分數。

2.4 台北市計程車車資計算公式（早上 6 時至晚上 11 時）：起程 70 元（1.25 公里）、續程 5 元（每 200 公尺）。試設計一程式，輸入公里數，計算車資。

2.5 以程式顯示目前時間：HH-MM-SS，HH—時、MM—分、SS—秒，每 1s 顯示一次。

2.6 試利用以下所附的 Shape 類別（父類別）衍生 Circle 類別，以半徑建立 circle 物件，並提供計算圓面積方法，例如：半徑為 2.0，物件 circle1 = circle(2.0)，面積 Area=circle1.getArea( )。

```
import math
class Shape():
    def __init__(self, side, points):
        __side = side
        __points = points
        if side == 0:
            self.__name = 'circle'
            self.__radius = points
        elif side == 3:
```

```
            self.__name = 'triangle'
        elif side == 4:
            self.__name = 'quadrilateral'
        else:
            self.__name = 'polygon'
    def getName(self):
        return self.__name
    def getSide(self):
        return self.__side
    def getRadius(self):
        return self.__radius
```

MEMO

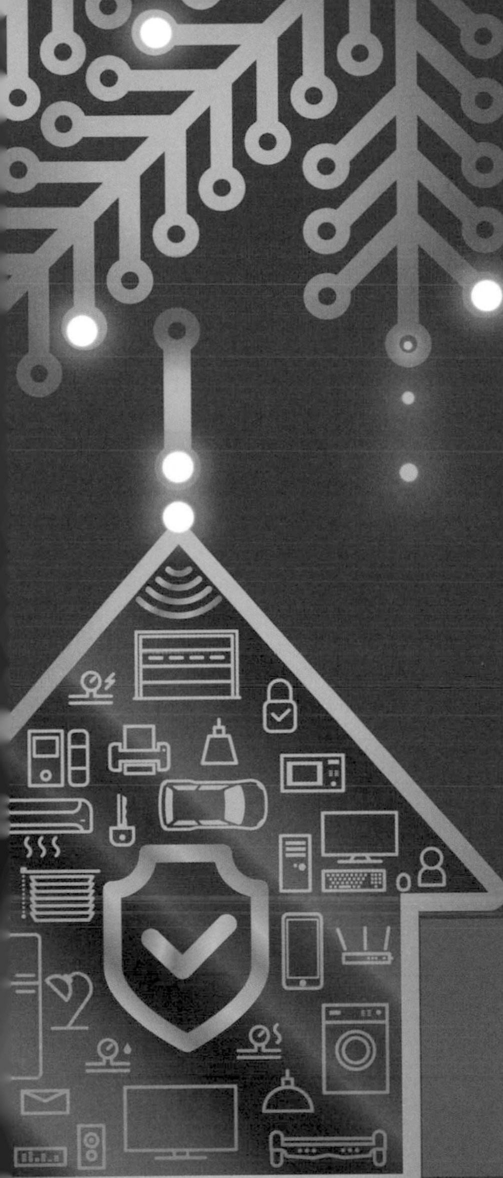

03

CHAPTER

樹莓派 GPIO

讀者在做每個例題的練習時，完成電路布置後，啟動樹莓派前，請再次確認所有接線，以防接錯造成板子毀損。

3.1 LED 控制

LED 控制是進入樹莓派 GPIO 試驗的敲門磚，只需 LED、330Ω 限流電阻、麵包板、跳線。註：從本章至第 11 章都會用到麵包板、跳線。

例題 3.1

利用樹莓派控制 LED，讓它亮 0.5s、暗 0.5s，執行 20 次。

電路布置

樹莓派 BOARD 編號第 12 腳位，相當於 BCM 編號 GPIO18，接 330Ω 限流電阻、LED、GND，電路如圖 3.1。兩種編號對照請參考表 1.1。

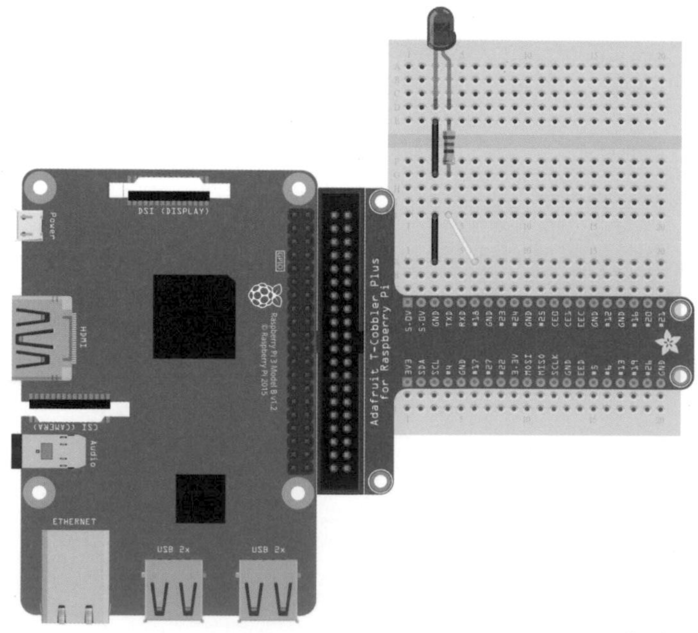

圖 3.1　LED 控制電路

範例程式

實作兩個程式，匯入 RPi.GPIO 與 sleep 模組。

程式 1：(BCM 編號)

❶ 採用 GPIO.BCM 編號方式。

❷ GPIO18 腳位設為輸出模式。

```
import RPi.GPIO as GPIO
from time import sleep
GPIOPin = 18
GPIO.setmode(GPIO.BCM)
GPIO.setup(GPIOPin, GPIO.OUT)
for i in range(0,20):
    GPIO.output(GPIOPin, True)
    sleep(0.5)
    GPIO.output(GPIOPin, False)
    sleep(0.5)
GPIO.cleanup()
```

程式 2：(BOARD 編號)

❶ 採用 GPIO. BOARD 編號方式。

❷ 第 12 腳位設為輸出模式。

```
import RPi.GPIO as GPIO
from time import sleep
BOARDPin = 12
GPIO.setmode(GPIO.BOARD)
GPIO.setup(BOARDPin, GPIO.OUT)
for i in range(0,20):
    GPIO.output(BOARDPin, True)
    sleep(0.5)
    GPIO.output(BOARDPin, False)
    sleep(0.5)
GPIO.cleanup()
```

※ 為避免接線困擾，後面範例程式的腳位均使用 BCM 編號。同時，電路圖均搭配 T 型轉接板。

3.2 基本數位輸入

訊號讀取原理

樹莓派讀取數位訊號，1 表示 3.3V 電壓，0 表示 0V。在數位輸入電路，會使用提升電阻或下降電阻，其原理可由「電壓分配定律」解釋。圖 3.2 設按壓開關與電阻器一提升電阻（pull-up resistor，例如：10kΩ），按下開關時電路導通，相當於 R_2=0，根據電壓分配定律公式

$$V_{out} = \frac{R_2}{R_1+R_2} V \tag{3.1}$$

$V_{out}=0$，數位訊號為 0；未按開關時電路斷開，$R_2=\infty$，$V_{out}=V$，數位訊號為 1。亦可使用內部提升電阻，**GPIO.setup（pin, GPIO.IN, pull_up_down=GPIO.PUD_UP）**。

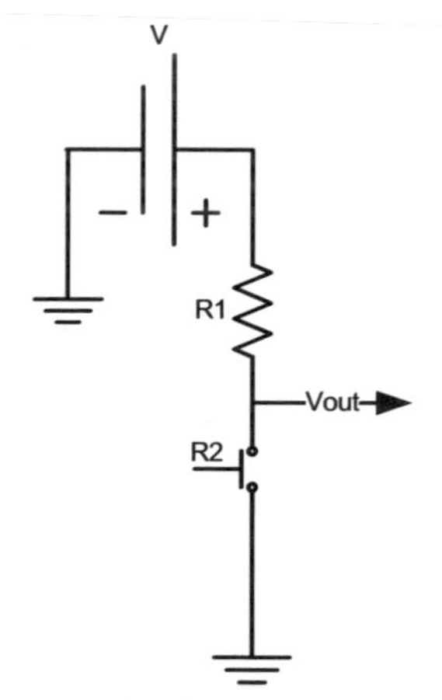

圖 3.2　提升電阻與按壓開關

若將圖中電阻器 R_1 換成按壓開關，R_2 為下降電阻（pull-down resistor），按下開關時電路導通，$V_{out}=V$；未按開關時電路斷開，$R_1=\infty$，$V_{out}=0$。

※ 務必使用 3.3V 電壓。

例題 3.2

利用樹莓派控制 LED，按下按壓開關，改變 LED 原來狀態，原本暗變亮，亮變暗。按 ctrl+c 後停止執行程式，顯示 "Exit!"。註：使用內部提升電阻。

電路布置

LED 接 GPIO18、330Ω、GND。按壓開關一側接 GPIO23，另一側接 GND，電路如圖 3.3。

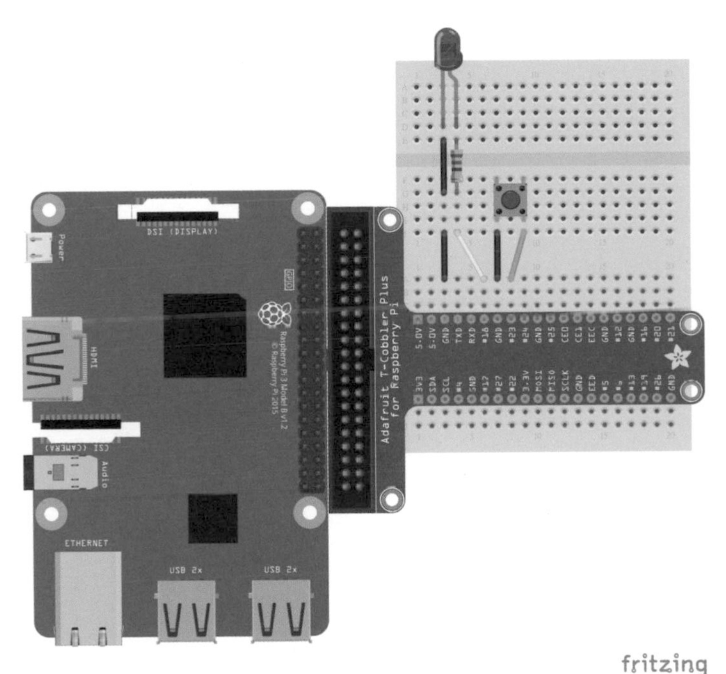

圖 3.3　LED 控制電路

範例程式

❶ 機械式按壓開關，按下開關時，會出現彈跳現象（bouncing），反覆在通路與斷路之間快速切換，出現幾次後，才會穩定。這種現象可以利用計數的方式來確定是否按下開關，狀態改變後開始計數，必須維持同一狀態到超過門

檻值後，才確定按下開關。利用變數 debounce 累計次數與 maxDebounce 門檻值，本例題門檻值為 500。

❷ 利用 preStatus 變數記錄前一次 LED 狀態，每按 1 次開關，改變原來狀態。

```
import RPi.GPIO as GPIO
from time import sleep
LEDPin = 18
buttonPin = 23
GPIO.setmode(GPIO.BCM)
GPIO.setup(LEDPin, GPIO.OUT)
GPIO.setup(buttonPin, GPIO.IN, pull_up_down=GPIO.PUD_UP)
preStatus = False
debounce = 0
maxDebounce = 500
try:
    while True:
        if GPIO.input(buttonPin) == 0:
            if debounce > maxDebounce:
                GPIO.output(LEDPin, not preStatus)
                preStatus = not preStatus
                debounce = 0
                while GPIO.input(buttonPin) == 0:
                    pass
            else:
                debounce += 1
except KeyboardInterrupt:
    print("Exit!")
finally:
    GPIO.cleanup()
```

紅外線反射式感應開關

紅外線反射式感應開關如圖 3.4，在安全監視系統、停車場進出柵欄控制、自走車或機器人避障應用，可以看到它的蹤影。主要組成有紅外線發射與接收器，感測距離可以調整，範圍從 3cm 到 80cm，在設定距離內若沒有物體或障礙物出現，輸出高準位，若有物體經過造成遮斷情形發生，輸出低準位。

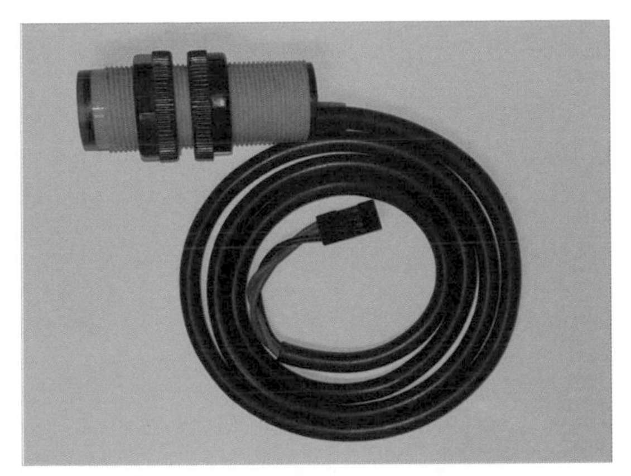

圖 3.4　紅外線反射式感應開關

紅外線反射式感應開關，3 條線，紅色線接 3.3V，黑色線接 GND，白色線訊號輸出，使用 1kΩ 提升電阻，電路如圖 3.5。誤接線路除了無法得到正確訊號，更可能造成開關損毀，請查規格書確認接線。另一廠牌電線顏色：棕色線接 3.3V，藍色線接 GND，黑色線為訊號輸出。

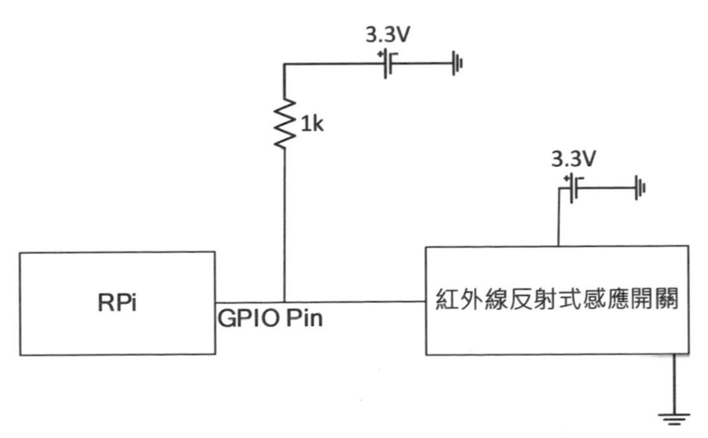

圖 3.5　紅外線反射式感應開關電路

例題 3.3

利用樹莓派控制網路攝影機拍攝照片，當有物體進入紅外線反射式感應開關感測範圍時，拍下照片，並以日期、時間作為檔案名稱。

電路布置

網路攝影機接上樹莓派 USB 插槽，紅外線反射式感應開關訊號輸出接 GPIO23，電路如圖 3.5。

範例程式

❶ 匯入 RPi.GPIO、time、os 模組。

❷ 利用 os.system 執行拍攝指令 fswebcam，後面接檔案名稱。

❸ fileName 函式產生以日期、時間組成的檔案名稱，副檔名 jpg。

❹ 當物體停在紅外線反射式感應開關感測範圍未立即離開，持續讀到低準位，為了避免連續拍攝，程式會暫停直到腳位變為高準位，才會繼續後面既定動作。利用布林變數 doPress，確定感應開關動作後，執行拍攝指令。

```
import RPi.GPIO as GPIO
import time
import os
def fileName():
    t = time.localtime()
    fname = str(t.tm_mon) + str(t.tm_mday) + str(t.tm_hour)
    fname = fname + str(t.tm_min) + str(t.tm_sec)
    return fname + ".jpg"
sensorPin = 23
debounce = 0
maxDebounce = 500
GPIO.setmode(GPIO.BCM)
GPIO.setup(sensorPin, GPIO.IN, pull_up_down=GPIO.PUD_UP)
doPress = False
```

```
try:
    while 1:
        press = GPIO.input(sensorPin)
        if GPIO.input(sensorPin) == 0:
            if debounce > maxDebounce:
                debounce = 0
                doPress = True
                while GPIO.input(sensorPin) == 0:
                    pass
            else:
                debounce += 1
        if doPress == True:
            f1 = fileName()
            snapshot = "fswebcam " + f1
            os.system(snapshot)
            time.sleep(1)
            doPress = False
except KeyboardInterrupt:
    print("Exit!")
finally:
    GPIO.cleanup()
```

3.3 超音波測距模組

超音波測距模組 HC-SR04 在距離量測、機器人避障等有相當多的應用，由超音波發射器與接收器組成，4 支接腳分別為 Vcc、Trig、Echo、GND，Vcc 接 5V，Trig 觸發訊號，Echo 輸出訊號，GND 接地。根據使用說明，先輸入 5V 至 Trig，維持 10us，觸發模組，Echo 高準位，待接收器接收到音波觸及待測物的回波，Echo 隨即轉為低準位，Echo 維持在高準位所占的時間乘上音速，即為 2 倍距離，測距間隔至少 60ms。在氣溫 15℃，音速為 340 m/s。HC-SR04 相關資料 https://randomnerdtutorials.com/complete-guide-for-ultrasonic-sensor-hc-sr04/。

HC-SR04 輸出 5V 訊號，應降至 3.3V；根據分壓定律公式（3.1），使用 $R_1=1k\Omega$、$R_2=2k\Omega$，可以獲得 3.3V 輸出電壓。註：另一模組 HC-SR04P，高準位 3.3V，可以免除降壓電路。

例題 3.4

利用 HC-SR04 製作距離量測裝置，並顯示所測得的距離，距離單位為 cm。

電路布置

GPIO23 接 Trig，GPIO24 接 Echo，GPIO12 接按壓開關，使用內部提升電阻，GPIO21 接 LED、330Ω、GND，電路如圖 3.6。

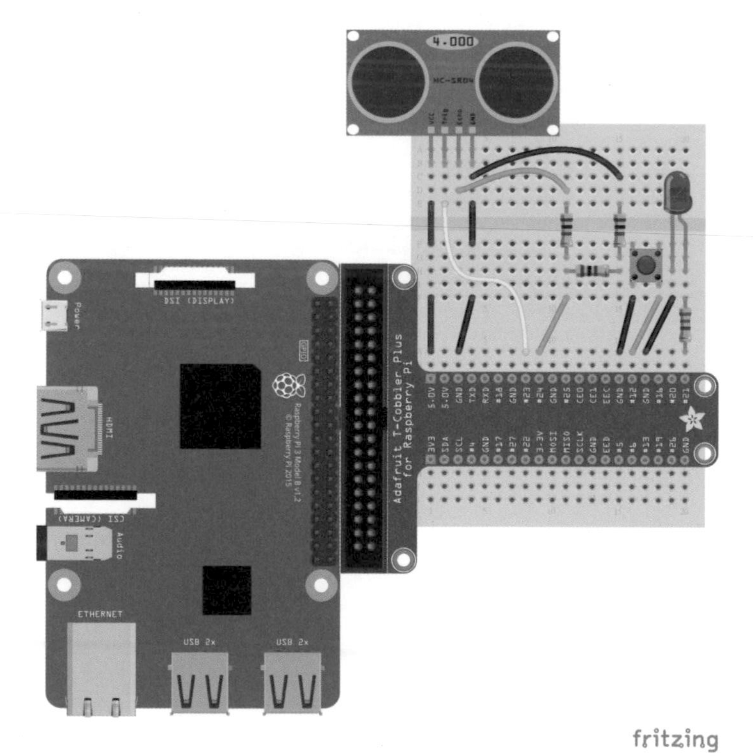

圖 3.6　HC-SR04 超音波感測模組電路

範例程式

❶ 匯入 RPi.GPIO、time 模組。

❷ 音速設為 340m/s，操作 HC-SR04 步驟：

- 輸出低準位至 Trig，維持 2ms
- 輸出高準位至 Trig，維持 10μs
- 輸出低準位至 Trig
- 捕獲 Echo 高準位，記下時間 emittingTime
- 捕獲 Echo 低準位，記下時間 echoTime
- （echoTime - emittingTime）乘以音速，除以 2

❸ 按下按壓開關，開始量測，LED 亮，鬆手，LED 暗。

```
import RPi.GPIO as import RPi.GPIO as GPIO
import time
GPIO.setmode(GPIO.BCM)
trigPin = 23
echoPin = 24
buttonPin = 12
LEDPin = 21
debounce = 0
maxDebounce = 500
soundSpeed = 340.  # Based on 15 degrees of Celsius
GPIO.setup(trigPin, GPIO.OUT)
GPIO.setup(LEDPin, GPIO.OUT)
GPIO.setup(echoPin, GPIO.IN)
GPIO.setup(buttonPin, GPIO.IN, pull_up_down=GPIO.PUD_UP)
try:
    while True:
        if GPIO.input(buttonPin) == 0:
            if debounce > maxDebounce:
                GPIO.output(LEDPin, True)
                debounce = 0
                GPIO.output(trigPin, False)
                time.sleep(0.002)
```

```
                GPIO.output(trigPin, True)
                time.sleep(0.00001)
                GPIO.output(trigPin, False)
                while GPIO.input(echoPin) == 0:
                    pass
                emittingTime = time.time()
                while GPIO.input(echoPin) == 1:
                    pass
                echoTime = time.time()
                distance = (echoTime - emittingTime)*
                soundSpeed/2.*100
                print("Distance = {0:.2f} cm".format(distance))
                while GPIO.input(buttonPin) == 0:
                    pass
                GPIO.output(LEDPin, False)
            else:
                debounce += 1
except KeyboardInterrupt:
    print("Exit!")
finally:
    GPIO.cleanup()
```

3.4 溫濕度感測模組

溫濕度是許多應用的控制依據，例如：室內空調、溫室環控等。其中，溫濕度感測模組產品型號 DHT11 是一個相當容易操作的模組，濕度量測範圍 20 ~ 90%，精度 ±5%，溫度 0 ~ 50 ℃，精度 ±2℃，工作電壓 3 ~ 5.5V。另一個溫濕度感測模組產品型號 DHT22，濕度量測範圍 0 ~ 100%，精度 ±2%，溫度 -40 ~ 80 ℃，精度 ±0.5℃，工作電壓 3.3 ~ 6V，性能優於 DHT11。第 9 章將同時運用 DHT11 與 DHT22 溫濕度感測模組量測不同房間的溫濕度。

使用 DHT11 或 DHT22 溫濕度感測模組，需匯入 CircuitPython-DHT 模組（https://learn.adafruit.com/dht-humidity-sensing-on-raspberry-pi-with-gdocs-logging/

python-setup），除 CircuitPython-DHT 模組外，腳位設定須 libgpiod2 模組。利 用 pip3（the Package Installer for Python3）安裝模組

```
$ sudo apt update
$ sudo apt install python3-pip
$ sudo pip3 install adafruit-circuitpython-dht
$ sudo apt install libgpiod2
```

1. 匯入模組
   (1) 感測器模組模組：import adafruit_dht。
   (2) 腳位模組：import board。
2. 建立 adafruit_dht 物件：第 1 個引數為腳位，第 2 為關鍵詞引數 use_pulseio=False，其中腳位需使用 board 模組設定。
   (1) DHT11：例如 dht = adafruit_dht.DHT11(board.D18, use_pulseio=False)。
   (2) DHT22：例如 dht =adafruit_dht.DHT22(board.D18, use_pulseio=False)。
3. 讀取溫濕度屬性
   (1) 溫度值：例如 dht.temperature。
   (2) 濕度值：例如 dht.humidity。

需間隔 2s 以上取得溫濕度值。

例題 3.5

DHT22 溫濕度感測模組，每間隔 10s 讀取量測值，顯示日期、時間、溫度（℃）、與相對濕度（%）。

電路布置

DHT22 使用一條訊號線傳輸資料（Single-wire Two-Way），根據規格書建議，3.3V 經 10kΩ 提升電阻接訊號輸出線，如圖 3.7，惟本例題未使用外部提升電阻電路，訊號亦能正常傳送，電路如圖 3.8，圖示 DHT22 感測器有 4 支腳，請忽略中間 1 支，最左側接 3.3V，最右側接 GND，另一支訊號輸出接 GPIO18。

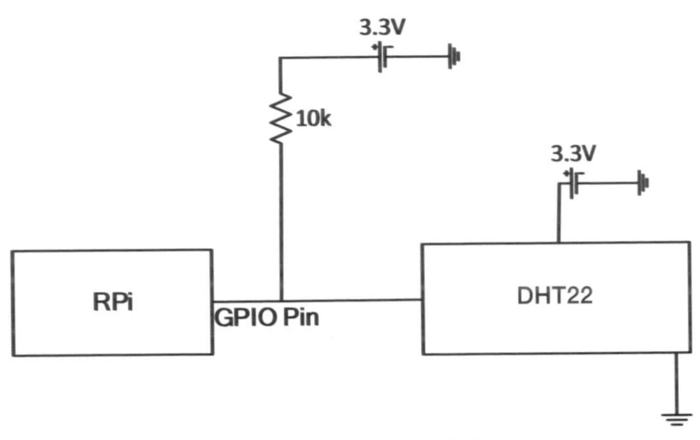

圖 3.7　DHT11 數據線

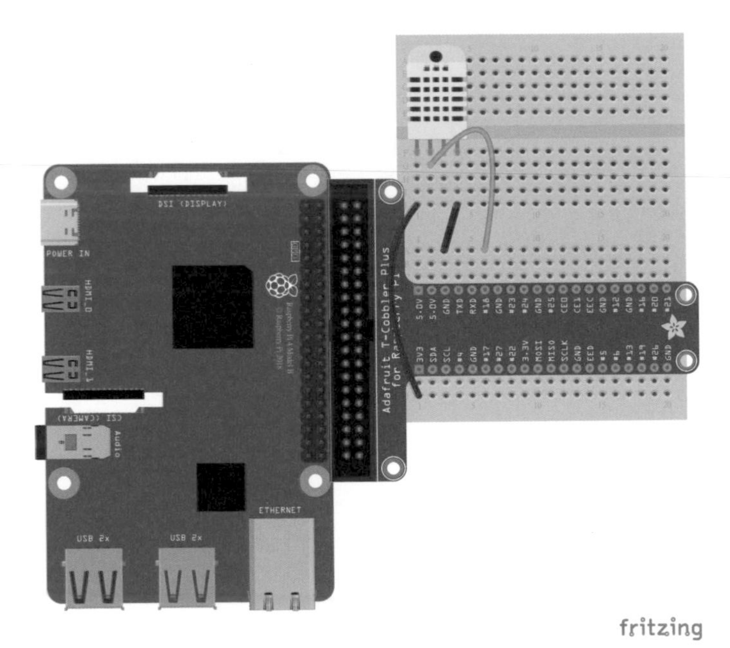

圖 3.8　DHT22 溫濕度感測模組電路

範例程式

❶ 匯入 time、adafruit_dht、board 模組。

❷ 建立 adafruit_dht.DHT22 物件：dht=adafruit_dht.DHT22(board.D18, use_pulseio=False)，dht.temperature 為溫度值、dht.humidity 為濕度值；若出現 RuntimeError，延遲 2s 後再讀取溫濕度值。

```
import time
import adafruit_dht
import board
dht = adafruit_dht.DHT22(board.D18, use_pulseio=False)
print('Temperature and humidity are measuring...')
while True:
    try:
        print(time.asctime())
        temp = dht.temperature
        humi = dht.humidity
        print('Temperature={0:0.1f}C Humidity={1:0.1f}%'.
format(temp, humi))
        time.sleep(10.0)
    except RuntimeError:
        time.sleep(2.0)
        continue
    except KeyboardInterrupt:
        print("Exit!")
```

3.5 步進馬達控制

型號 28BYJ-48-5V 步進馬達，單極式、四相、5V、內部設減速機構，網路上有相當多應用可以參考。它的基本構造由永久磁場的轉子、以及設有多組線圈的定子所組成，轉子圓周等分 16 格 N、S 極相隔，定子有 A、B、C、D 四相，每相 8 個凸齒，共 32 齒：

- A 相或 B 相激磁，產生 N 極磁性，轉子 S 極接近定子 N 極磁性凸齒的將被吸引
- C 相或 D 相激磁，產生 S 極磁性，轉子 N 極接近定子 S 極磁性凸齒的將被吸引
- 相同磁性互斥

這樣利用不同相激磁，使轉子轉動一定角度為步進馬達作用的基本原理，分 1 相、2 相、與 1-2 相激磁驅動步進馬達，其中 1-2 相激磁是將 1 相激磁與 2 相激磁組合起來。每一脈波產生轉動角度為步級角，由轉子 N 極數、定子相數與激磁方式決定，若採用 1-2 相激磁，

$$\text{步級角} = \frac{180}{\text{N 極數}} \times \frac{1}{\text{相數}} \tag{3.2}$$

28BYJ-48-5V 步進馬達，轉子有 8 個 N 極，1-2 相激磁，步級角 $=\frac{180}{8} \times \frac{1}{4}$ $=5.625^\circ$，配合內部 64 減速比減速機構，可以達到 $\frac{5.625}{64}=0.0879^\circ$ 的定位精度。

1-2 相激磁完整的激磁順序：A 相、A 與 B 相、B 相、B 與 C 相、C 相、C 與 D 相、D 相、D 與 A 相等 8 個時序，圖 3.9 顯示 2 個循環，其中 S 為時序，欄位顯示 1 者表示激磁，未顯示者表示失磁。

A	1	1						1	1	1						1
B		1	1	1						1	1	1				
C				1	1	1						1	1	1		
D						1	1	1						1	1	1
S	0	1	2	3	4	5	6	7	0	1	2	3	4	5	6	7

圖 3.9　各相激磁時序

利用 4 個數位輸出控制步進馬達，需裝設達林頓電晶體陣列積體電路 ULN2003A，以驅動步進馬達。

例題 3.6

按下按壓開關產生 3 個 0 至 35 隨機整數，28BYJ-48-5V 步進馬達旋轉角度為隨機整數乘 10 加 5°，起始位置 0°。按下按壓開關，LED 亮，步進馬達開始依序旋轉，個別旋轉角度停留 5s 後轉回 0°，3 個角度轉完畢，LED 暗，顯示 3 個隨機整數。

電路布置

28BYJ-48-5V 步進馬達有 5 條電線，電源線接 5V，橘色線 A 相，黃色線 B 相，粉紅色線 C 相，藍色線 D 相（電線顏色請查規格書確認），分別接 ULN2003A 第 16、15、14、13 腳位（DIP 型式，半圓缺口朝左，上下兩排共有 16 支腳，下排由左開始編位：：1 ～ 8，上排由右開始編號：9 ～ 16），ULN2003A 第 1、2、3、4 分別接樹莓派 GPIO18、GPIO23、GPIO24、GPIO25，第 8 腳位接 GND，第 9 腳 位接 5V，GPIO12 接按壓開關，GPIO16 接 330Ω、LED、GND，電路如圖 3.10。

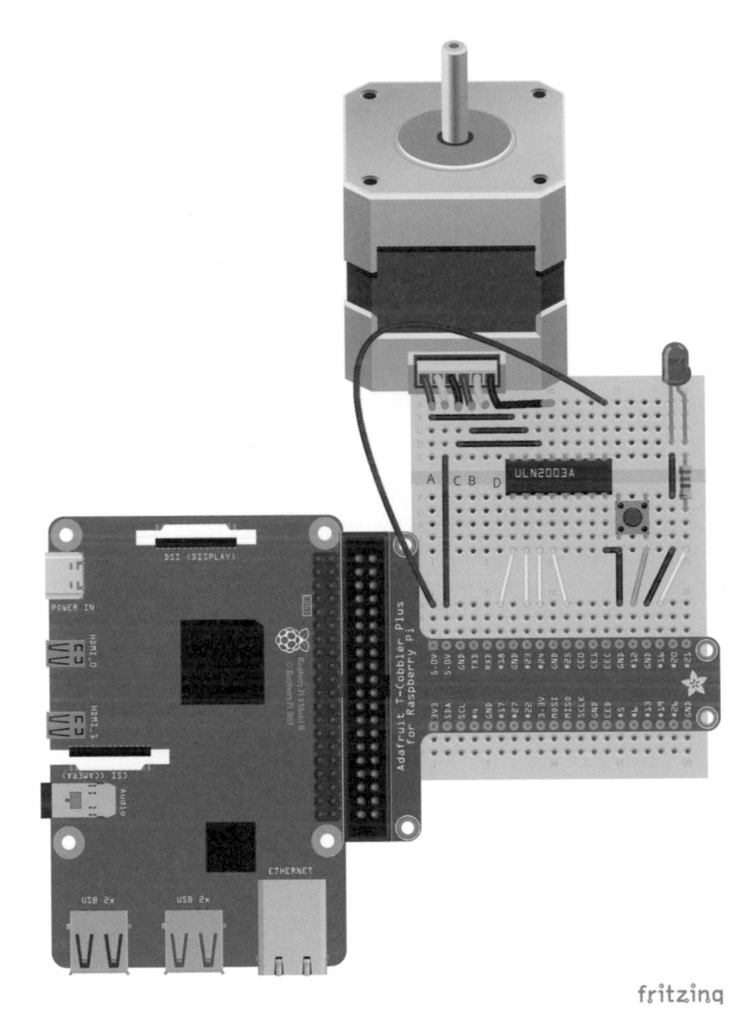

圖 3.10　步進馬達控制電路

範例程式

❶ 匯入 RPi.GPIO、sleep、random 模組。

❷ 使用 1-2 相激磁，步級角 stepAngle 等於 0.0879，變數 speed 設為 0.001s，此值為每一時序暫停時間。

❸ 函式 rotation(dir, angle)：dir 為旋轉方向，angle 為旋轉角度。dir=True 時，逆時針旋轉；dir=False 時，順時針旋轉。angle 除以 stepAngle，得到脈波數。

❹ 函式 stepping(dir, steps)：dir 為旋轉方向，steps 為脈波數。steps 除以 8，取餘數為激磁時序，變數 phase 為各時序中各相的準位，例如：dir=False 時，順時針旋轉，若脈波數除以 8，餘數若為 0，則為第 0 時序，各相的準位分別為 A 相 1、B 相 0、C 相 0、D 相 0。脈波數遞減，等於 0 時，表示到達目標角度。

```
import RPi.GPIO as GPIO
from time import sleep
import random
stepAngle = 0.0879   # stepping angle
speed = 0.001
CW = False
CCW = True
# Pin number for phase A, B, C, D
phaseAPin = 18
phaseBPin = 23
phaseCPin = 24
phaseDPin = 25
buttonPin = 12
LEDPin = 16
phasePin = (phaseAPin, phaseBPin, phaseCPin, phaseDPin)
debounce = 0
maxDebounce = 500
phase = [[1,0,0,0] ,[1,1,0,0],[0,1,0,0],[0,1,1,0],[0,0,1,0],[0
,0,1,1],[0,0,0,1],[1,0,0,1]]
def stepping(direction, steps):
    STEP = steps%8
    while steps > 0:
        sleep(speed)
        if direction == CCW:
```

```
                STEP = 7 - STEP
            stepPhase(STEP)
            steps = steps - 1
            STEP = steps%8
def stepPhase(STEP):
    for i in range(0,4):
        GPIO.output(phasePin[i],phase[STEP][i])
def rotation(direction, angle):
    stepToGo = int(float(angle)/stepAngle)
    stepping(direction, stepToGo)
GPIO.setmode(GPIO.BCM)
for i in range(0,4):
    GPIO.setup(phasePin[i], GPIO.OUT)
GPIO.setup(buttonPin, GPIO.IN, pull_up_down=GPIO.PUD_UP)
GPIO.setup(LEDPin, GPIO.OUT, initial=False)
randNo = [0, 0, 0]
try:
    while True:
        if GPIO.input(buttonPin) == 0:
            if debounce > maxDebounce:
                debounce = 0
                GPIO.output(LEDPin, True)
                msg = "3 random numbers = "
                for i in range(3):
                    randNo[i] = random.randint(0, 35)
                    msg = msg + str(randNo[i]) + " "
                print(msg)
                for i in range(3):
                    angleToGo=randNo[i]*10+5
                    rotation(CCW, angleToGo)
                    sleep(1)
                    rotation(CW, angleToGo)
                    sleep(1)
                while GPIO.input(buttonPin) == 0:
                    pass
```

```
            else:
                debounce += 1
        GPIO.output(LEDPin, False)
except KeyboardInterrupt:
    print("Exit!")
finally:
    GPIO.cleanup()
```

3.6 伺服馬達控制

伺服馬達的應用相當普遍，在驅動機器人關節軸旋轉進行各種動作方面，它是一個很好的致動器。控制方式，利用 PWM 訊號控制馬達轉軸旋轉 0° 到 180°。市售伺服馬達相當多，原理大致相同，控制訊號為 50Hz（週期為 20ms）、5V 的 PWM 脈波，當脈波寬度等於 0.5ms，即占空比為 $\frac{0.5}{20}=2.5\%$，馬達轉軸 0°；當脈波寬度等於 2.5ms，占空比 $\frac{2.5}{20}=12.5\%$，馬達旋轉 180°，0° 到 180° 之間成線性變化。本書採用 MG995 伺服馬達，馬達外部有 3 條線，棕色接地線，紅色線接 5V，橘色線為訊號線。根據不同廠牌，電線顏色或有不同，使用前應詳閱使用手冊或規格表。MG995 伺服馬達轉速，在 4.8V 工作電壓下，轉 60° 需 0.17s；6V，0.13s。

樹莓派有 4 支腳位為硬體 PWM，分別為 GPIO12、GPIO18、GPIO13、GPIO 19，其中 GPIO12、GPIO18 頻率一樣，GPIO13、GPIO19 頻率一樣，其餘的 GPIO 腳位仍可以運用軟體方式輸出 PWM 訊號，只是精準度較差。

例題 3.7

設 3 個按壓開關、綠、紅、與黃色 LED，按下第 1 個開關，綠色 LED 亮，伺服馬達轉 0°，按下第 2 個開關，紅色 LED 亮，伺服馬達轉 90°，按下第 3 個開關，黃色 LED 亮，伺服馬達轉 180°。

電路布置

❶ 按壓開關：分別接 GPIO25、GPIO16、GPIO20 腳位，另一側接 GND，使用內部提升電阻。

❷ LED：綠、紅、黃 LED 分別接 GPIO18、GPIO23、GPIO24 腳位，330Ω、GND。

❸ 伺服馬達：MG995 伺服馬達紅色線接 5V，棕色線接 GND，橘色線接 GPIO12 腳位。

電路如圖 3.11。

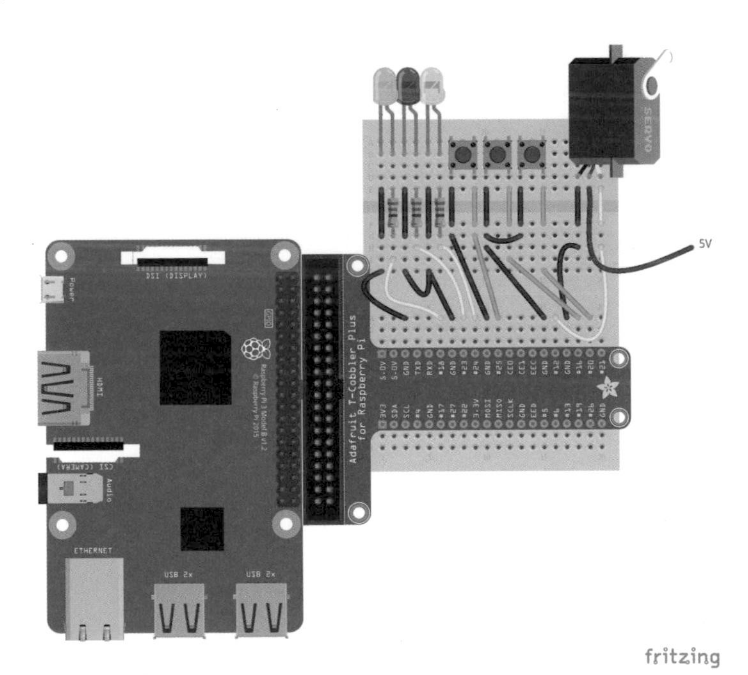

圖 3.11　伺服馬達控制電路

範例程式

使用 RPi.GPIO 模組：

- PWM：2 個引數—伺服馬達訊號腳位、頻率，分別為 GPIO12、50Hz

■ ChangeDutyCycle：引數為占空比，0° 占空比 2.5(%)，90° 占空比 7.5(%)，180° 占空比 12.5(%)

模組 **moving.py**

❶ 匯入 sleep 模組。

❷ 函式 toTarget：3 個引數─伺服馬達物件、目前占空比、目標占空比，伺服馬達每次只改變 0.1% 占空比。0.1% 占空比約轉 1.8°，若使用 4.8V 工作電壓，依據伺服馬達規格，需 5.1ms；經測試，延遲 20ms 可以得到平順運轉。

```
from time import sleep
def toTarget(servo, current, target):
    toGo = current
    increment = 0.1
    if current < target:
        while toGo < target:
            toGo = toGo + increment
            servo.ChangeDutyCycle(toGo)
            sleep(0.02)
    else:
        while toGo > target:
            toGo = toGo - increment
            servo.ChangeDutyCycle(toGo)
            sleep(0.02)
```

主程式：

❶ 匯入 RPi.GPIO、sleep、moving 模組。

❷ pressPin 按壓開關腳位清單 [25, 16, 20]，LEDPin LED 腳位清單 [18, 23, 24]，dutyCycle 轉 0°、90°、180° 的占空比清單 [2.5, 7.5, 12.5]。註：筆者測試的伺服馬達，占空比 10% 已接近 180°。

❸ 利用 currentDutyCycle 記憶按下哪個按壓開關對應的占空比索引，previousDutyCycle 記憶前一次占空比索引。布林變數 doPress 用於確認按下開關。

```
import RPi.GPIO as GPIO
from time import sleep
import moving
servoPin = 12
pressPin = [25, 16, 20]
LEDPin   = [18, 23, 24]
dutyCycle = [2.5, 7.5, 12.5]
debounce = 0
maxDebounce = 500
GPIO.setmode(GPIO.BCM)
GPIO.setup(servoPin, GPIO.OUT)
for Pin in pressPin:
    GPIO.setup(Pin, GPIO.IN, pull_up_down=GPIO.PUD_UP)
for Pin in LEDPin:
    GPIO.setup(Pin, GPIO.OUT, initial = False)
servo1 = GPIO.PWM(servoPin, 50)
servo1.start(0)
sleep(1)
doPress = False
currentDutyCycle = 0
previousDutyCycle = 0
try:
    while 1:
        for i in range(3):
            press = GPIO.input(pressPin[i])
            if press == 0:
                if debounce > maxDebounce:
                    debounce = 0
                    GPIO.output(LEDPin[i], True)
                    doPress = True
                    currentDutyCycle = i
                    while GPIO.input(pressPin[i]) == 0:
                        pass
                else:debounce += 1
            else:
                GPIO.output(LEDPin[i], False)
        if doPress == True:
```

```
            moving.toTarget(servo1,
dutyCycle[previousDutyCycle], dutyCycle[currentDutyCycle])
            previousDutyCycle = currentDutyCycle
            servo1.ChangeDutyCycle(0)
            sleep(1)
            doPress = False
except KeyboardInterrupt:
    print("Exit!")
finally:
    GPIO.cleanup()
```

本章習題

3.1 試利用 DHT11 溫濕度感測模組量測氣溫，再根據氣溫計算音速，並用於 HC-SR04 超音波測距模組量測距離程式，使距離更為精準。

註：音速 = $331.3\sqrt{1+\frac{T}{273.15}}$

其中，T 為氣溫（℃），音速單位為 m/s。(https://en.wikipedia.org/wiki/Speed_of_sound)

3.2 輸入降雨量，控制 LED 亮的個數：超過 80mm（大雨）亮 1 顆 LED、超過 200mm（豪雨）亮 2 顆 LED、超過 350mm（大豪雨）亮 3 顆 LED、超過 500mm（超大豪雨）亮 4 顆 LED。

PART II Arduino

CHAPTER 4　Arduino 介紹

CHAPTER 5　ESP8266 NodeMCU：無線網路開發模組

CHAPTER 6　Arduino IoT Cloud

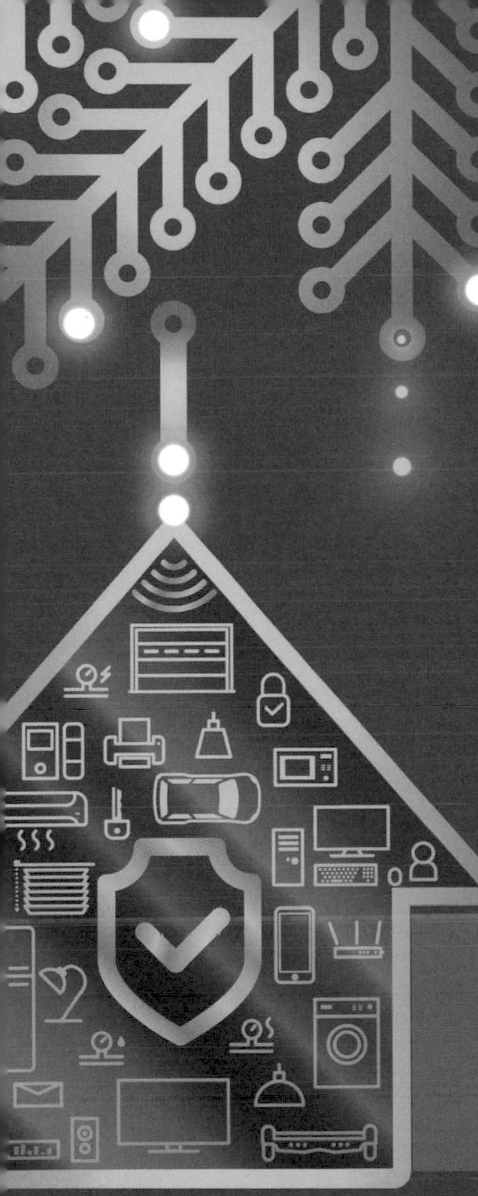

04

C H A P T E R

Arduino 介紹

4.1 Arduino

Arduino 起源於 2005 年，至今仍是許多創客開發嵌入式系統的首選（讀者可以藉由觀賞相關影片獲知，例如：YouTube 影片），它的硬體是採用 Atmel AVR 微控制器、免除複雜接線、低價位的控制板，軟體是整合開發環境（Arduino Integrated Development Environment；Arduino IDE），採用開放原始碼平台，Arduino IDE 下載網頁：https://www.arduino.cc/en/software。

完成 Arduino IDE 安裝，開始執行 Arduino IDE，每一個程式都是由 setup 與 loop 兩大區塊組成：

- setup 設定腳位模式—輸出或輸入、通訊協定等
- loop 是無窮迴圈，為主要程式執行區

完成程式撰寫，先儲存程式，Arduino IDE 會建立與程式同名的目錄，程式副檔名為 ino。在編譯程式前，確認控制板種類、COM 埠號，若有控制板，會自動偵測顯示 COM 埠號。點擊功能選單「打勾」圖案編譯（Verify），只編譯程式，或點擊「向右箭頭」圖案上傳（Upload），編譯程式，若無錯誤，上傳至 Arduino 控制板，即可開始執行。一般作法，直接點擊「向右箭頭圖案」即可，不需要分成兩次作業。在沒有 Arduino 控制板的情形下，仍可以利用 Arduino IDE 撰寫、編譯程式，來檢視程式語法是否正確。或者，利用模擬軟體，例如：Tinkercad 的 Circuits（網址：https://tinkercad.com/circuits ），註冊後可以在網頁上組裝電路、撰寫 Arduino 程式，最後進行模擬，網頁會呈現跟實際使用 Arduino 控制板測試電路情形相彷的畫面，值得讀者一試。

Arduino 嵌入式控制板依據功能需求有相當多的型號，其中 Arduino UNO 最具代表性，如圖 4.1，14 個數位輸出輸入腳位，其中 6 個腳位可以輸出 PWM 訊號，6 個類比輸入腳位，提供 5V、3.3V 電源。

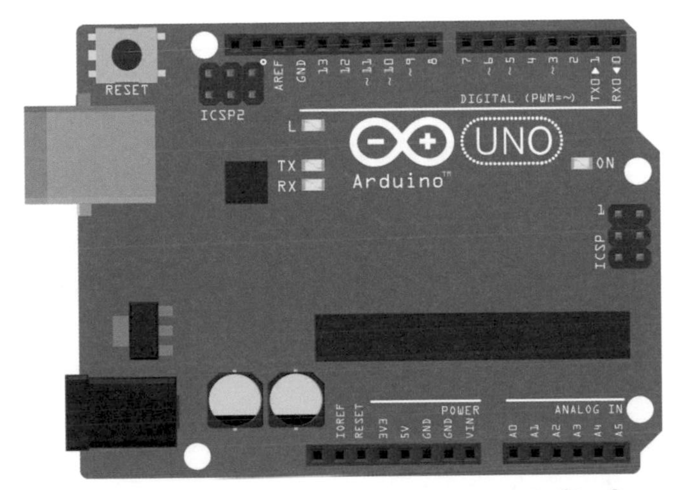

圖 4.1　Arduino UNO

4.2 Arduino UNO 數位輸出與輸入

基本數位輸入與輸出

Arduino UNO 的 14 個數位腳位，功能相當於樹莓派的 GPIO 腳位，編號 0 ~ 13，數位信號為 1 或 0，即 5V（高準位）或 0V（低準位），有別於樹莓派的 3.3V 與 0V。這些數位腳位可以作為輸入或輸出腳位，因此在使用前必須設定模式：pinMode(pinNo, mode)，pinNo 為腳位，mode 為模式—OUTPUT（輸出模式）、INPUT（輸入模式）、INPUT_PULLUP（輸入模式，使用內部提升電阻）。若是腳位設為輸出模式，可以輸出 5V 或 0V 至該腳位：digitalWrite(pinNo, value)，其中 pinNo 為腳位，value 為輸出值—LOW 或 HIGH。若是腳位設為輸入模式，外部訊號接至該腳位，可以持續讀取腳位狀態：digitalRead(pinNo)，其中 pinNo 為腳位，回傳值—LOW 或 HIGH。

例題 4.1

設一按壓開關控制 LED，開始 LED 暗，按下開關隨即鬆手，每按一次開關，改變 LED 狀態，也就是原來暗的變亮，原來亮的變暗。

電路布置

按壓開關接 Arduino UNO 第 2 腳位，另一側接 GND，LED 接第 3 腳位、330Ω 限流電阻、GND，電路如圖 4.2。

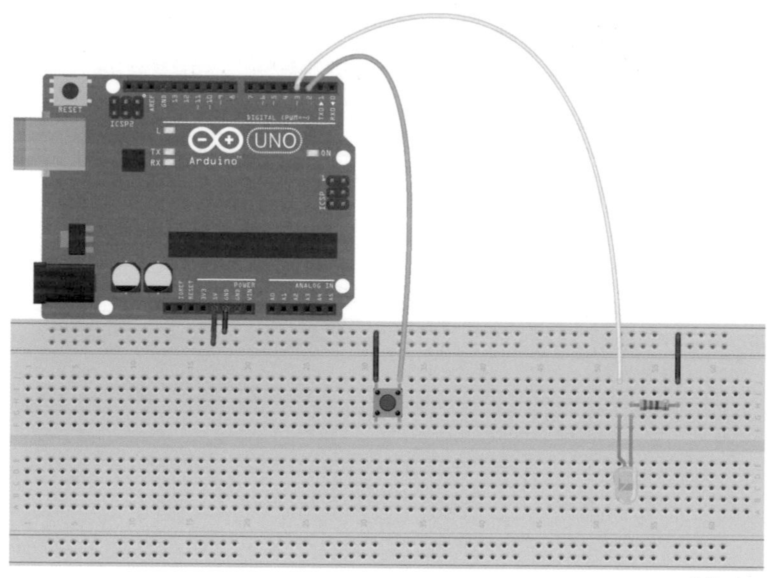

圖 4.2　LED 控制電路

範例程式

❶ 本例使用到的程式語法（C 或 C++ 程式語言）

- #define：巨集定義

  例如：「#define LEDPin　3」，編譯器在編譯程式前，會將程式中所有 LEDPin 換成 3

- 變數宣告、指定：

  「unsigned int debounce = 0;」，宣告 debounce 為正整數變數，同時指定它的初始值為 0

  「bool preStatus = false;」，宣告 preStatus 為布林變數，同時指定它的初始值為 false

- 以「;」結束一行陳述
- 條件判斷：

```
if ( 條件 1 ) {
// 滿足條件 1 所執行的程式區塊
}
else if (條件 2) {
// 滿足條件 2 所執行的程式區塊
}
else {
// 不滿足以上所有條件執行的程式區塊
}
// 雙斜線為註解行，不會編譯
```

- while：

```
while (條件); //程式會停在這行直到「條件」不再滿足
```

- !:「反相」邏輯運算

❷ 按下按壓開關，digitalRead 讀到第 2 腳位 LOW，確定按下開關後，digitalWrite 輸出 !preStatus（前次 LEDPin 狀態值的反相）至第 3 腳位。防彈跳門檻值 maxDebounce 設為 500，此值可以實測後調整適當數值。

❸ 按下按壓開關後，需進一步確認已鬆手，才會繼續執行之後的程式，以避免不正常累加計數，造成非預期結果，這可以利用 while (digitalRead (buttonPin) == LOW) ; 偵測是否已鬆手。

```
#define    LEDPin       3
#define    buttonPin    2
#define    maxDebounce    500
```

```
unsigned int  debounce = 0;
bool preStatus = false;
void setup() {
  pinMode(LEDPin, OUTPUT);
  digitalWrite(LEDPin, LOW);
  pinMode(buttonPin, INPUT_PULLUP);
}
void loop() {
  if (digitalRead(buttonPin) == LOW) {
    if (debounce > maxDebounce) {
      digitalWrite(LEDPin, !preStatus);
      preStatus = !preStatus;
      debounce = 0;
      while (digitalRead(buttonPin) == LOW);
    }
    else {
      debounce++;
    }
  }
}
```

繼電器控制

繼電器（relay）常應用在日常生活自動控制系統，例如：電梯控制、電動熱水瓶等，利用獨立低功率訊號控制工作電路的導通或斷開，內部組成有電磁線圈以及常閉（normal close；NC）或常開（normal open；NO）接點。當電磁線圈通電時，激磁使常閉接點斷開（open），常開接點閉合（close）。市售繼電器模組，除前面提到的組成外，還增加保護電路，根據接點數目多寡，有 1、2、4、或 8 路模組，採低準位或高準位觸發繼電器。

例題 4.2

利用 1 路 5V 繼電器模組控制直流馬達，開始時馬達停止運轉，按下按壓開關啟動馬達，鬆開馬達停止運轉。註：本例題使用低準位觸發繼電器模組。

電路布置

繼電器模組，接 5V、GND，訊號輸入接第 5 腳位。按壓開關接第 6 腳位，電路如圖 4.3。繼電器模組 GND 與 Arduino UNO GND 共接。

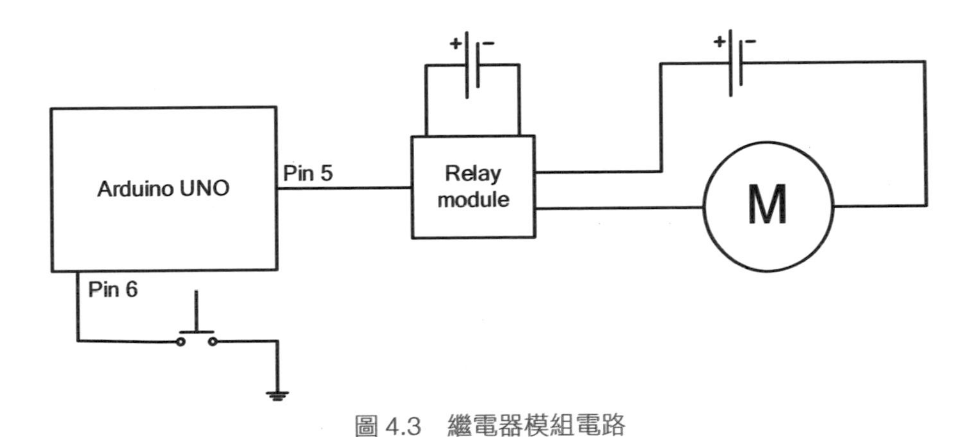

圖 4.3 繼電器模組電路

範例程式

按下開關時，digitalRead 讀到第 6 腳位 LOW，確定按下開關後，digitalWrite 輸出 LOW 至第 5 腳位，觸發繼電器模組，使馬達轉動；鬆開，digitalRead 讀到 HIGH，digitalWrite 輸出 HIGH，馬達停止轉動。

※ 直流馬達使用另外 5V 電源。

```
#define   relayPin   5
#define   buttonPin  6
#define   maxDebounce   500
unsigned int  debounce = 0;
void setup() {
  pinMode(relayPin, OUTPUT);
  digitalWrite(relayPin, HIGH);
  pinMode(buttonPin, INPUT_PULLUP);
}
```

```
void loop() {
  if (digitalRead(buttonPin) == LOW) {
    if (debounce > maxDebounce) {
      digitalWrite(relayPin, LOW);
      debounce = 0;
      while (digitalRead(buttonPin) == LOW);
    }
    else {
      debounce++;
    }
  }
  else digitalWrite(relayPin, HIGH);
}
```

One-wire 通訊

「One-Wire」為 Dallas 公司制定的通訊方式，主要用於微控制器或裝置之間的資料傳輸，僅以 1 條數據線連接所有裝置，數據線接 5V 電源、4.7kΩ 提升電阻。以 Dallas 公司出品的 DS18B20 溫度感測器為例，微控制器與 DS18B20 溫度感測器連線，藉由「One-Wire」通訊，微控制器傳送指令至 DS18B20，DS18B20 也回傳數據信號，接線如圖 4.4。

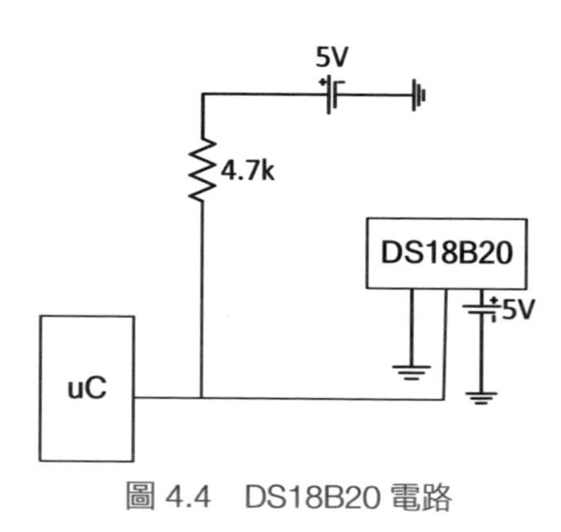

圖 4.4　DS18B20 電路

DS18B20 溫度感測器，TO-92 電晶體封裝，3 支腳位，具有 12-bit 的解析度，外觀類似 BJT 電晶體，如圖 4.5。腳位判斷方式，面向 DS18B20 型號、接腳朝下，最右側接 5 V，中間數位訊號腳位，最左側接 GND，請勿接錯以免燒毀；量測範圍 -55 ～ 125℃，溫度若分布在 -10 ～ 85℃，誤差值 ±0.5℃。

圖 4.5　DS18B20 溫度感測器

1. **操作 DS18B20 的方法**：參考 https://www.pjrc.com/teensy/td_libs_OneWire.html
   (1) reset：每一次執行指令都需要進行重置動作。
   (2) search：尋找連線裝置，並儲存裝置位址。
   (3) select：根據記憶體位址選擇裝置，每一個裝置擁有獨一位址。
   (4) read：讀取溫度數據，一次 1 位元組。
   (5) crc8：執行循環冗餘校驗（Cyclic Redundancy Check；CRC），檢查傳送數據是否正確。
   (6) write：寫入指令，一次 1 位元組。量測溫度指令：
   - 0x44：開始轉換溫度量測值

- 0xBE：讀取回傳數據，共 9 個位元組，其中第 0 位元組溫度值低位元組（LSB），第 1 位元組溫度值高位元組（MSB），每個位元在不同位置代表 2 的冪次，例如：2^1 位置位元值為 1 時，值為 2，將這些值加總即為溫度值，S 位元代表正負號：

LSB	2^3	2^2	2^1	2^0	2^{-1}	2^{-2}	2^{-3}	2^{-4}
MSB					S	2^6	2^5	2^4

2. 溫度計算步驟：運用位元運算，首先設 16 位元整數等於 MSB 左移 8 個位元與 LSB 進行位元「或」運算，再轉換為浮點數除以 16.0，即得攝氏溫度值（℃）。

3. 其他：第 8 位元組循環冗餘校驗值。其餘指令，請參閱規格書 https://cdn.sparkfun.com/datasheets/Sensors/Temp/DS18B20.pdf 。

4. 自訂函式庫：本函式庫係參考以下範例：https://github.com/PaulStoffregen/OneWire/blob/master/examples/DS18x20_Temperature/DS18x20_Temperature.ino 改寫而成，僅適用於 DS18B20 溫度感測器。內含 <OneWire.h>，至 https://github.com/PaulStoffregen/OneWire 下載安裝（安裝方式，請參考附錄 A）。

(1) errorMsg：回傳訊息字串

- "Sensor OK"：感測器正常
- "CRC not OK"：未通過循環冗餘校驗
- "Not DS18B20"：非 DS18B20 感測器
- "Data not OK"：數據有誤

(2) searchSensor：尋找 DS18B20 感測器，回傳訊息。

(3) sensorToGo：進行溫度量測。

(4) checkData：確認傳輸數據是否正確，回傳訊息。

(5) getTemperature：取得溫度值。

使用到的程式語法：

- byte bufferSensor[8]

  bufferSensor[8] 資料型態為 byte（位元組）的陣列（array）

- rawData =(data[1] << 8) | data[0]
  - 「<<」: 二進位左移位元運算
  - 「|」:「或」運算

  例如：data[1]=11111110、data[0]=01101110

  data[1] << 8，可得 1111111000000000（左移後補 0），與 data[0] 進行「或」運算後，可得 1111111001101110，相當於十進位數 -402

- （data[1] & 0x08）== 0x08：檢測第 3 位元值是否為 1
  - 「&」:「及」運算
  - 0x08：值相當於十進位 8，二進位 00001000

- 相等：==

- 不等：!=

為了提供其他程式使用 DS18B20 相關的函式，利用記事本編寫 <DS18B20.h>（標頭檔）與 <DS18B20.cpp>（相關函式實作），集結成一函式庫，並放在 arduino\libraries\DS18B20 目錄。

<DS18B20.h> 部分：相關函式原型（function prototype）

```
#include <OneWire.h>
void sensorToGo(OneWire);
char* searchSensor(OneWire);
char* checkData(byte *, int *);
float getTemperature(byte *);
```

<DS18B20.cpp> 部分：相關函式實作 (implementation)

```
#include <DS18B20.h>
byte bufferSensor[8];
char *errorMsg[]={"Sensor OK","CRC not OK","Not DS18B20","Data not
OK"};
char* searchSensor(OneWire tempSensor) {
  while ( !tempSensor.search(bufferSensor)) {
    tempSensor.reset_search();
    delay(250);
  }
  int codeNo=0;
  if (OneWire::crc8(bufferSensor, 7) != bufferSensor[7]) {
    codeNo=1;
  }
  if (bufferSensor[0] != 0x28) {
    codeNo=2;
  }
  return errorMsg[codeNo];
}
void sensorToGo(OneWire tempSensor) {
  tempSensor.reset();
  tempSensor.select(bufferSensor);
  tempSensor.write(0x44, 1);
  delay(1000);
  tempSensor.reset();
  tempSensor.select(bufferSensor);
  tempSensor.write(0xBE);
}
char* checkData(byte *data, int *codeNo) {
  *codeNo=0;
  if (OneWire::crc8(data, 8) != data[8]) *codeNo=3;
  return errorMsg[*codeNo];
}
float getTemperature(byte *data) {
  float temp = 0.0;
  int16_t rawData;
  rawData = (data[1] << 8) | data[0];
  temp = (float) rawData / 16.0 ;
  return temp;
}
```

例題 4.3

試利用 DS18B20 量測溫度，溫度顯示在串列監視器。

電路布置

DS18B20 接 5V 與 GND，訊號腳位接 4.7kΩ、5V、Arduino UNO 第 5 腳位。

範例程式

❶ 本函式使用到的程式語法：

- for (int = 0; i < 9; i++) data[i] = tempSensor.read( );
  for 迴圈：i 起始值 0，每執行一次 tempSensor.read( )，i 累加 1，直到 i=8
- i++：i=i+1

❷ 內含 <DS18B20.h>，建立 OneWire 物件 tempSensor。

```
#include <DS18B20.h>
#define sensorPin 5
OneWire tempSensor(sensorPin);
byte data[9];
int errorCode;
float temp;
char msg[20];
char* errormsg=msg;
void setup(void) {
  Serial.begin(9600);
  errormsg=searchSensor(tempSensor);
  Serial.println(errormsg);
}
void loop(void) {
  sensorToGo(tempSensor);
  for (int i = 0; i < 9; i++) data[i] = tempSensor.read();
  errormsg = checkData(data, &errorCode);
  if ( errorCode != 0) {
    Serial.println(errormsg);
  }
```

```
  else {
    temp = getTemperature(data);
    Serial.print("Current temperature in Celsius = ");
    Serial.println(temp,1);
    delay(2000);
  }
}
```

執行結果：如圖 4.6。

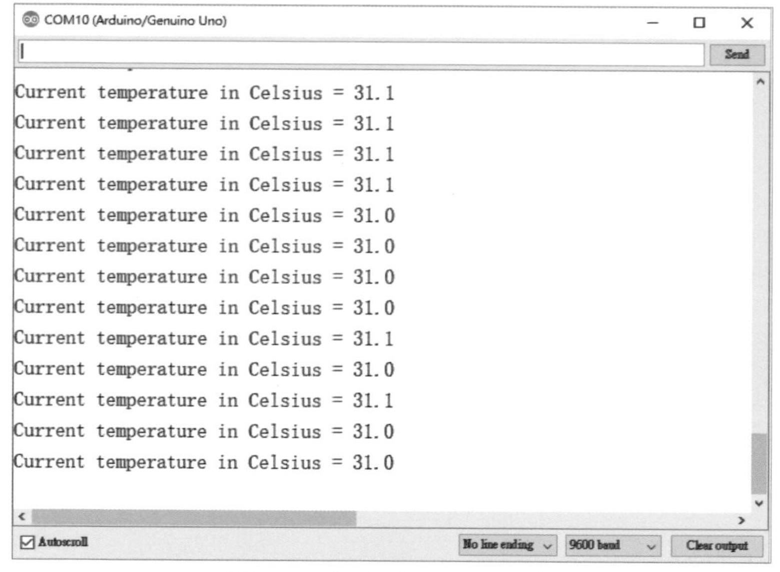

圖 4.6　串列監視器顯示溫度

4.3 Arduino UNO 類比輸入訊號

GPIO 應用上，Arduino UNO 相較於樹莓派，最大差異在於 Arduino UNO 有類比訊號輸入腳位，而樹莓派沒有。因此，若使用類比感測器，Arduino UNO 可以直接輸入訊號，經微控制器內建類比數位轉換器（ADC）得到量測值，樹莓派則必須外加 ADC 模組。

類比輸入腳位與讀取訊號函式

Arduino UNO 的 6 個類比輸入腳位，編號為 A0 ～ A5，具有 10 位元解析度，量測範圍 0 ～ 5V，讀值介於 0 到 1023(=2^{10}−1)。讀取類比訊號：analogRead(pinNo)，其中 pinNo 為類比輸入腳位，預設參考電壓為 5V，輸入訊號至多 5V。

溫度量測

溫度感測器 LM35DZ 是類比訊號感測器，3 支接腳，外觀與 DS18B20 幾乎一樣，如圖 4.7。腳位判斷方式，面向 LM35DZ 型號、接腳朝下，左邊接 5 V，中間輸出類比訊號，右邊接 GND，請確認接線，接錯恐燒毀。(註：與 DS18B20 的 5V、GND 腳位相反) LM35DZ 輸出電壓值除以 10mV，即為攝氏溫度值，量測範圍 2 ～ 150℃、精度可達 0.5℃。

圖 4.7　LM35DZ 溫度感測器

例題 4.4

利用 Arduino UNO、溫度感測器 LM35DZ 量測氣溫，設 2 個按壓開關，分別代表攝氏、華氏溫度設定，同時執行氣溫量測，氣溫顯示在串列監視器。例如：氣溫等於 31℃ 時，當按下攝氏溫度設定，顯示 The degree Celsius = 31；當按下華氏溫度設定，顯示 The degree Fahrenheit = 87.80。

電路布置

溫度感測器 LM35DZ，依據前述腳位指示，接 5V 與 GND，類比訊號輸出接 A0，2 個按壓開關分別接第 5、6 腳位，電路如圖 4.8。

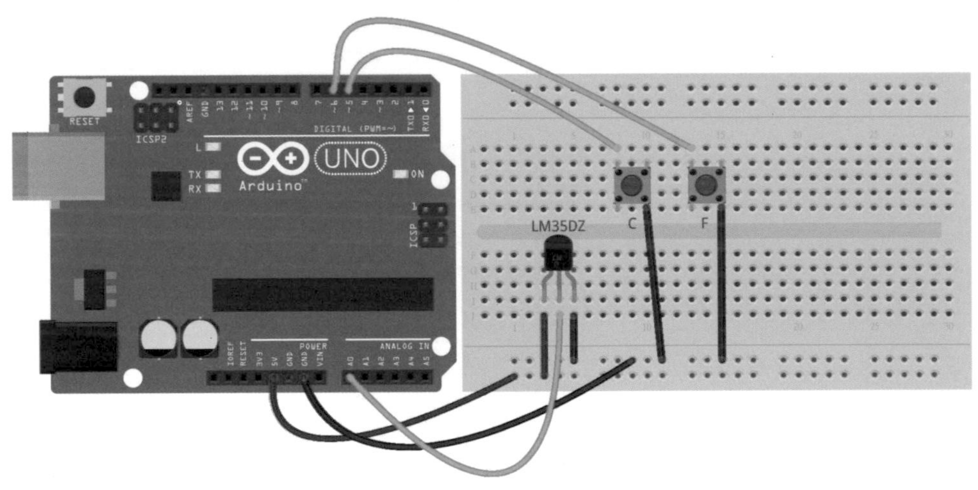

圖 4.8　溫度感測電路

範例程式

❶ 2 個按壓開關均使用內部提升電阻，腳位模式設為 INPUT_PULLUP。

❷ 使用 map(value, fromLow, fromHigh, toLow, toHigh) 函式，將讀值 value 從分布範圍 [fromLow, fromHigh] 線性轉換至 [toLow, toHigh]；本例，[fromLow, fromHigh] 為 [0, 1023]，[toLow, toHigh] 為 [0, 500]，500 是由 5V/10mV 計算得到。

❸ 攝氏轉換華氏溫度，先將攝氏溫度值轉為浮點數（float temp），再乘上 9，除以 5，加上 32，即為華氏溫度。

```
#define   tempPin   A0
#define   degreeCPin      5
#define   degreeFPin      6
#define   maxDebounce   500
int readValue = 0;
int temp = 0;
float degreeF;
unsigned int  debounceC = 0;
unsigned int  debounceF = 0;
void setup() {
  pinMode(degreeCPin, INPUT_PULLUP);
  pinMode(degreeFPin, INPUT_PULLUP);
  Serial.begin(9600);
}
void loop() {
  if (digitalRead(degreeCPin) == LOW) {
    if (debounceC > maxDebounce) {
      debounceC = 0;
      readValue = analogRead(tempPin);
      temp = map(readValue, 0, 1023, 0, 500);
      Serial.print("The degree Celsius = ");
      Serial.println(temp);
      while (digitalRead(degreeCPin) == LOW);
    }
    else {
      debounceC++;
    }
  }
  if (digitalRead(degreeFPin) == LOW) {
    if (debounceF > maxDebounce) {
      debounceF = 0;
      readValue = analogRead(tempPin);
      temp = map(readValue, 0, 1023, 0, 500);
      Serial.print("The degree Fahrenheit = ");
```

```
      degreeF = ((float) temp)*9/5 + 32.0;
      Serial.println(degreeF);
      while (digitalRead(degreeFPin) == LOW);
    }
    else {
      debounceF++;
    }
  }
}
```

光照量測

光敏電阻器（photoresistor）有點像可變電阻器（potentiometer），只是可變電阻器是轉旋鈕調整電阻值，輸出不同電壓；光敏電阻器電阻值則是隨光線強弱而變化。光敏電阻器電阻值變化很大，沒有光線時，電阻值可達幾個 MΩ，而在光線充足時，電阻值僅幾 Ω，光敏電阻器可以作為光強度或照度的感測器，例如：居家窗簾或百葉窗，可以用光敏電阻器控制開闔程度。

利用電壓分配定則，參考圖 3.2，R_1 為固定電阻，V_r 為參考電壓，按壓開關改為光敏電阻，電阻值為 R_2，輸出電壓值

$$V_{out} = \frac{R_2}{R_1 + R_2} V_r \qquad (4.1)$$

由量測到的輸出電壓值，可以計算光敏電阻值

$$R_2 = \frac{V_{out}}{V_r - V_{out}} R_1 \qquad (4.2)$$

光敏電阻值與照度的關係，讀者可以使用不同的固定電阻配合光敏電阻測試，根據實際照度值，取得兩者相關性作為應用參考。

例題 4.5

利用光敏電阻器 CdS 5mm (CD5592)，監測室內光線強度，每間隔 5s 量測光敏電阻值一次，試測試白天以及晚上開燈與關燈的光敏電阻值。

電路布置

光敏電阻器一側接 GND，另一側接 A0，同時接 100kΩ 電阻，再接至 5V，電路如圖 4.9。

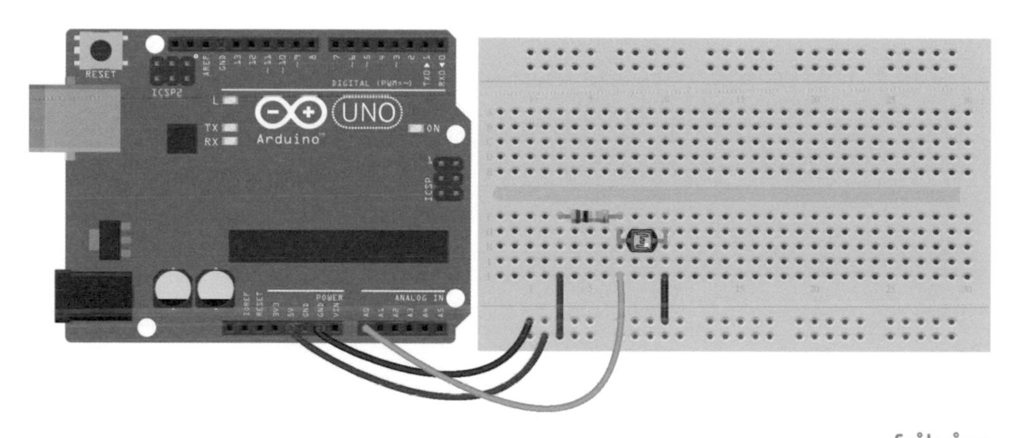

圖 4.9　光照度感測電路

範例程式

❶ 使用到的程式語法：

- float Vout;

  宣告 Vout 為 float 浮點數資料型態

- const float R1 = 100000;

  宣告 R1 為常數 const

❷ 根據（4.2）式，計算光敏電阻值。

```
#define photoPin     A0
int readValue = 0;
float Vout = 0;
const float R1 = 100000;
const float Vr = 5.0;
float R2 = 0;
void setup() {
  Serial.begin(9600);
}
void loop() {
  readValue = map(analogRead(photoPin),0,1023,0,500);
  Vout = (float) readValue/100.0;
  Serial.print("Voltage Reading = ");
  Serial.println(Vout);
  R2 = Vout*R1/(Vr - Vout);
  Serial.print("Resistance of photoresistor = ");
  Serial.println(R2);
  delay(5000);
}
```

執行結果

筆者測試當天，白天桌燈打開，光敏電阻值約為 7.3kΩ；桌燈關掉，電阻值約為 8.3kΩ。夜晚桌燈打開，光敏電阻值約為 17kΩ；桌燈關掉，電阻值約為 6.8MΩ。量測值會受到當時日照影響，這些數據僅供參考。同時，使用不同規格光敏電阻器所測得數據亦有差異。

4.4 Arduino UNO 控制伺服馬達

Arduino UNO 的第 3、5、6、9、10、11 腳位可以輸出 PWM 訊號，控制伺服馬達轉軸角度，角度範圍從 0° 到 180°。控制伺服馬達的 PWM 訊號頻率為 50Hz，而 Arduino UNO 原來設定頻率：5 與 6 腳位頻率約為 980Hz、其他 4 腳位頻率約為 490Hz。若利用 analogWrite 函式輸出 PWM 訊號，僅可以設定占空比，無法改變頻率。若要改變頻率，可以設定 Arduino UNO 微控制器的暫存器，但這部分已超出本書討論範圍。所幸有 Servo 函式庫（標頭檔 <Servo.h>），已設定 PWM 訊號頻率為 50Hz，直接輸入角度，就可以輕易控制伺服馬達：(https://www.arduino.cc/en/reference/servo)

- attach（pinNo）：設定接伺服馬達訊號線腳位 pinNo
- write（value）：設定伺服馬達旋轉角度，value 介於 0 ～ 180

例題 4.6

控制伺服馬達旋轉角度，起始角度 0°，每次增加 2° 到 180°，轉回 0°，周而復始。

電路布置

MG995 伺服馬達紅色線接 5V，黑色線（棕色線）接 GND，訊號線（黃色線）接第 5 腳位，電路如圖 4.10。

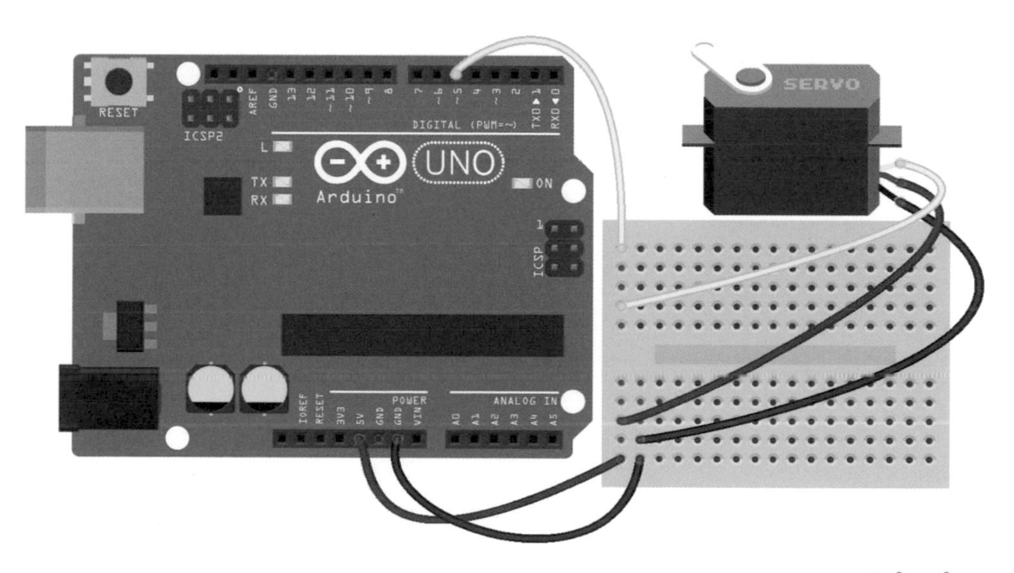

圖 4.10　伺服馬達控制電路

範例程式

❶ 本函式使用到的程式語法：

- for (int degree = 0; degree <= 180; degree += 2)

  for 迴圈：整數 degree 起始值 0，每執行一次，degree 累加 2，直到 i=180

- degree += 2：degree = degree + 2

❷ 內含 <Servo.h> 函式庫，建立 Servo 物件 servoMotor1，伺服馬達訊號線接第 5 腳位，每轉 2° 延遲 20ms。

```
#include <Servo.h>
Servo servoMotor1;
void setup() {
  servoMotor1.attach(5);
}
void loop() {
  for (int degree = 0; degree <= 180; degree += 2) {
    servoMotor1.write(degree);
    delay(20);
  }
  delay(1000);
  servoMotor1.write(0);
}
```

本章習題

4.1 設 2 個按壓開關，分別為「Open」、「Close」，按「Open」開關，伺服馬達旋轉 90°，按「Close」開關，伺服馬達轉回 0°，伺服馬達運轉中 LED 燈亮以為警示。

4.2 建立溫室遮蔭網控制系統：利用光敏電阻（CdS 5mm，CD5592）量測照度（參考例題 **4.5** 接線），伺服馬達控制遮蔭網開闔。設定 2 個門檻值：OPEN、SHUT，當光敏電阻值高於 OPEN，表示光線弱，啟動馬達轉 90° 拉開遮蔭網，讓多點光線進入溫室；當光敏電阻值低於 SHUT，表示光線強，啟動馬達轉回 0° 闔上遮蔭網，阻擋光線進入溫室。註：筆者在某一天測試時，白天光敏電阻值約 8kΩ，以手遮住光敏電阻，電阻值約為 35kΩ，設定 OPEN=30000、CLOSE=15000。當電阻值高於 30kΩ，伺服馬達轉 90°，當電阻值低於 15kΩ，伺服馬達轉 0°。

4.3 建立路燈控制系統：利用光敏電阻（CdS 5mm，CD5592）量測照度，繼電器模組控制路燈開關，當天色暗到光敏電阻值高於門檻值，開啟路燈開關。註：參考例題 **4.5** 接線，先測試黃昏時光敏電阻值，參考此值設定門檻值。

MEMO

05

CHAPTER

ESP8266 NodeMCU：無線網路開發模組

ESP8266 NodeMCU 是 Wi-Fi 開發模組，可以 Arduino IDE 撰寫程式，藉由「MQTT」進行訊息的發布（publish）與訂閱（subscribe），程式完成上傳後，即可獨立作業。

5.1 ESP8266 NodeMCU

硬體

ESP8266 NodeMCU 如圖 5.1，9 個數位腳位（D0 至 D8）、1 個類比訊號輸入腳位、2 個串列埠通訊腳位（RX 與 TX）、3 個 3.3V 腳位、4 個 GND 腳位，其餘腳位暫且不用；其中數位腳位 D2、D5、D6、D8 可以輸出 PWM 訊號，腳位規劃用途如表 5.1，腳位從左下角開始逆時針方向編號（脈波圖案靠左）。數位腳位務必使用 3.3V，以免毀損板子。可由筆電或 USB 提供電源，或 Vin 腳位接 4.5 ~ 9V 外部電源。

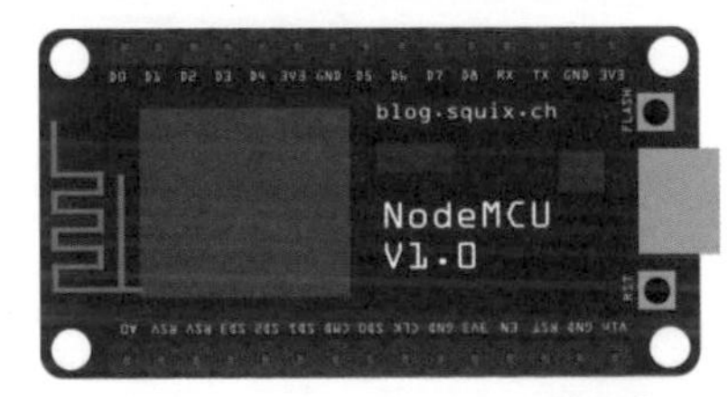

圖 5.1　ESP8266 NodeMCU

表 5.1　ESP8266 NodeMCU 腳位與功能

腳位編號		代號、功能	
1	30	A0	D0
2	29		D1
3	28		D2
4	27		D3
5	26		D4
6	25		3.3V
7	24		GND
8	23		D5
9	22		D6

腳位編號		代號、功能	
10	21	GND	D7
11	20	3.3V	D8
12	19		RX
13	18	RST	TX
14	17	GND	GND
15	16	Vin	3.3V

軟體

利用 Arduino IDE 開發 ESP8266 NodeMCU 應用程式，必須載入相關核心軟體，這樣才能讓 Arduino IDE 識別出 ESP8266 NodeMCU，並且使用相關資源。

1. 執行 **Arduino IDE**，增加控制板管理者 **File > Preferences > Additional Boards Managers URLs**：http://arduino.esp8266.com/stable/package_esp8266com_index.json 。

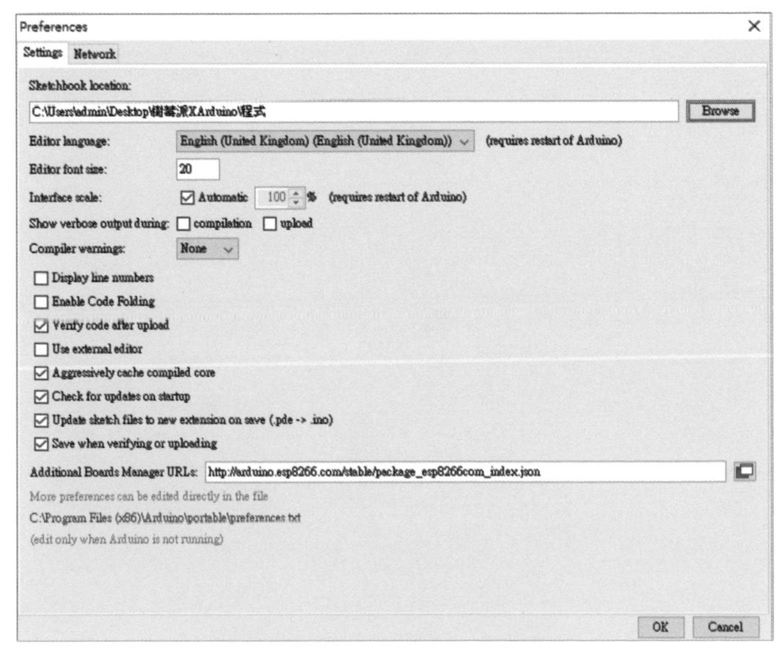

圖 5.2 ESP8266 核心軟體設定

2. **安裝 ESP8266 控制板**：Tools ＞ Boards Manager，搜尋 ESP8266，安裝完成，可獲得圖 5.3 畫面，版本為 3.0.2。

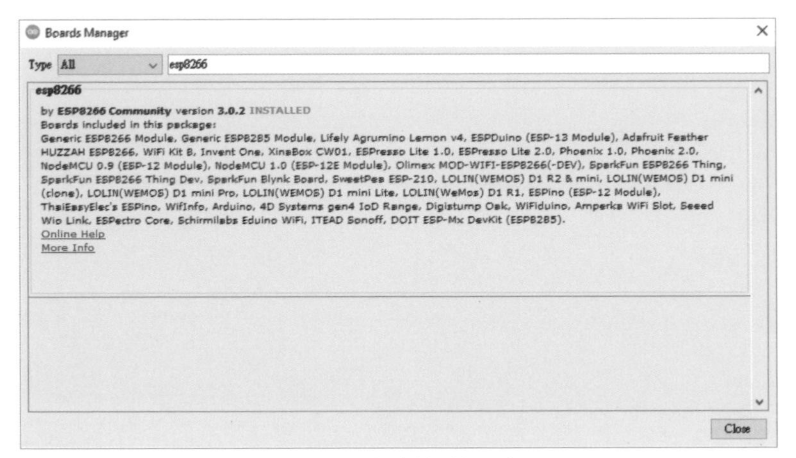

圖 5.3　控制板管理者

3. **選擇控制板**：Tools ＞ Boards ＞ NodeMCU 1.0（ESP-12E Nodule）。

4. **確認 COM 埠**：Tools ＞ Port。

例題 5.1

利用 ESP8266 NodeMCU 控制 LED 亮度，轉可變電阻器旋鈕改變 LED 亮度。

電路布置

可變電阻器接 3.3V、GND，輸出接 A0，LED 接 D2 腳位、330Ω、GND，電路如圖 5.4。

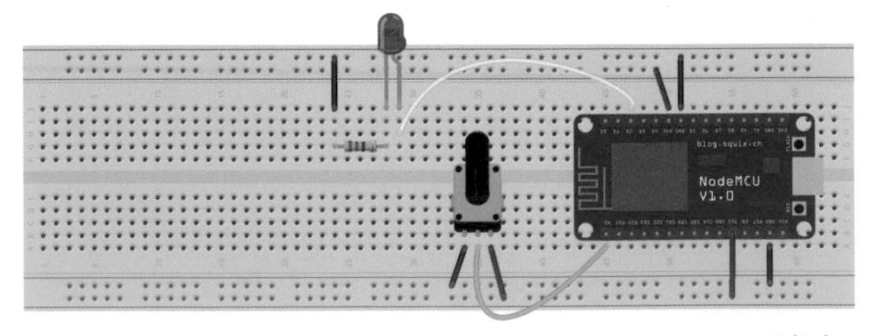

圖 5.4　控制 LED 亮度電路

範例程式

❶ analogRead 讀取 A0 電壓值。

❷ map 將讀值由 0 ～ 1023 的分布範圍轉換至 0 ～ 255。

❸ analogWrite 輸出 PWM 訊號至 D2 腳位。

```
#define LED  D2
void setup() {
  Serial.begin(9600);
  pinMode(LED, OUTPUT);
  digitalWrite(LED, 0);
}
int reading = 0;
int lightness = 0;
void loop() {
  reading = analogRead(A0);
  Serial.println(reading);
  lightness = map(reading, 0, 1023, 0, 255);
  analogWrite(LED, lightness);
  delay(1000);
}
```

本章將運用 ESP8266 NodeMCU 無線模組作為開發硬體平台，同時充分利用 Arduino 資源，再結合樹莓派應用至物聯網。

5.2 MQTT

MQTT（Message Queuing Telemetry Transport）是建立物聯網的重要工具，它是網路世界裡機器與機器（M2M）或物與物之間通訊協定，相較於 http 協定，它輕便、簡單使用。運用 MQTT 傳遞訊息的系統，由三個成員構成，分別為「發布者」(publisher)、「訂閱者」(subscriber)、「伺服器」或「代理人」(broker)（後面一律使用「伺服器」名詞），三者可以落在同一部裝置，或分散至各個裝置，這些裝置可以樹莓派、或筆電、或 ESP8266 模組，「伺服器」也可以安排至雲端伺服器。「發布者」將訊息發布至「伺服器」，而「訂閱者」自「伺服器」取得相關資訊，三者關係如圖 5.5。這種「發布者」、「訂閱者」與「伺服器」的概念，可以 YouTube 比擬，YouTube 網站為「伺服器」，網民將影片上傳到「伺服器」供人觀看，他就是「發布者」；如果觀看者喜歡「發布者」的相關影片，成為「訂閱者」，只要新影片上傳，都會收到通知。MQTT 與 YouTube 的差異：MQTT 是以訂閱主題發送訊息；YouTube 是針對特定「發布者」，無論任何主題都會通知「訂閱者」。

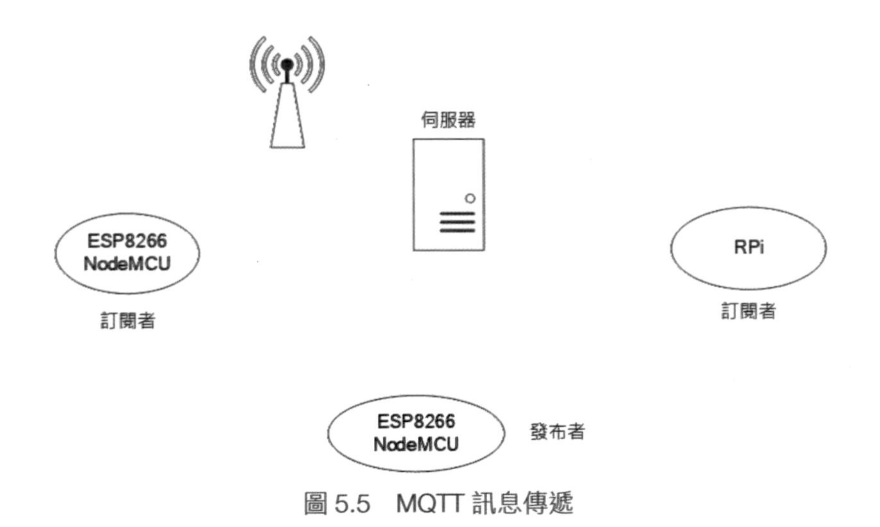

圖 5.5　MQTT 訊息傳遞

Message 或 msg 為所有訊息傳遞的媒介，常使用的內容項目有 topic（主題）、payload（負載）等，也可以自行新增項目。topic 與 payload 都是字串，topic 可以單一主題、或將訊息由上而下階層式分類的多層主題，舉例說明：「發布者」發布單一主題 topic='command'、payload='1' 的訊息，「訂閱者」只要連上 MQTT 伺服器，訂閱 'command'，都可以獲得 '1' 訊息負載，藉此傳遞控制裝置指令；如果有好幾個裝置控制指令，就需要多層主題，例如：電燈開關 Switch 1、Switch 2，兩個不同主題，分別為 topic='command/sw1' 與 topic='command/sw2'，上層與下層主題以 '/' 分隔。依據應用需求，可以組成更多層的主題，這部分還會在第 8 章進一步說明。

伺服器設在個人電腦或筆電

MQTT 伺服器設在個人電腦或筆電，ESP8266 NodeMCU 為訂閱者與發布者，伺服器、訂閱者、與發布者三者的關係如圖 5.6，可以有多個 ESP8266 NodeMCU 連上系統。

圖 5.6 個人電腦或筆電為伺服器

本書採用「mosquitto」MQTT 伺服器，它是根據 MQTT 通訊協定 3.1 與 3.1.1 版實作的輕量型開源訊息伺服器（open source message broker），從低功率單板機到伺服器的裝置均適用。（https://mosquitto.org/）

1. 安裝 **mosquitto**：在個人電腦或筆電安裝 mosquitto，作業系統為 Windows 10。

   (1) 下載安裝檔案：https://mosquitto.org/files/binary/win64/mosquitto-1.5.8-install-windows-x64.exe 。註：此為 64 位元版本，亦有 32 位元可供下載。

   (2) 執行安裝：安裝目錄 C:\Program Files\mosquitto。

   (3) 修改配置檔：開啟 C:\Program Files\mosquitto\mosquitto.conf，增加以下設定

   ```
   allow_anonymous true
   protocol mqtt
   listener 1883
   ```

   分別為非本機也可連線、mqtt 通訊協定、埠號 1883 的設定。註：未正確設定，將無法連上 MQTT 伺服器。

(4) 新增路徑：如果要在任何目錄下執行 MQTT 指令，就必須新增環境變數。進入「控制台」,「系統及安全性」>「系統」>「進階系統設定」>「環境變數」(或「系統」>「系統資訊」>「進階系統設定」>「環境變數」)，編輯「使用者變數」Path，新增 C:\Program Files\mosquitto，如圖 5.7。

圖 5.7　新增環境變數

2. 測試：利用「命令提示字元」測試 MQTT（視窗 **1**），

(1) 啟動 MQTT 伺服器：

```
> mosquitto
```

(2) 訂閱訊息：先設定訂閱主題

```
> mosquitto_sub -t command
```

(3) 發布訊息：打開另一個「命令提示字元」視窗，發布訊息

```
> mosquitto_pub -t command -m 1
```

執行結果：訊息 '1' 顯示在視窗 1。

3. 服務品質：Quality of Service(QoS)，此為 MQTT 定義發布或訂閱訊息被確認收到的層級。

(1) QoS 層級

- QoS=0：伺服器、用戶者（發布者與訂閱者）傳送訊息 1 次，訊息有可能遺失。QoS=0 為預設值，在一般應用上已足夠，毋須改變設定
- QoS=1：伺服器與用戶者（發布者與訂閱者）至少傳送訊息 1 次，發布者收到回傳確認對方收到該筆訊息，才會停止傳送，如果回傳訊息遺失，該筆訊息可能重複傳送
- QoS=2：伺服器與用戶者（發布者與訂閱者）只傳送訊息 1 次，要經過 4 個交握步驟確定收到該筆訊息，雖然保證收到訊息，但會浪費一些網路資源

(2) QoS 設定

- 發布訊息：

```
> mosquitto_pub -t topic -m message -q qos
```

- 訂閱訊息：

```
> mosquitto_sub -t topic -m message -q qos
```

4. **運用 ESP8266 NodeMCU 訂閱主題**

(1) 打開 Arduino IDE 範例：Examples > PubSubClient > mqtt_esp8266，該程式詳細記載

- ESP8266 如何連接 Wi-Fi
- ESP8266 如何連接 MQTT 伺服器
- 如何發布訊息
- 如何訂閱訊息

下載網址：https://github.com/knolleary/pubsubclient/releases/tag/v2.7。

例題 5.2 程式係改寫 mqtt_esp8266.ino 而成。

(2) 程式說明：為了方便讀者理解，物件、變數名稱均配合例題 5.2

- 程式內含兩個標頭檔案：<ESP8266WiFi.h>、<PubSubClient.h>
- 建立 WiFiClient 與 PubSubClient 物件，每一個 ESP8266 NodeMCU 都須建立專屬物件

```
WiFiClient wifiClient1;
PubSubClient mqttClient1(wifiClient1);
```

- 建立 Wi-Fi 連線：假設 ESP8266 NodeMCU 已經位於 Wi-Fi 分享器收訊範圍，利用 WiFi.begin（urWiFiAccount, urPassword）連線，urWiFiAccount 為 ssid 服務設定識別碼（Service set ID），即設備所在無線網路名稱，urPassword 使用該網路密碼，請查明無線網路 urWiFiAccount 與 urPassword
- 設定 MQTT 伺服器網址與埠號：利用 PubSubClient 物件方法 setServer 設定伺服器網址，埠號為 1883，例如：假設 MQTT 伺服器設在筆電，網址 192.168.1.103

```
mqttClient1.setServer("192.168.1.103", 1883);
```

- 回呼函式：接收到 MQTT 伺服器轉傳來的訊息時，執行回呼函式（callback function），以 PubSubClient 物件方法 setCallback（回呼函式名稱）設定回呼函式，例如：receivedCMD 為回呼函式

```
mqttClient1.setCallback(receivedCMD);
```

回呼函式 3 個引數，分別為主題字串、負載字串、訊息字元數

```
void receivedCMD(char* topic, byte* payload, unsigned
int noChar) {
  ...
}
```

- 連接 MQTT 伺服器：完成 MQTT 伺服器與回呼函式設定後，確認 MQTT 伺服器運作中，即可連上 MQTT 伺服器

```
mqttClient1.connect("ESP8266");
```

其中 "ESP8266" 為用戶端唯一識別碼，如果有很多個 ESP8266 NodeMCU，可能發生重複使用相同識別碼，可以隨機方式產生一長字串，組成識別碼，比較不容易出現重複的識別碼。本書是給每個 ESP8266 NodeMCU 唯一的識別碼，而不是以隨機方式產生

- MQTT 訊息傳送迴圈：

```
mqttClient1.loop();
```

- 發布訊息：

```
mqttClient1.publish("ack", response);
```

發布訊息主題為 " ack"，負載字串為 response

- 訂閱訊息：

```
mqttClient1.subscribe("commands");
```

訂閱訊息主題為 "commands"

例題 5.2

ESP8266 NodeMCU 設紅色與綠色 LED，在筆電端下指令控制 LED。MQTT 伺服器與指令發布者設在筆電，ESP8266 NodeMCU 為指令訂閱者。筆電發布指令，主題 'commands'，負載分別有

- '1'：紅色 LED 亮
- '2'：綠色 LED 亮
- '3'：兩個 LED 亮
- '0'：所有 LED 暗

ESP8266 NodeMCU 完成指令請求動作後，回傳主題為 "ack" 訊息，根據 LED 狀態，負載為 "OK 0"、"OK 1"、"OK 2"、"OK 3"、或 "Not OK"。

電路布置

ESP8266 NodeMCU 的 D0 接紅色 LED，D1 接綠色 LED，後面分別接 330Ω、GND。

範例程式

ESP8266 NodeMCU 部分：

❶ 確定 urWiFiAccount 與 urPassword，以及 MQTT 伺服器網址。

❷ 收到訂閱訊息，執行回呼函式 receivedCMD，根據 payload 控制 LED，同時發布訊息主題 "ack" 與負載字串 response。

❸ 雙引號 " " 表示字串；單引號 ' ' 表示一個字元。這與 Python 程式語法不同。

```
#include <ESP8266WiFi.h>
#include <PubSubClient.h>
#define LEDPin1 D0
#define LEDPin2 D1
const char* urWiFiAccount = "urWiFiAccount";// 請查無線網路名稱
const char* urPassword = "urPassword"; // 請查密碼
const char* mqttServer = "urServerIP"; // 請確認
WiFiClient wifiClient1;
PubSubClient mqttClient1(wifiClient1);
void receivedCMD(char* topic, byte* payload, unsigned int
noChar) {
  char *response;
  char LED = (char) payload[0];
  Serial.println(LED);
  if ( LED == '1') {
    digitalWrite(LEDPin1, HIGH)
    digitalWrite(LEDPin2, LOW);
    response = "OK 1";
  }
  else if ( LED == '2')  {
       digitalWrite(LEDPin1, LOW);
    digitalWrite(LEDPin2, HIGH);
    response = "OK 2";
  }
  else if ( LED == '3')  {
```

```
    digitalWrite(LEDPin1, HIGH);
    digitalWrite(LEDPin2, HIGH);
    response = "OK 3";
  }
  else if ( LED == '0') {
    digitalWrite(LEDPin1, LOW);
    digitalWrite(LEDPin2, LOW);
    response = "OK 0";
  }
  else {
    response = "Not OK";
  }
  mqttClient1.publish("ack", response);
}
void setup() {
  pinMode(LEDPin1, OUTPUT);
  pinMode(LEDPin2, OUTPUT);
  Serial.begin(9600);
  WiFi.begin(urWiFiAccount, urPassword);
  while (WiFi.status() != WL_CONNECTED) {
    delay(500);
    Serial.print(".");
  }
  mqttClient1.setServer(mqttServer, 1883);
  mqttClient1.setCallback(receivedCMD);
}
void loop() {
  while( !mqttClient1.connected()) {
    mqttClient1.connect("ESP8266");
   mqttClient1.subscribe("commands");
  }
  mqttClient1.loop();
}
```

執行結果

ESP8266 NodeMCU 程式編譯完成上傳後，等候 MQTT 伺服器傳來訊息。在筆電上執行「命令提示字元」(視窗 **1**)，訂閱 ESP8266 NodeMCU 回傳訊息主題

```
> mosquitto_sub -t ack
```

再開啟另一「命令提示字元」視窗，發布指令訊息

❶ 紅色 LED 亮：

```
> mosquitto_pub -t commands -m 1
```

視窗 **1** 顯示：OK 1

❷ 綠色 LED 亮：

```
> mosquitto_pub -t commands -m 2
```

視窗 **1** 顯示：OK 2

❸ 兩個 LED 亮：

```
> mosquitto_pub -t commands -m 3
```

視窗 **1** 顯示：OK 3

❹ 兩個 LED 暗：

```
> mosquitto_pub -t commands -m 0
```

視窗 **1** 顯示：OK 0

伺服器設在樹莓派

樹莓派除設 MQTT 伺服器外，也兼具發布者與訂閱者身分，ESP8266 NodeMCU 為發布者與訂閱者，關係如圖 5.8。

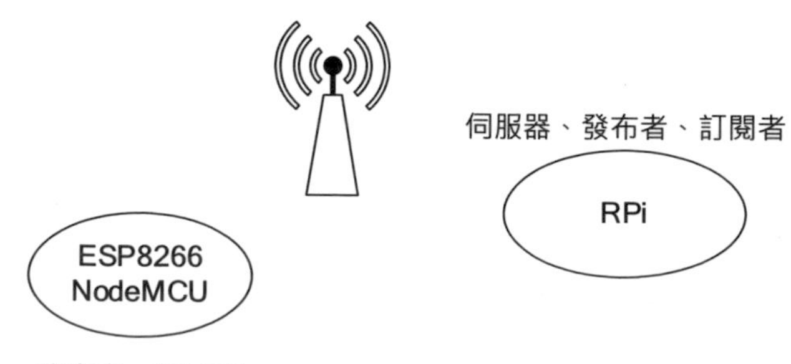

圖 5.8　MQTT 伺服器設在樹莓派

1. **安裝 mosquitto**

```
$ sudo apt install mosquitto mosquitto-clients
```

新增配置檔 /etc/mosquitto/conf.d/pi.conf，內容與 Windows 作業系統相同

```
allow_anonymous true
protocol mqtt
listener 1883
```

分別為非本機也可連線、mqtt 通訊協定、埠號 1883 的設定。pi.conf 位於 conf.d 目錄，在此目錄下只要副檔名為 conf，都會被載入。

2. **查看伺服器狀態**

確認 MQTT 伺服器是否已啟動

```
$ service mosquitto status
```

圖 5.9 顯示 active（running）表示 MQTT 伺服器已啟動。

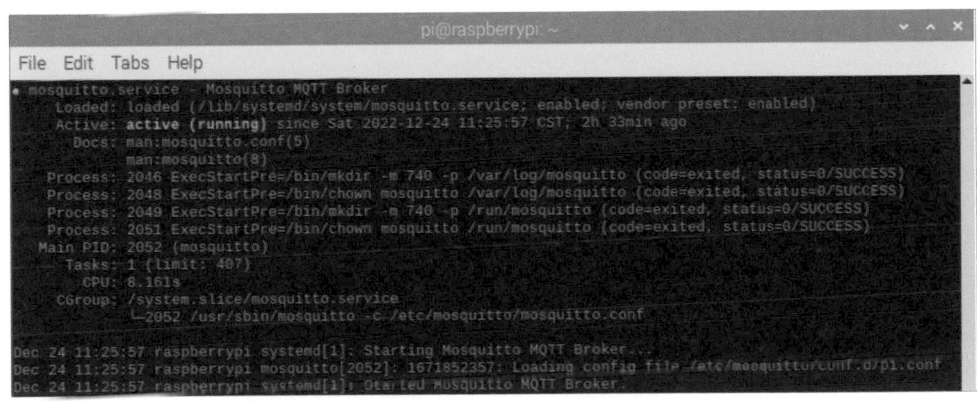

圖 5.9　查詢樹莓派 mosquitto 伺服器狀態

3. **測試**：利用「終端機」發布與訂閱指令訊息以測試 MQTT，情況類似「伺服器設在個人電腦或筆電」。

(1) 啟動 MQTT 伺服器：開啟「終端機」（視窗 **1**）

```
$ sudo service mosquitto start
```

註：安裝時設成「開機啟動伺服器」，毋須另外啟動。

停用 MQTT 伺服器指令

```
$ sudo service mosquitto stop
```

(2) 訂閱訊息：設定訂閱主題為 command

```
$ mosquitto_sub -t command
```

(3) 發布訊息：打開另一個「終端機」視窗，發布訊息，主題為 command、負載為 1

```
$ mosquitto_pub -t command -m 1
```

視窗 **1** 顯示：1。

例題 5.3

將例題 **5.2** 的 MQTT 伺服器改設在樹莓派，樹莓派發布指令，控制 ESP8266 NodeMCU 紅色、綠色 LED。

電路布置

與例題 **5.2** 相同。

範例程式

ESP8266 NodeMCU 部分與例題 **5.2** 大致相同，只需更改 mqttServer 為樹莓派網址。樹莓派開啟「終端機」(視窗 **1**)，訂閱回傳訊息主題

```
$ mosquitto_sub -t ack
```

開啟另一「終端機」發布指令訊息，

❶ 紅色 LED 亮：

```
$ mosquitto_pub -t commands -m 1
```

視窗 **1** 顯示：OK 1

❷ 綠色 LED 亮：

```
$ mosquitto_pub -t commands -m 2
```

視窗 **1** 顯示：OK 2

❸ 兩個 LED 亮：

```
$ mosquitto_pub -t commands -m 3
```

視窗 **1** 顯示：OK 3

❹ 兩個 LED 暗：

```
$ mosquitto_pub -t commands -m 0
```

視窗 **1** 顯示：OK 0

5.3 ESP8266 NodeMCU 與樹莓派的融合

前兩節 ESP8266 NodeMCU 與樹莓派已初步結合，直接在「命令提示字元」或「終端機」視窗下指令進行簡單的 LED 控制。本節運用樹莓派透過 Python 程式對 ESP8266 NodeMCU 進行訊號讀取與繼電器控制，兩者融合成一個系統。

撰寫應用 MQTT 的 Python 程式，需取得 MQTT Python 函式庫（MQTT Python client library），官網：https://pypi.org/project/paho-mqtt/。有 2 個安裝方式：在樹莓派「終端機」視窗，

- 執行安裝指令

```
$ pip3 install paho-mqtt
```

- 下載完整原始碼與範例

```
$ git clone https://github.com/eclipse/paho.mqtt.python
```

至檔案所在目錄，執行安裝作業：

```
$ cd paho.mqtt.python
$ sudo python3 setup.py install
```

例題 5.4

將例題 **5.3** 原本在「終端機」視窗下指令，改由執行 Python 程式達成，發布訊息主題 "commands"，負載 "0"、"1"、"2"、或 "3 "，以隨機方式產生，LED 運作方式與例題 **5.3** 相同。ESP8266 NodeMCU 接到指令，除執行 LED 控制外，也會發布訊息主題為 "ack"，負載 "OK 0"、"OK 1"、"OK 2"、或 "OK 3 "，樹莓派接到主題 "ack" 訊息，才會發布下一個指令。

電路布置

與例題 **5.3** 相同。

範例程式

ESP8266 NodeMCU 部分：與例題 **5.3** 相同。

樹莓派部分：

❶ 匯入 paho.mqtt.client、random、time 模組。

❷ 建立 mqtt.Client 物件 RPiClient。

❸ 連結 MQTT 伺服器，本例網址為 "192.168.1.104"，埠號為 1883：

```
RPiClient.connect("192.168.1.104", 1883)
```

❹ 開始傳遞訊息迴圈：RPiClient.loop_start( )。

❺ 接收到訊息呼叫回呼函式 on_message，顯示回傳訊息，使用 msg.payload.decode("utf-8") 轉換字串，其中 "utf-8" 為 8 位元萬國碼轉換格式（8-bit Unicode Transformation Format），可以表示 Unicode 標準中的任何字元，避免產生亂碼。產生隨機整數，random.randint(0,3) 回傳介於 0 到 3 的隨機整數（包含 0 或 3）。發布指令訊息

```
RPiClient.publish('commands', str(str1))
```

❻ 訂閱訊息

```
RPiClient.subscribe("ack")
```

❼ 主迴圈，讓程式不停執行

```
import paho.mqtt.client as mqtt
import random
import time
def on_message(client, userdata, msg):
    msg.payload = msg.payload.decode('utf-8')
    print(str(msg.topic) + " " + str(msg.payload))
    str1 = random.randint(0,3)
    time.sleep(1)
    RPiClient.publish('commands', str(str1))
RPiClient = mqtt.Client()
RPiClient.connect("192.168.1.104", 1883)
RPiClient.on_message = on_message
RPiClient.subscribe("ack")
RPiClient.loop_start()
RPiClient.publish('commands', '0')
while True:
    time.sleep(1)
```

執行結果

先執行 ESP8266 NodeMCU 程式，再執行樹莓派程式，ESP8266 NodeMCU 依據 MQTT 訊息控制 LED 亮暗，在樹莓派顯示 LED 控制情形。

下一個例題，利用樹莓派 GPIO 控制 ESP8266 NodeMCU。

例題 5.5

樹莓派設 2 個按壓開關：啟動（start）、停止（stop），遠端的 ESP8266 NodeMCU 設繼電器模組控制直流馬達。按下「啟動」開關，馬達啟動，LED 亮；按下「停止」開關，直流馬達停止，LED 暗。馬達驅動螺桿，當螺桿上滑塊抵達極限位置，馬達即刻停止運轉，LED 暗。按下開關時，發布訊息主題為 "commands"，

- 啟動的負載為 "1"
- 停止的負載為 "0"

ESP8266 NodeMCU 根據指令完成任務後，發布訊息主題為 "ack"，

- 完成啟動的負載為 "OK 1"
- 完成停止的負載為 "OK 0"
- 螺桿上滑塊碰觸極限位置，訊息負載為 "OK LS"

註：本例題使用低準位觸發繼電器模組。

電路布置

樹莓派：GPIO4、GPIO17 接「啟動」與「停止」按壓開關、GND，均使用內部提升電阻，GPIO18 接 LED、330Ω、GND。

ESP8266 NodeMCU：D0 接繼電器，D1 接極限開關、GND、使用內部提升電阻，D2 腳位接 LED、330Ω、GND。

馬達：5V 電源線一側接繼電器 NO（常開）接點，另一側接 GND。

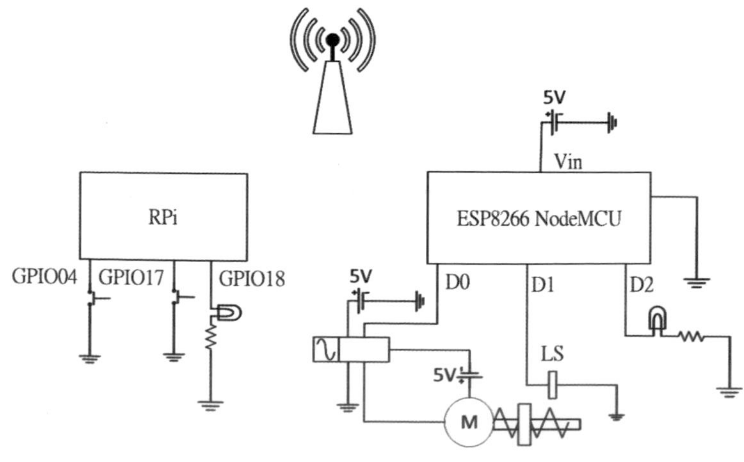

圖 5.10　樹莓派與 ESP8266 NodeMCU

範例程式

MQTT 伺服器設在樹莓派。

樹莓派部分：

❶ 匯入 paho.mqtt.client、RPi.GPIO 模組。

❷ 以軟體方式確認按壓開關，利用 debounceStart、debounceStop 累積計數，若超過門檻值（500），則確立按壓動作、改變狀態。

❸ 發布訊息：主題為 "commands"、負載為 "1" 或 "0"。

❹ 訂閱訊息：主題 "ack"。

❺ 回呼函式顯示回傳訊息，讀取訊息 msg.payload，使用 str（msg.payload.decode("utf-8")) 轉換字串。

```
import RPi.GPIO as GPIO
import paho.mqtt.client as mqtt
startPin = 4
stopPin = 17
LEDPin = 18
GPIO.setmode(GPIO.BCM)
GPIO.setup(startPin, GPIO.IN, pull_up_down=GPIO.PUD_UP)
GPIO.setup( stopPin, GPIO.IN, pull_up_down=GPIO.PUD_UP)
GPIO.setup( LEDPin, GPIO.OUT)
GPIO.output(LEDPin, False)
def on_message(client, userdata, msg):
   msg.payload = msg.payload.decode('utf-8')
   print(str(msg.topic) + " " + str(msg.payload.
                                              decode("utf-8")))
RPiClient = mqtt.Client()
RPiClient.connect("192.168.1.104", 1883)
RPiClient.on_message = on_message
RPiClient.subscribe("ack")
RPiClient.loop_start()
```

```
RPiClient.publish('commands', '0')
debounceStart = 0
debounceStop  = 0
maxDebounce   = 100
try:
    while True:
        if GPIO.input(startPin) == 0:
            if debounceStart > maxDebounce:
                GPIO.output(LEDPin, True)
                debounceStart = 0
                RPiClient.publish('commands', '1')
                while GPIO.input(startPin) == 0:
                    pass
            else:
                debounceStart += 1
        if GPIO.input(stopPin) == 0:
            if debounceStop > maxDebounce:
                GPIO.output(LEDPin, False)
                debounceStop = 0
                RPiClient.publish('commands', '0')
                while GPIO.input(stopPin) == 0:
                    pass
            else:
                debounceStop += 1
except KeyboardInterrupt:
    RPiClient.loop_stop()
    RPiClient.disconnect()
    print('Exit')
finally:
    GPIO.cleanup()
```

ESP8266 NodeMCU 部分：

```
#include <ESP8266WiFi.h>
#include <PubSubClient.h>
#define relayPin      D0
#define LSPin      D1
```

```
#define LEDPin     D2
const char* urWiFiAccount = "urWiFiAccount";
const char* urPassword = "urPassword";
const char* mqttServer = "192.168.1.104";
const int maxDebounce = 500;
int   debounce = 0;
bool  currentStatus = HIGH;
WiFiClient wifiClient1;
PubSubClient mqttClient1(wifiClient1);
void receivedCMD(char* topic, byte* payload, unsigned int
noChar) {
  char *response;
  char CMD = (char) payload[0];
  Serial.print(topic);
  Serial.print(" ");
  Serial.println(CMD);
  if ( CMD == '1') {
    digitalWrite(LEDPin, HIGH);
    digitalWrite(relayPin, LOW);
    response = "OK 1";
  }
  else if ( CMD == '0')  {
    digitalWrite(LEDPin, LOW);
    digitalWrite(relayPin, HIGH);
    response = "OK 0";
  }
  else {
    response = "Not OK";
  }
  mqttClient1.publish("ack", response);
}
void setup() {
  pinMode(relayPin, OUTPUT);
  digitalWrite(relayPin, HIGH);
  pinMode(LEDPin, OUTPUT);
  pinMode(LSPin, INPUT_PULLUP);
  Serial.begin(9600);
```

```
  WiFi.begin(urWiFiAccount, urPassword);
  while (WiFi.status() != WL_CONNECTED) {
    delay(500);
    Serial.print(".");
  }
  mqttClient1.setServer(mqttServer, 1883);
  mqttClient1.setCallback(receivedCMD);
}
void loop() {
  while( !mqttClient1.connected()) {
    mqttClient1.connect("ESP8266");
    mqttClient1.subscribe("commands");
  }
  mqttClient1.loop();
  if ( digitalRead(LSPin) == 0) {
    if (debounce > maxDebounce) {
      debounce = 0;
      digitalWrite(relayPin, HIGH);
      digitalWrite(LEDPin, LOW);
      delay(500);
      mqttClient1.publish("ack", "OK LS");
    }
    else debounce++;
  }
}
```

執行結果

按「啟動」，碰觸極限開關，再按「啟動」、「停止」。

❶ 樹莓派收到 ESP8266 NodeMCU 回傳訊息，如圖 5.11。

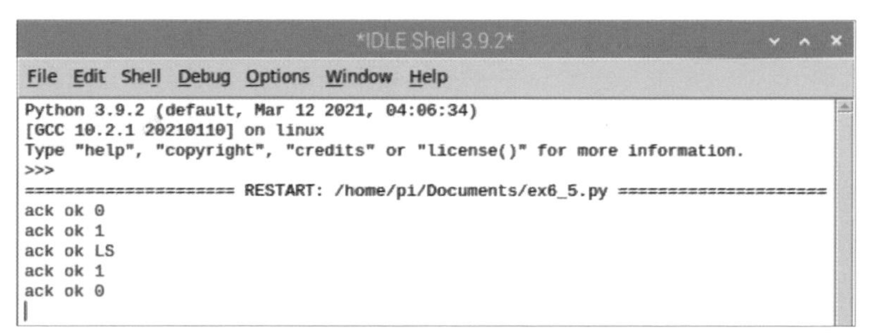

圖 5.11　樹莓派 Python Shell 顯示執行情形

❷ ESP8266 NodeMCU 接獲到「停止」、「啟動」、「啟動」、「停止」指令訊息，序列監視器視窗如圖 5.12。

圖 5.12　ESP8266 NodeMCU 串列監視器顯示執行情形

本章習題

5.1 MQTT 伺服器、訊息訂閱者設在筆電，ESP8266 NodeMCU 為訊息發布者。ESP8266 NodeMCU 利用光敏電阻（CdS 5mm，CD5592）量測房間照度（參考例題 **4.5** 接線，使用 3.3V 電壓），以 MQTT 方式發布訊息，主題為 "photoresistor"，負載為光敏電阻值，筆電利用「命令提示字元」訂閱訊息，將所獲得的光敏電阻值顯示在視窗。註：光敏電阻值需確認與照度相關性，以備進一步應用。

5.2 將習題 **5.1** 筆電改為樹莓派，執行「終端機」訂閱訊息，將所獲得的光敏電阻值顯示在視窗。

5.3 將習題 **5.2** 利用「終端機」訂閱訊息的方式，改由執行 Python 程式達成，每間隔 10s 提出請求 ESP8266 NodeMCU 量測光敏電阻值，樹莓派獲得訂閱訊息後顯示光敏電阻值。

5.4 ESP8266 NodeMCU 設繼電器模組控制 1 盞電燈開關，開始先關掉電燈，樹莓派設 1 個按壓開關，按下開關，隨即鬆手，打開電燈，再按，關掉電燈。按下開關時，發布訊息主題為 "light"，原本關掉的電燈打開，負載為 "1"，原本打開的電燈關掉，負載為 "0"。ESP8266 NodeMCU 完成指令動作後，發布訊息主題為 "ack"，打開電燈，負載為 "turn on"，關掉電燈，負載為 "turn off"。註：使用低準位觸發繼電器模組。

06

CHAPTER

Arduino IoT Cloud

Arduino 近年推出雲端伺服器 Arduino IoT Cloud，由單板嵌入式系統的領域，跨足物聯網的世界。運用 Arduino IoT Cloud 建立物聯網的步驟相當簡單，主要將建立好的「裝置」(device)、「物」(thing)、「儀表板」(dashboard) 3 種組成串接在一起，再以 Web Editor 撰寫裝置程式，藉由「物」所宣告變數的改變觸發裝置相關事件函式，達到監控物聯網的目的。本章只需 ESP8266 配合 Arduino IoT Cloud，未用到樹莓派。

6.1 Arduino IoT Cloud

1. 申請、登入帳號，官網 https://www.arduino.cc/。免費帳號提供
   - 2 個「物」(Things)
   - 儀表板數量不限
   - 100 Mb 儲存空間
   - 每日可編譯 25 個程式
   - 資料保存 1 日
2. 進入 Arduino Cloud > GET STARTED。
3. 點選 IoT Cloud。

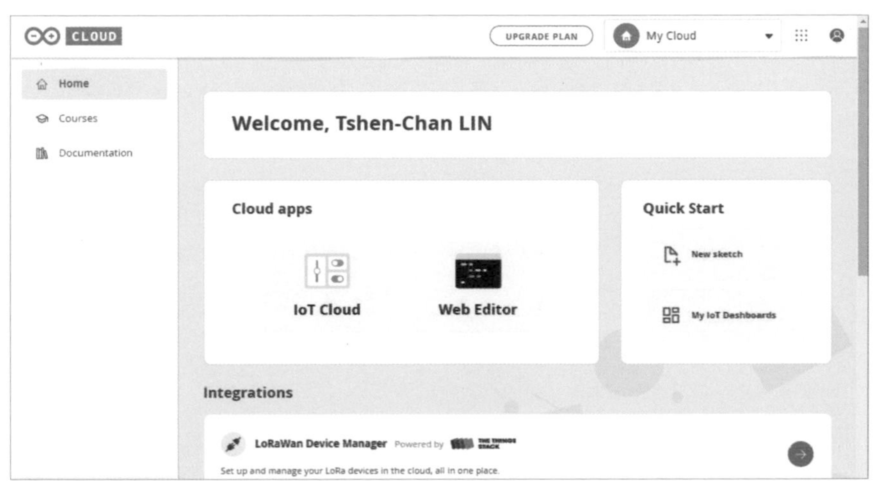

圖 6.1　Arduino Cloud 頁面

4. Arduino IoT 基本組成
   - 裝置（Devices）
   - 物（Things）
   - 儀表板（Dashboards）

以例題說明如何設定 Arduino IoT 各組成、上傳程式至 ESP8266，建立完整物聯網。

例題 6.1

利用 Arduino IoT Cloud 建立以 ESP8266 為控制核心的物聯網，控制內建 LED（D4 腳位或 GPIO2）。註：內建 LED 是 active low，即當 D4 腳位輸出高準位，內建 LED 暗，反之，輸出低準位，LED 亮。

裝置設定

❶ 點擊 Devices 頁籤 > ADD，設定裝置。

❷ 新增裝置：分 Arduino 與非 Arduino 裝置

- Set up an Arduino device
- Set up a 3rd Party device：若使用非 Arduino 裝置，例如：ESP8266 或 ESP32，點擊此選項。點選 ESP8266 > NodeMCU 1.0（ESP-12E Module），名稱 esp8266-1（註：不可使用空格或其他特殊符號）

圖 6.2　建立裝置

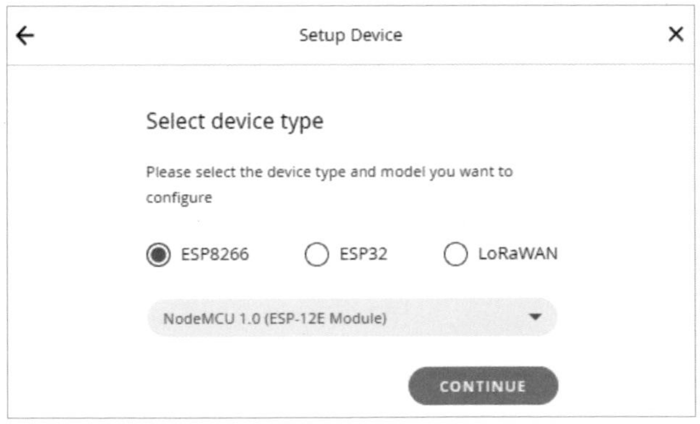

圖 6.3　選擇裝置：NodeMCU 1.0（ESP-12E Module）

❸ 系統產生 Device ID 與 Secret Key，將用在程式中，請下載 pdf 檔案備用，勾選 I saved my device ID and Secret Key，點擊「CONTINUE」。

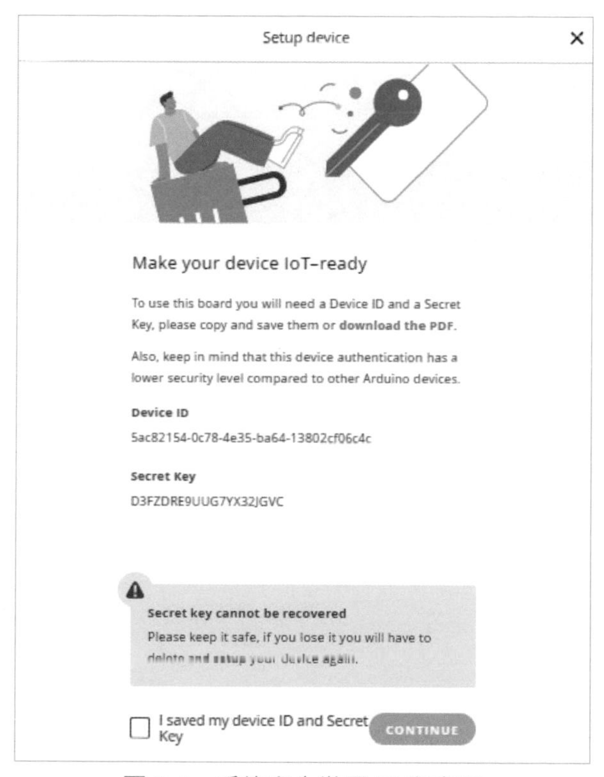

圖 6.4　系統產生裝置 ID 與密碼

❹ 設定完成如圖 6.5。

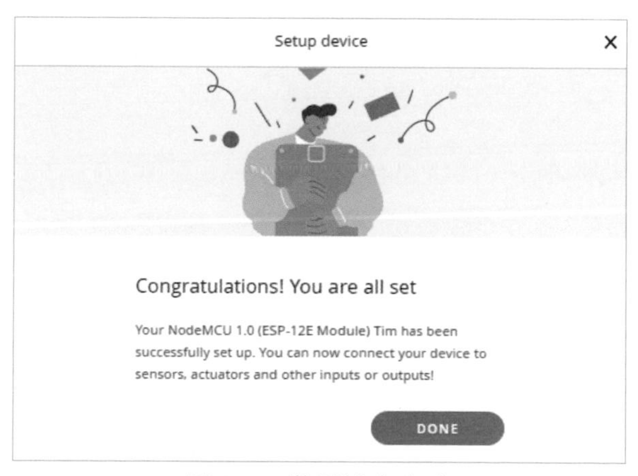

圖 6.5　裝置設定完成

物（Things）設定

依 Variable、Device、Network 順序設定

- Variables：程式會用到的變數（雲端變數）
- Device：連結裝置設定
- Network：無線網路設定

❶ 點擊 Things 頁籤 > CREATE THING，新增「物」，名稱 ex6_1。

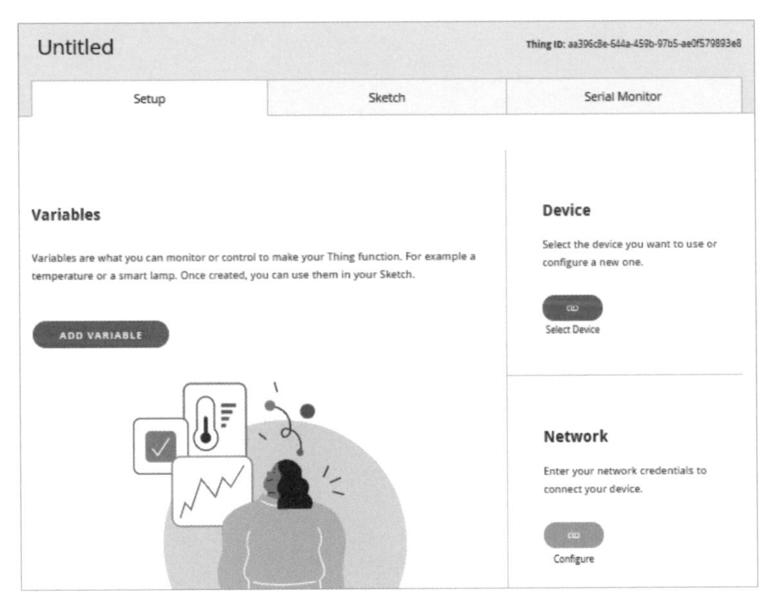

圖 6.6　建立物

❷ 點擊 ADD VARIABLE，設定布林變數 led，可讀寫（Read & Write），只要狀態改變更新變數（On change），例如：在儀表板按下開關，此變數改變將會引發裝置的 onLedChange 事件函式，這會在後面說明。

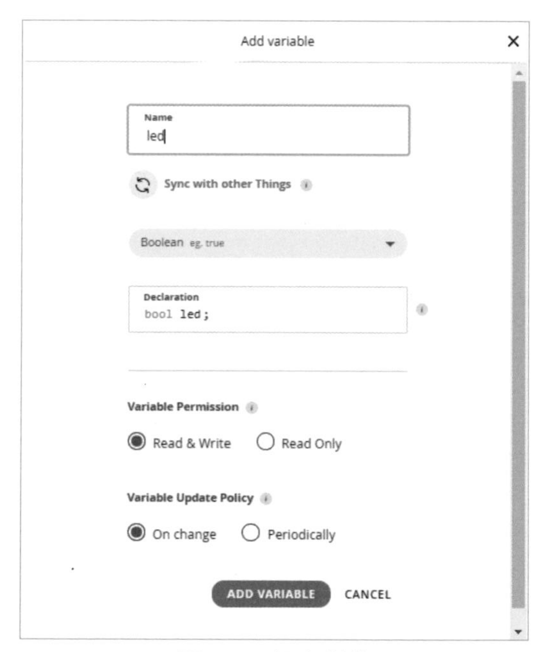

圖 6.7　設定變數

❸ 連結裝置，點擊「Associated Device」連結圖塊，連結 esp8266-1，圖 6.8 所示已連結。

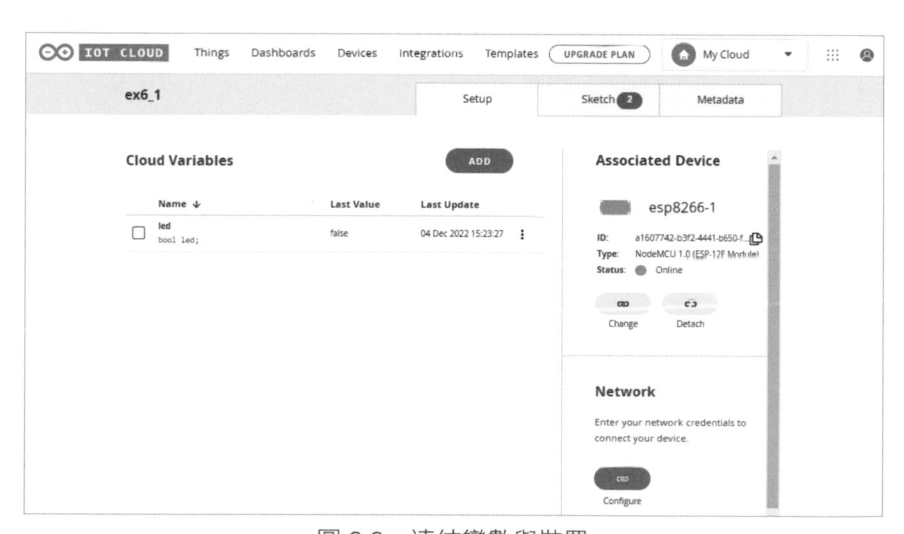

圖 6.8　連結變數與裝置

❹ 網路設定：點擊圖 6.8 Network > Configure，確認 SSID 與密碼，輸入 Secret Key（前面下載 pdf 檔案，複製後黏貼），如圖 6.9。

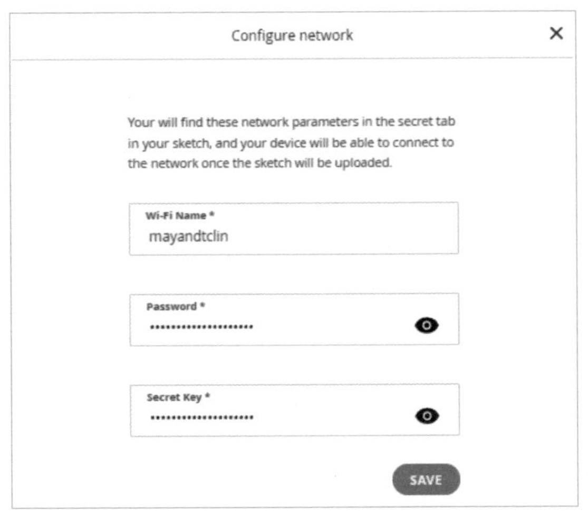

圖 6.9　無線網路、裝置金鑰設定

編輯程式

點選 Sketch，如圖 6.10，點 </> Open full editor，若非 Arduino Devices 在 Arduino IoT Cloud 無法被找到（No associated device found），需安裝 Arduino Create Agent，在 Web Editor 編輯、上傳程式。

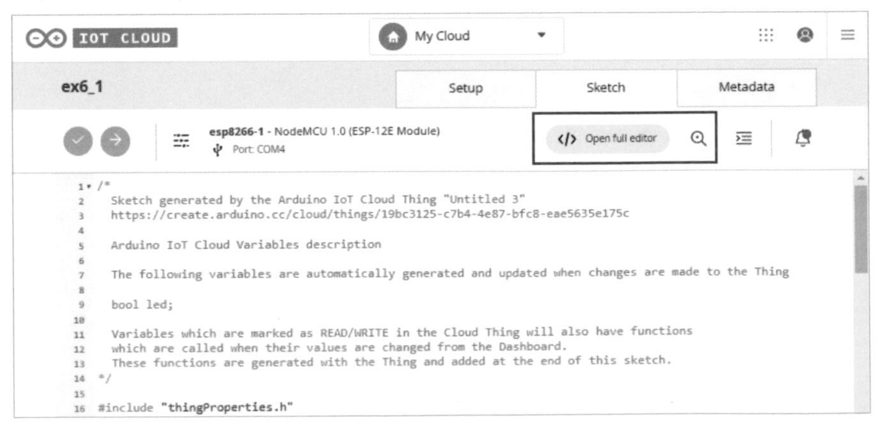

圖 6.10　程式編輯視窗

❶ 安裝 Arduino Create Agent：Help > Arduino Create Agent，點擊 Download the agent 進行安裝，如圖 6.11。安裝完成，如圖 6.12，選擇裝置與埠號，分別點擊 NodeMCU 1.0（ESP-12E Module）、COM4（埠號可能不同），出現「✓」。

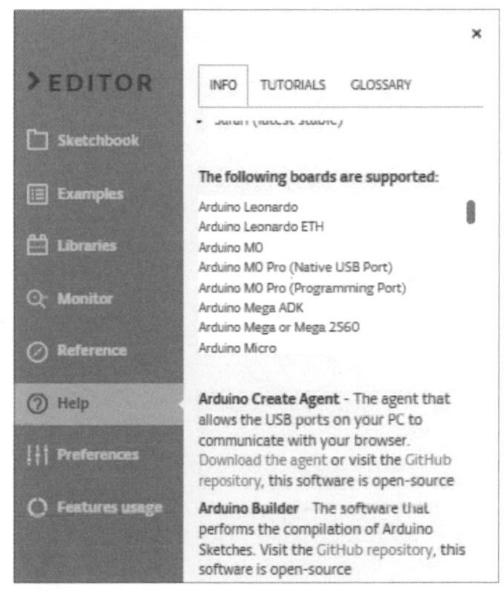

圖 6.11　安裝 Arduino Create Agent

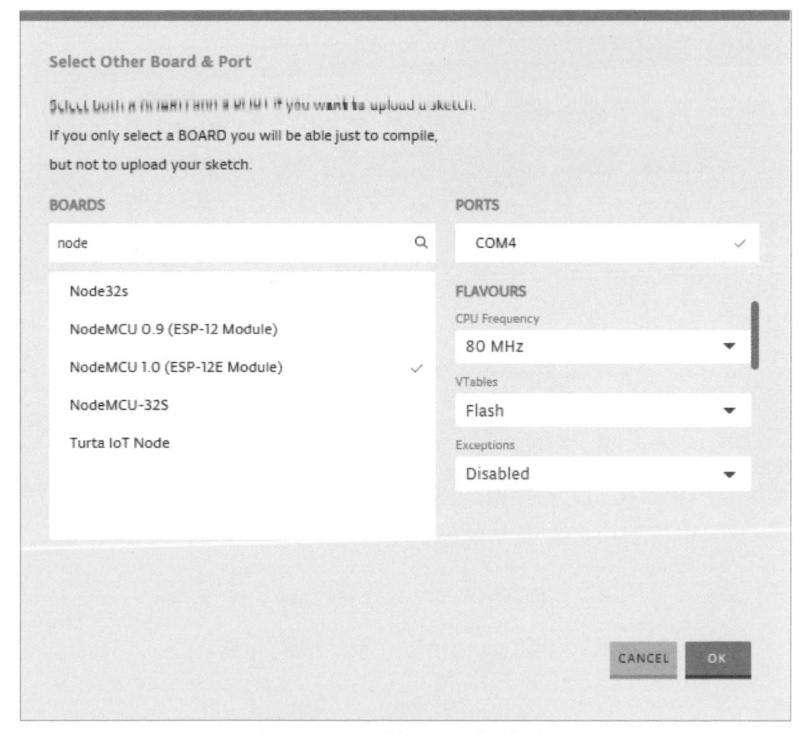

圖 6.12　選擇裝置與埠號

❷ 程式架構：Arduino IoT Cloud 在完成「物」設定會自動產生 4 個檔案

- sketch：arduino 主程式
- ReadMe.adoc：關於「物」相關資料
- Secret：連結裝置後自動更新
  - SECRET_SSID：無線網路帳戶
  - SECRET_PASS：無線網路密碼
  - SECRET_DEVICE_KEY：IoT Cloud 指定的裝置連接雲端伺服器的密碼，在設定裝置時會自動填入

  若未成功聯網，儀表板無法正常運作
- thingProperties.h：DEVICE_LOGIN_NAME 為裝置 ID，以及 secret 檔案的 SECRET_SSID、SECRET_PASS、SECRET_DEVICE_KEY

※ 只需修改 sketch。

❸ 修改程式：規劃在儀表板按下 LED 開關，LED 會亮，再按 LED 暗，使用內建 LED，腳位為 GPIO2，增加以下陳述，其餘維持原貌。

- 內含函式庫
  - thingProperties.h：此檔案由 Arduino IoT Cloud 產生，內容請勿更動
- setup 部分

```
pinMode(D4, OUTPUT);
```

  - initProperties：初始 Arduino IoT 屬性，此函式定義在 thingProperties.h
  - ArduinoCloud.begin：連結 Arduino IoT Cloud
  - setDebugMessageLevel：設定除錯訊息詳細程度
  - ArduinoCloud.printDebugInfo：顯示除錯訊息
- onLedChange 部分：此為回呼函式，布林變數 led 為先前在 Arduino IoT Cloud 建立的雲端變數，只要 led 值改變，即刻執行此函式

- loop 部分
  - ArduinoCloud.update：檢視 Arduino IoT Cloud 變數更新狀態

```
void onLedChange()  {
  if (led) {
    digitalWrite(D4, LOW);
  }
  else {
    digitalWrite(D4, HIGH);
  }
}
```

點擊圖 6.10 左側箭頭上傳程式，點擊紅框右邊圖塊打開串列監視器確認上傳、連線成功。成功上傳程式後，尚無法即時動作，因為必須在變數 led 改變情況下，才會執行 onLedChanged 函式，這個需要操作儀表板來改變 led 的狀態。

儀表板編輯

❶ 建立儀表板（Build Dashboard）：點擊 Dashboards 頁籤 > CREATE，名稱 ex6_1_dashboard。

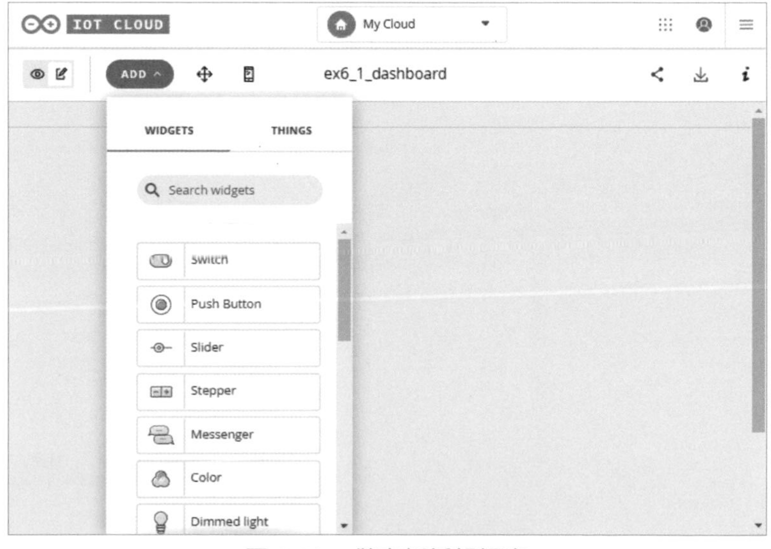

圖 6.13　儀表板編輯視窗

❷ 新增小部件：點擊「ADD」

- 抓 Switch 放至版面，名稱 LED

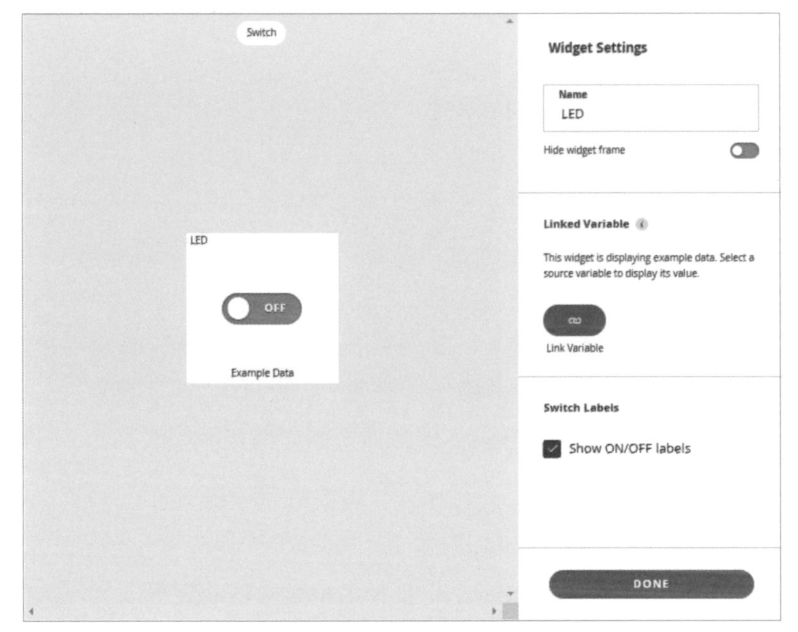

圖 6.14　新增 switch 小部件

- 連結變數（Linked Variable）：點擊 Link Variable > ex6_1 > led > LINK VARIABLE，如圖 6.15，完成連結設定

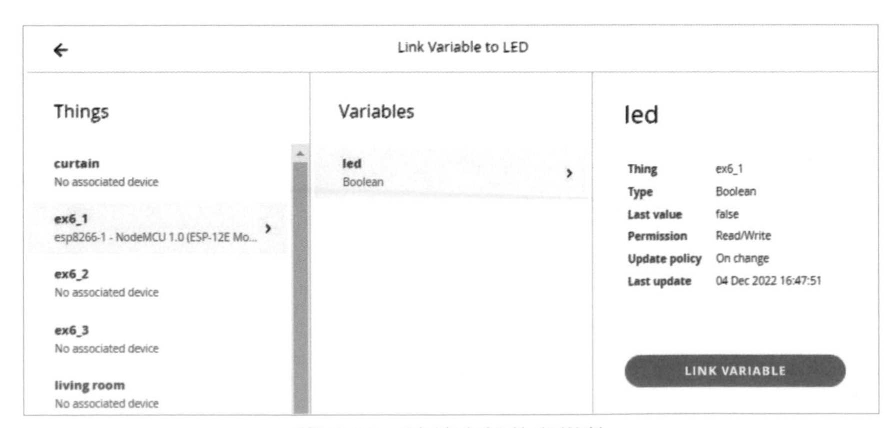

圖 6.15　連結小部件與變數

儀表板操作

利用電腦操作頁面，點擊 Dashboards 頁籤 > ex6_1_dashboard，即可開始操作，如圖 6.16，目前僅一個 Switch。

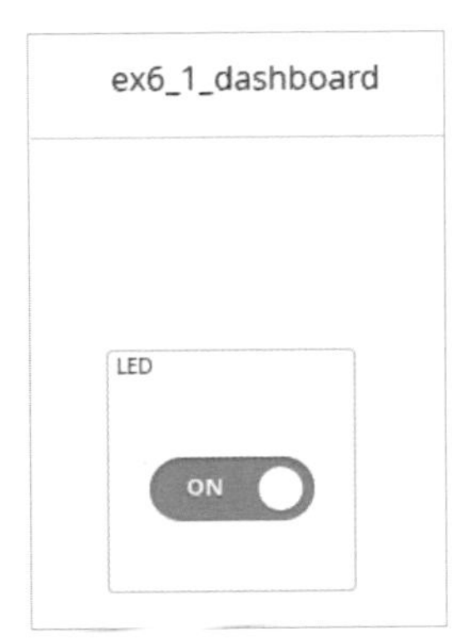

圖 6.16 使用者介面

例題 6.2

利用 Arduino IoT Cloud 建立以 ESP8266 為控制核心的物聯網，設按壓開關，儀表板顯示按壓狀態，每按壓一次，狀態與前一次相反。

電路布置

按壓開關接 D1 腳位，另一側接 GND，電路如圖 6.17。

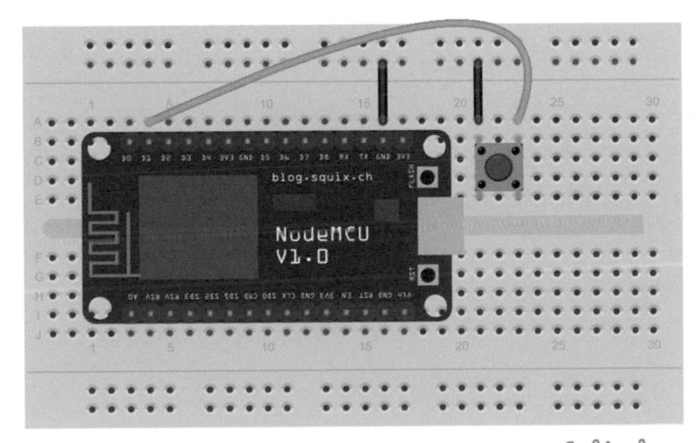

圖 6.17 按壓開關電路

範例程式

新增「物」ex6_2，連結例題 **6.1** 建立的裝置 esp8266-1，先解除該裝置原連結「物」，再重新連結至新「物」，新增變數、修改程式、修改儀表板。

❶ 變數：設定布林變數 button，唯讀（Read Only），狀態值改變更新（On change），在 ESP8266 按下按壓開關，改變 button 值，Arduino IoT Cloud 的 button 也隨之更新。

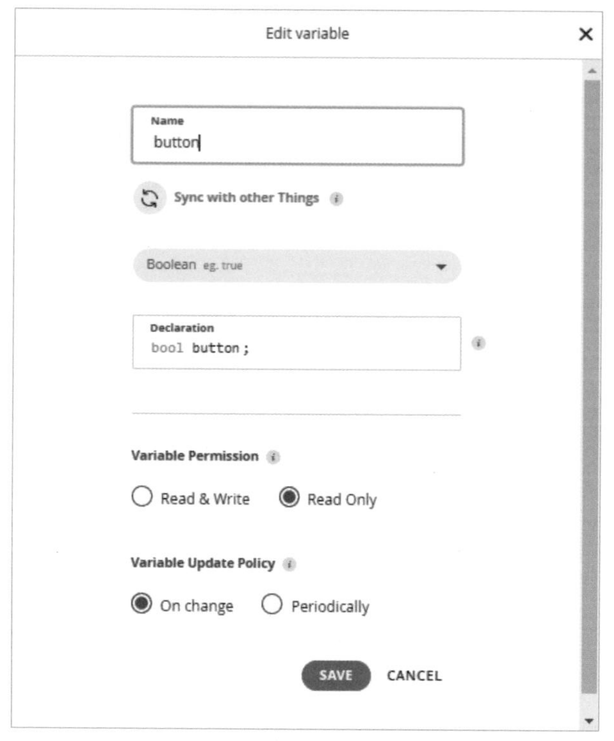

圖 6.18　變數 button 編輯

❷ 程式修改：ESP8266 設按壓開關，儀表板顯示開關狀態，使用 D1 腳位（#define button_pin D1）。

- setup 部分：設定 D1 腳位使用內部提升電阻

```
pinMode(button_pin, INPUT_PULLUP);
```

- loop 部分：檢視 D1 狀態，正常狀態為高準位，當按下按壓開關時為低準位，button 設為目前狀態的反相，延遲 500ms

```
void loop() {
  ArduinoCloud.update();
  if (digitalRead(button_pin) == LOW) {
    button = !button;
    delay(500);
  }
}
```

儀表板編輯

建立有一 status 小部件的儀表板，名稱 Button Status，連結變數 button，Status Labels 選「✓ ×」。

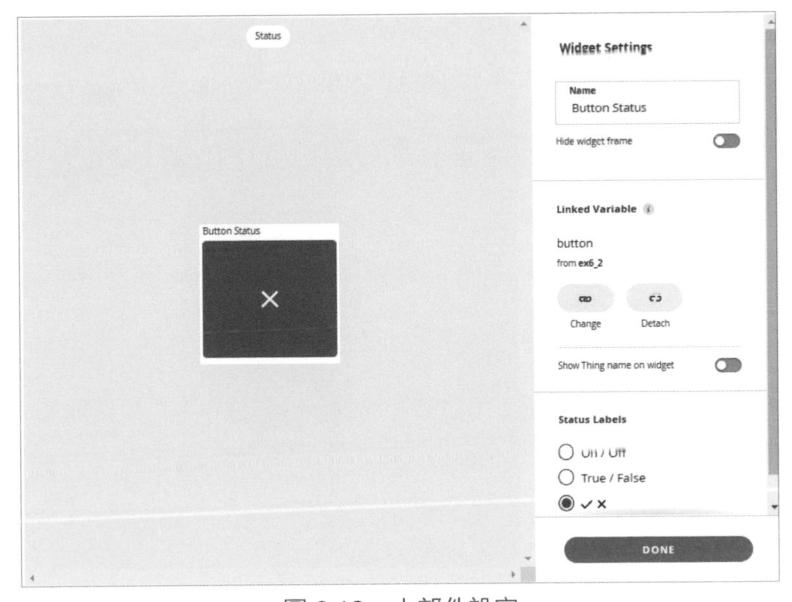

圖 6.19　小部件設定

使用者介面

如圖 6.20，左邊 button 為 false，右邊為 true。

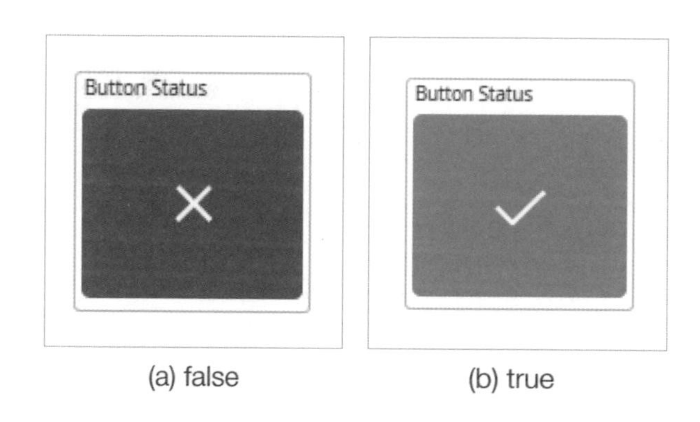

(a) false (b) true

圖 6.20 使用者介面

例題 6.3

利用 Arduino IoT Cloud 建立以 ESP8266 為控制核心的物聯網，接可變電阻器，儀表板顯示電壓值。

電路布置

可變電阻器接 3.3 V，另一側接 GND，電壓輸出腳位接 A0，電路請參考圖 5.4。

範例程式

新增「物」ex6_3，連結例題 **6.1** 建立的裝置 esp8266-1，新增變數、修改程式、修改儀表板。

❶ 變數：設定浮點數變數 voltage，唯讀（Read Only），變數資訊如圖 6.21。

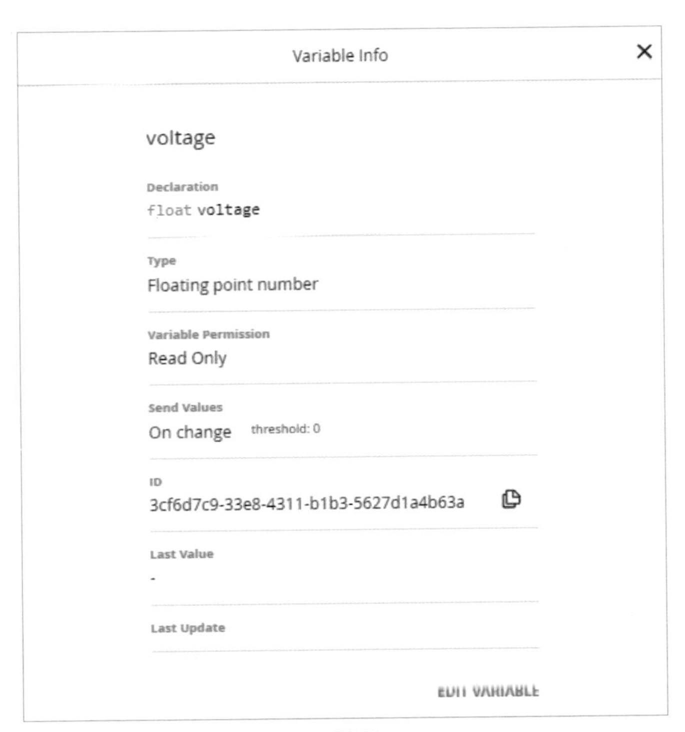

圖 6.21　變數 voltage

❷ 程式修改：ESP8266 使用 A0 為類比訊號輸入腳位，10 位元解析度。

- loop 部分：讀取類比訊號，每一迴圈延遲 1000 ms
    - analogRead(A0)：讀取類比訊號
    - map(value, from_low, from_high, to_low, to_high)：將數值 value，從 [from_low, from_high] 映射至 [to_low, to_high]，轉換值為整數。本例是由 [0, 1023] 映射至 [0, 330]，除以 100 即可得電壓值，最大值為 3.3 V

```
unsigned int readout = 0;
void loop() {
  ArduinoCloud.update();
  readout = analogRead(A0);
  voltage = (float) map(readout, 0, 1023, 0, 330)/100;
  delay(1000);
}
```

儀表板編輯

建立有一 value 小部件的儀表板，名稱 Voltage，連結「物」變數 voltage。

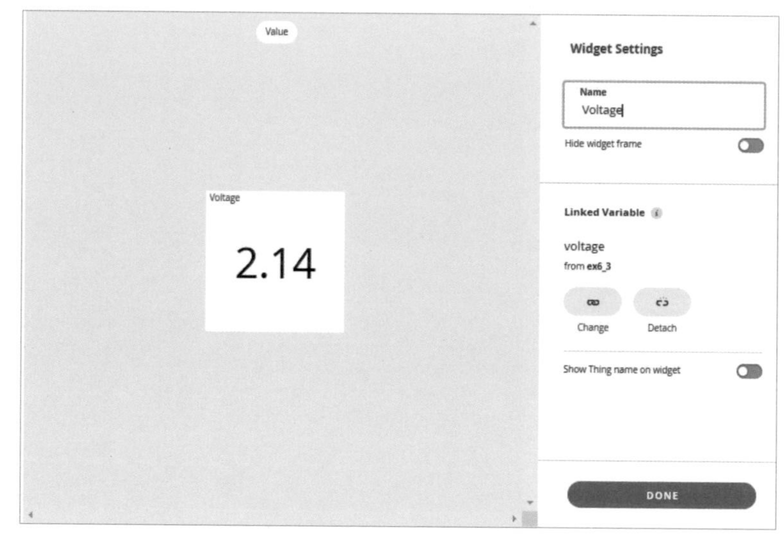

圖 6.22　小部件設定

使用者介面

如圖 6.23，目前電壓值為 1.29 V。

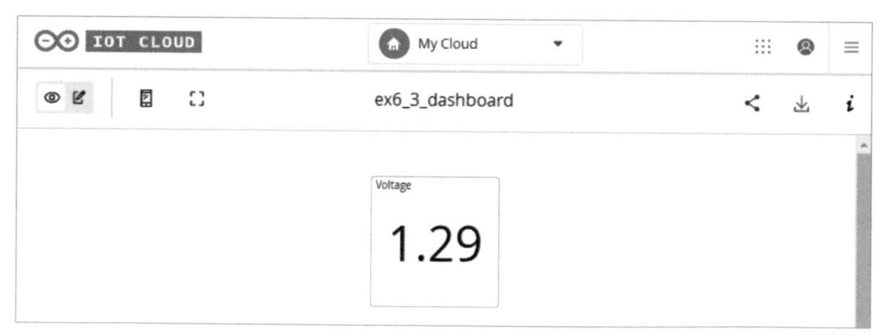

圖 6.23　使用者介面

6.2 IoT Remote APP

利用 IoT Remote 建立手機操作頁面，至 Google Play 下載 IoT Remote 安裝，登入 Arduino 官網，確定帳號、密碼，完成登入後，將出現之前在 Arduino IoT Cloud 所建立的儀表板，介面與電腦頁面相同，打開儀表板，即可操作。

1. 例題 **6.1** 儀表板如圖 6.24。

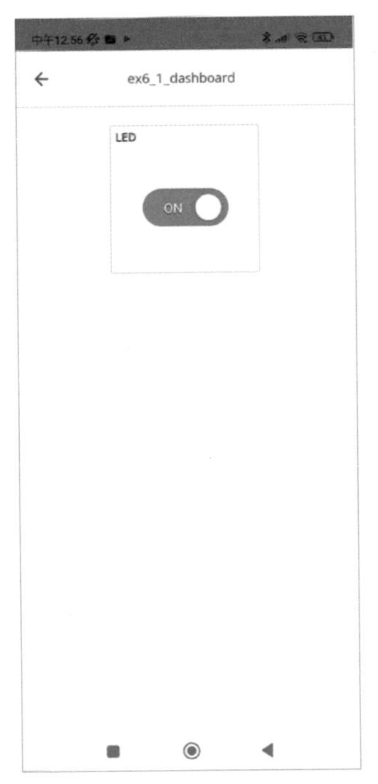

圖 6.24　手機 IoT Remote 使用者介面：例題 6.1

2. 例題 6.2 儀表板如圖 6.25。

圖 6.25 手機 Iot Remote 使用者介面：例題 6.2

2. 例題 6.3 儀表板如圖 6.26。

圖 6.26 手機 IoT Remote 使用者介面：例題 6.3

本章應用 Arduino !oT Cloud 所建立的物聯網，可以直接利用智慧型手機監控，並未用到樹莓派。而在後面的章節，利用樹莓派 Node-RED 流程監控物聯網，將會使用 Arduino IoT Cloud 結點。

本章習題

6.1 ESP8266 設 3 個 LED，分別接 330Ω 電阻，利用 Arduino IoT Cloud 建立物聯網，以手機控制 LED。

6.2 ESP8266 設 2 個按壓開關，利用 Arduino IoT Cloud 建立物聯網，以手機顯示按壓開關作動情形。

6.3 ESP8266 設光敏電阻器，與 100kΩ 串接，電路如圖 6.27，光敏電阻器隨光強度變化電阻值，接點輸出電壓訊號至 A0，利用 Arduino IoT Cloud 建立物聯網讀取電壓值，以手機監看電壓值。

註：輸出電壓值 = $\frac{\text{光敏電阻值}}{(\text{光敏電阻值} + 100\ \text{k}\Omega)}$ 3.3V

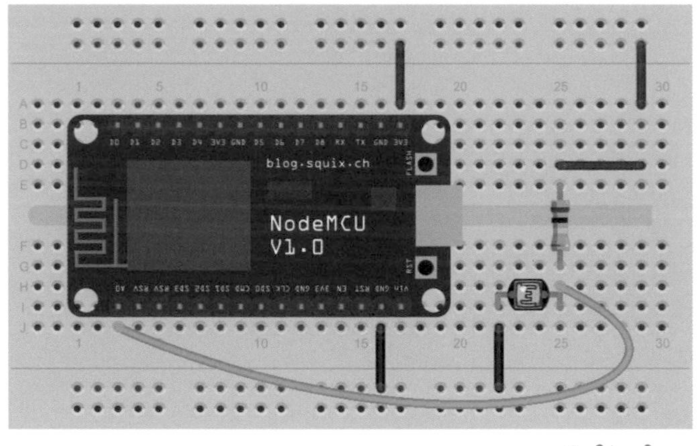

圖 6.27　光敏電阻電路

PART III 樹莓派與 Arduino

07

CHAPTER

樹莓派與 Arduino UNO 的結合

Arduino 有相當多成熟的模組可以利用，若將樹莓派與 Arduino UNO 結合，可以取長補短，大大提高應用價值。本章討論兩種結合方式，第 1 種方式以通訊 I²C 方式連結，第 2 種方式直接將 Arduino UNO 以 USB 電纜接上樹莓派，這兩種方式均視 Arduino UNO 為樹莓派的周邊裝置。

7.1 I2C 通訊方式

I²C（Inter-Integrated Circuit）是菲利浦公司在 1980 年代發展出來的通訊協定，主要用於連接微控制器、低速周邊裝置，只需 2 條線—SDA（Serial Data Line）、SCL（Serial Clock Line），可以連接 112 個設備（原有 128 個 7 位元位址，扣除 16 個保留位址）（若要連接更多裝置，依據 1992 年標準版本，10 位元模式位址，可連接 1008 個設備）。所有連線裝置，只能一個是主設備（master），其餘都是從設備（slave），接電源與提升電阻，如圖 7.1。（https://zh.wikipedia.org/wiki/I%C2%B2C）

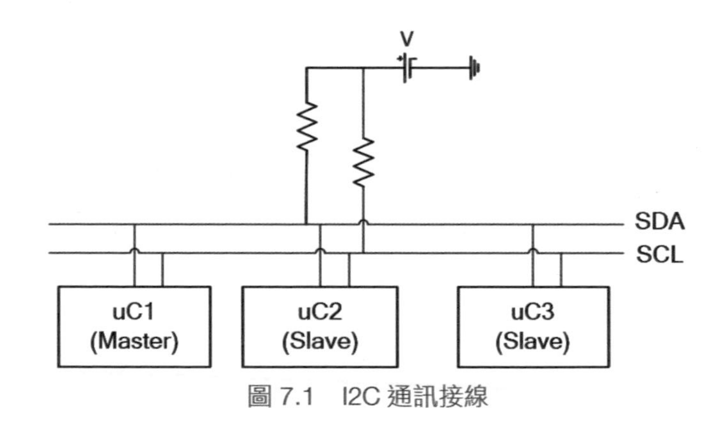

圖 7.1　I2C 通訊接線

例題 7.1

利用 **4.2** 節 Arduino UNO 以 One-Wire 通訊方式讀取 DS18B20 溫度感測器資料，再將溫度值以 I²C 通訊方式傳至樹莓派顯示。

電路布置

❶ Arduino UNO 端

DS18B20 溫度感測器中間腳位接第 5 腳位。

❷ 介面

樹莓派 GPIO 為 3.3V 腳位，Arduino UNO 為 5V；若誤將 5V 輸至樹莓派 GPIO 腳位，可能損毀板子。因此，**必須將樹莓派設為主設備（master）端，Arduino UNO 為從設備（slave）端**。樹莓派 GPIO2（SDA）接至 Arduino UNO 的 A4，樹莓派 GPIO3（SCL）接至 Arduino UNO 的 A5；樹莓派 I^2C 腳位內部設有提升電阻，不需外接提升電阻。

電路如圖 7.2。

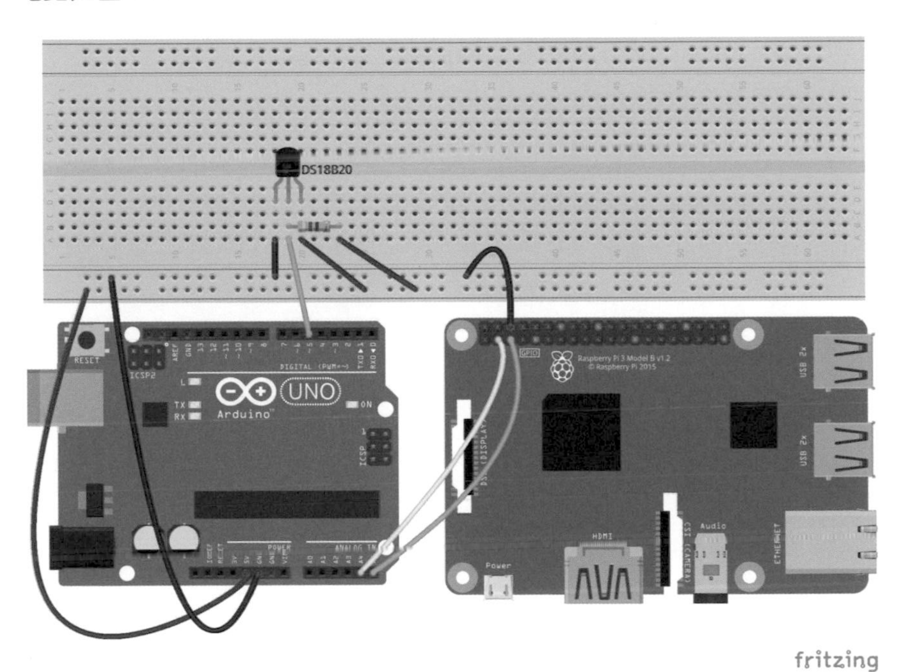

圖 7.2　I2C 通訊電路

範例程式

❶ Arduino UNO 部分：

- One-Wire：內含 <DS18B20.h>，用於讀取 DS18B20 溫度感測器資料，請參考 **4.2** 節
- I^2C：內含 <Wire.h>，相關函式庫可以至：https://github.com/PaulStoffregen/Wire 下載安裝（安裝方式，請參考附錄 A）
  - I^2C「從設備」暫存記憶體位址：「從設備」為 Arduino UNO，可以設定記憶體位址的範圍為 8 ～ 119（0 ～ 7、120 ～ 127 保留不用），或以 16 進位表示 0x08 ～ 0x77
  - Wire.begin（arduinoAddress）：啟動 I^2C 通訊作業
  - Wire.onReceive（dataFromRPi）：接收到樹莓派數據時呼叫 dataFromRPi 函式
  - Wire.available( )：確認數據已可以讀取
  - Wire.read( )：讀取數據，一次 1 位元組，數據等於 's'(0x73) 時，啟動 DS18B20，讀取溫度量測值
  - Wire.onRequest（dataToRPi）：傳送數據給樹莓派時呼叫 dataToRPi 函式，一次 1 位元組，溫度值分成 6 次傳送
- 執行程式：接收到樹莓派傳送 's' (0x73)，進行溫度量測與傳送
  - 將轉換後溫度值從小數點以下 2 位數開始傳送
  - 傳送完 6 個數據（5 個數字、1 個小數點）後，接著傳送 'e'(0x65)，表示已完成一筆溫度值，等候樹莓派回傳 's' (0x73)，進行下一次量測
  - 利用變數 count 掌握傳送狀態
  - 「tempDigit = (int) (celsius*100.0 – floor(celsius)*100.0);」取得小數部分

```
#include <DS18B20.h>
#include <Wire.h>
#define sensorPin 5
OneWire  tempSensor(sensorPin);
#define    arduinoAddress   0x16
int number = 0;
volatile int tempRead = 0;
volatile int tempDigit = 0;
volatile int count = 6;
byte data[12];
volatile float celsius;
volatile bool readyReadTemp = false;
void setup(void) {
  Serial.begin(9600);
  searchSensor(tempSensor);
  Wire.begin(arduinoAddress);
  Wire.onReceive(dataFromRPi);
  Wire.onRequest(dataToRPi);
  Serial.println("Ready to get temperature reading!");
}
int errorCode;
void loop() {
  if (readyReadTemp) {
    sensorToGo(tempSensor);
    for (int i = 0; i < 9; i++) data[i] = tempSensor.read();
    checkData(data, &errorCode);
    if (errorCode == 1) Serial.println("Check setting");
    else if (errorCode == 2) Serial.println("Data error!");
    else {
      celsius = getTemperature(data);
      Serial.print("Current temperature in Celsius = ");
      Serial.println(celsius);
      readyReadTemp = false;
    }
    delay(10000);
  }
}
```

```
void dataFromRPi(int byteCount) {
  while (Wire.available()) {
    number = Wire.read();
    if (number == 0x73) {
      readyReadTemp = true;
    }
  }
}
void dataToRPi() {
  int temp1;
  switch (count) {
    case 6:
      tempRead = (int) celsius;
      tempDigit = (int) (celsius*100.0 - floor(celsius)*100.0);
      temp1 = tempDigit%10;
      tempDigit = tempDigit/10;
      Wire.write(temp1);
      count--;
      break;
    case 5:
      temp1 = tempDigit%10;
      Wire.write(temp1);
      count--;
      break;
    case 4:
      Wire.write(0x2E);
      count--;
      break;
    case 0:
      Wire.write(0x65);
      count = 6;
      break;
    default:
      temp1 = tempRead%10;
      tempRead = tempRead/10;
```

```
        Wire.write(temp1);
        count--;
        break;
    }
}
```

❷ 樹莓派端：

- I^2C 介面致能：進入 Raspberry Pi 設定頁面如圖 7.3，勾選「I2C」啟用

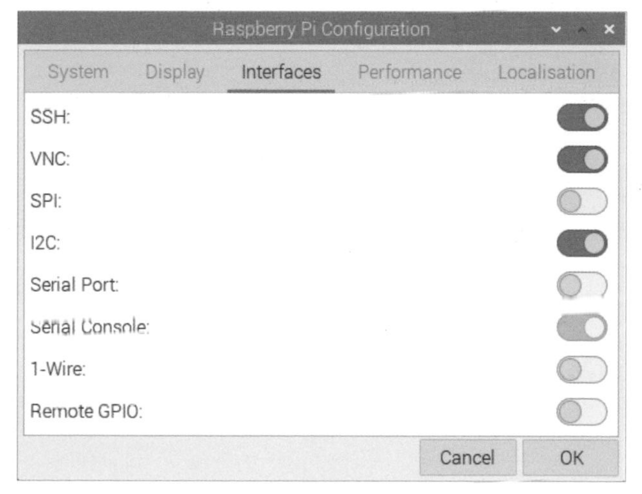

圖 7.3　樹莓派設定頁面

- 安裝 相關模組：

```
$ sudo apt install i2c-tools
$ pip3 install smbus2
$ sudo apt update
$ sudo apt upgrade
```

- 重新開機

```
$ sudo reboot
```

- 檢視 I²C 位址：

```
$ i2cdetect -y 1
```

得知「從設備」位址為 0x16，如圖 7.4，需先執行 Arduino UNO 程式，才會顯示位址

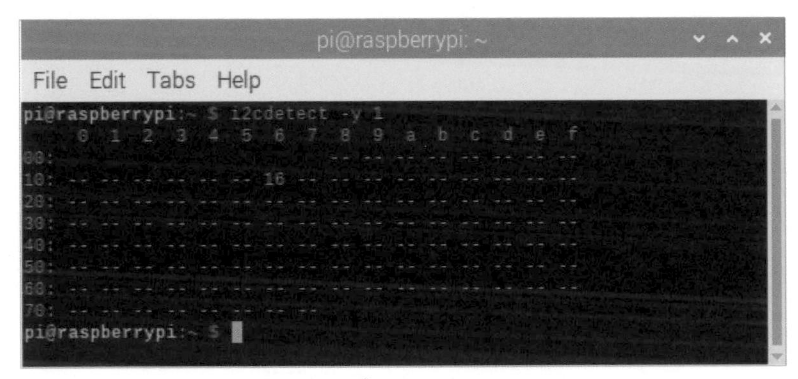

圖 7.4　I²C 位址顯示頁面

範例程式

❶ 匯入模組：

- smbus2：System Management Bus 的簡稱，由 Intel 公司於 1995 年所訂，用於個人電腦與伺服器低速系統管理通訊；I²C 通訊需使用此模組。本例僅一個「從設備」，位址為 0x16，相關方法：
  - write_byte_data( )：3 個引數一位址、偏移量、數據，將數據寫入指定位址
  - read_byte_data( )：2 個引數一位址、偏移量，讀取「從設備」指定位址的數據
- math：數學運算模組，其中 pow(x,n) 計算 x 的 n 次方
- datetime：日期、時間模組，取得現在時間

❷ 取得 I²C 埠號：bus = SMBus(1)，1 表示 i2c 埠號。$ ls /dev，可以看到 i2c-1，如圖 7.5。

```
File  Edit  Tabs  Help
pi@raspberrypi:~ $ ls /dev
autofs          loop3          ram15     tty17  tty41  tty9        vcsu
block           loop4          ram2      tty18  tty42  ttyAMA0     vcsu1
btrfs-control   loop5          ram3      tty19  tty43  ttyprintk   vcsu2
bus             loop6          ram4      tty2   tty44  uhid        vcsu3
cachefiles      loop7          ram5      tty20  tty45  uinput      vcsu4
cec0            loop-control   ram6      tty21  tty46  urandom     vcsu5
char            mapper         ram7      tty22  tty47  v4l         vcsu6
console         media0         ram8      tty23  tty48  vchiq       vcsu7
cuse            media1         ram9      tty24  tty49  vcio        vhci
disk            media2         random    tty25  tty5   vc-mem      video10
dma_heap        mem            rfkill    tty26  tty50  vcs         video11
dri             mmcblk0        serial1   tty27  tty51  vcs1        video12
fd              mmcblk0p1      shm       tty28  tty52  vcs2        video13
full            mmcblk0p2      snd       tty29  tty53  vcs3        video14
fuse            mqueue         stderr    tty3   tty54  vcs4        video15
gpiochip0       net            stdin     tty30  tty55  vcs5        video16
gpiomem         null           stdout    tty31  tty56  vcs6        video18
hwrng           ppp            tty       tty32  tty57  vcs7        video20
i2c-1           ptmx           tty0      tty33  tty58  vcsa        video21
i2c-2           pts            tty1      tty34  tty59  vcsa1       video22
initctl         ram0           tty10     tty35  tty6   vcsa2       video23
input           ram1           tty11     tty36  tty60  vcsa3       video31
kmsg            ram10          tty12     tty37  tty61  vcsa4       watchdog
log             ram11          tty13     tty38  tty62  vcsa5       watchdog0
loop0           ram12          tty14     tty39  tty63  vcsa6       zero
loop1           ram13          tty15     tty4   tty7   vcsa7
loop2           ram14          tty16     tty40  tty8   vcsm-cma
pi@raspberrypi:~ $
```

圖 7.5　顯示裝置目錄：I2C 埠號

❸ 主程式 main( )

- 先傳送 's' (0x73)，請求 Arduino UNO 啟動 DS1820 開始量測溫度，進入無窮迴圈。每次迴圈，讀取 Arduino UNO 傳回數據，有 3 種數據：
  - 'e' (0x65)：1 筆溫度量測值傳送完畢，可進行溫度值轉換運算
  - '0'~'9'：溫度量測數據，將數字附加在清單 a[]
  - '.'(0x2F)：小數點，附加在清單 a[]
- 溫度值計算方式：將數據清單 a[] 反向排列，從小數點第 2 位開始運算：溫度值 =（百位數字）$\times 10^2$+（十位數字）$\times 10^1$+（個位數字）$\times 10^0$+（小數點第 1 位數字）$\times 10^{-1}$+（小數點第 2 位數字）$\times 10^{-2}$
- 量測時間：datetime.datetime.now( ) 取得當時時間，strftime("%c") 顯示年、月、日、與時間

- 利用 first 變數，排除第 1 次數據

```
from smbus2 import SMBus
import time
import math
import datetime

arduinoAddress = 0x16
a = []
first = True
while True:
    with SMBus(1) as bus:
        bus.write_byte_data(arduinoAddress, 0, 0x73)
        data = bus.read_byte_data(arduinoAddress, 0)
        if data == 0x65:
            if len(a) == 0:
                break
            a.reverse()
            s1 = 0
            for i in range(2,0,-1):
                s1 = s1 + a.pop()*math.pow(0.1,i)
            a.pop()
            for i in range(3):
                s1 = s1 + a.pop()*math.pow(10,i)
            if not first:
                print("Temperature = {:.1f} C".format(s1))
                x = datetime.datetime.now()
                print(" at {0}".format(x.strftime("%c")))
            time.sleep(10)
            a[:]=[]
            first = False
        else:
            a.append(data)
```

ctrl+c 停止執行。

執行結果

先在 Arduino UNO 執行程式，接著樹莓派執行 Python 程式：

❶ Arduino UNO 串列監視器顯示攝氏溫度如圖 7.6。

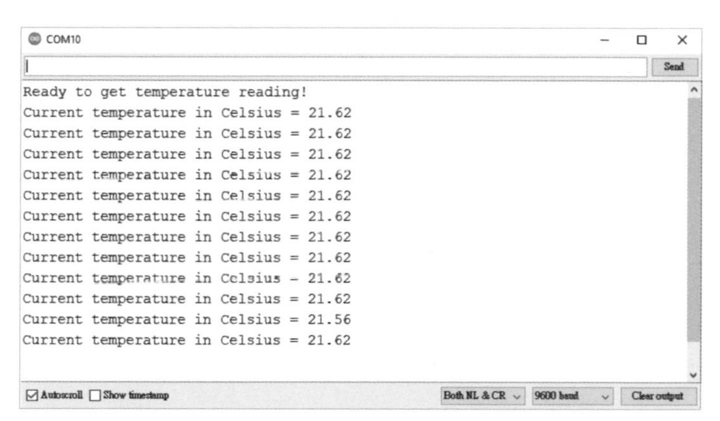

圖 7.6　Arduino UNO 串列監視器顯示溫度

❷ 樹莓派 Python Shell 顯示溫度、日期、時間，如圖 7.7。

```
File  Edit  Shell  Debug  Options  Window  Help
Python 3.9.2 (default, Mar 12 2021, 04:06:34)
[GCC 10.2.1 20210110] on linux
Type "help", "copyright", "credits" or "license()" for more information.
>>>
===================== RESTART: /home/pi/Documents/ex7_1.py =====================
Temperature = 21.6 C
 at Sat Dec 31 17:12:47 2022
Temperature = 21.6 C
 at Sat Dec 31 17:12:57 2022
Temperature = 21.6 C
 at Sat Dec 31 17:13:07 2022
Temperature = 21.6 C
 at Sat Dec 31 17:13:17 2022
Temperature = 21.6 C
 at Sat Dec 31 17:13:27 2022
Temperature = 21.6 C
 at Sat Dec 31 17:13:37 2022
Temperature = 21.6 C
 at Sat Dec 31 17:13:47 2022
Temperature = 21.6 C
 at Sat Dec 31 17:13:57 2022
Temperature = 21.6 C
 at Sat Dec 31 17:14:07 2022
Temperature = 21.6 C
 at Sat Dec 31 17:14:17 2022
Temperature = 21.6 C
 at Sat Dec 31 17:14:28 2022
Temperature = 21.6 C
 at Sat Dec 31 17:14:38 2022
Temperature = 21.6 C
 at Sat Dec 31 17:14:48 2022
Temperature = 21.6 C
 at Sat Dec 31 17:14:58 2022
```

圖 7.7　樹莓派 Python Shell 顯示時間、溫度

7.2 USB 連接

以 USB 電纜線連接 Arduino UNO 與樹莓派，2 種作業方式：

- 樹莓派當成筆電或個人電腦，如同本書第 II 部分，利用 Arduino IDE 撰寫程式，上傳至 Arduino UNO，執行程式。這部分與第 4 章的內容完全相同，只是由 Windows 系統轉至 Linux 系統，不再贅述
- 樹莓派以 Python 程式控制 Arduino UNO

1. Arduino IDE

樹莓派安裝 Arduino IDE，

```
$ sudo apt install ardiuno
```

正確安裝後，可以在主選單＞軟體開發，看到 Arduino IDE 選項，如圖 7.8。

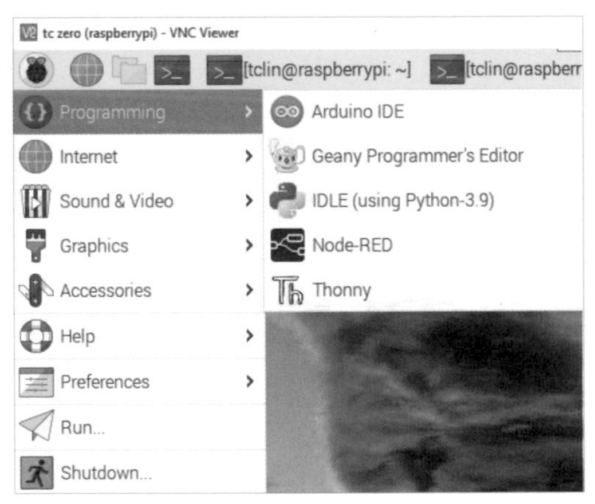

圖 7.8　樹莓派 Arduino IDE 選項

2. Arduino UNO 安裝 Firmata 通訊協定

「Firmata 通訊協定」為電腦以軟體與周邊微控制器溝通的通訊協定。執行 Arduino IDE

- 安裝 Firmata 函式庫：請至 https://github.com/firmata/arduino 下載壓縮檔後安裝

- 安裝 Servo 函式庫：請至 https://www.arduino.cc/reference/en/libraries/servo/ 下載壓縮檔後安裝
- 開啟範例 StandardFirmata.ino，編譯後，上傳至 Arduino UNO

個人電腦、筆電、或樹莓派可以利用軟體方式控制 Arduino UNO。

3. 樹莓派安裝 pyfirmata

pyfirmata 為「Firmata 通訊協定」的 Python 介面。在樹莓派上安裝，

```
$ pip3 install pyfirmata
```

pyfirmata 方法：參考資料 https://pyfirmata.readthedocs.io/en/latest/index.html#

(1) 設定控制板：確認 Arduino UNO 已載入「Firmata 通訊協定」，並插入樹莓派 USB 插槽，至 /dev 目錄查看，如圖 7.9，其中 ttyACM0 即是 Arduino UNO，依據插槽位置不同，會有不同號次，例如：ttyACM1。設定控制板 board = pyfirmata.Arduino（"/dev/ttyACM0"），後面以 board 為例說明。

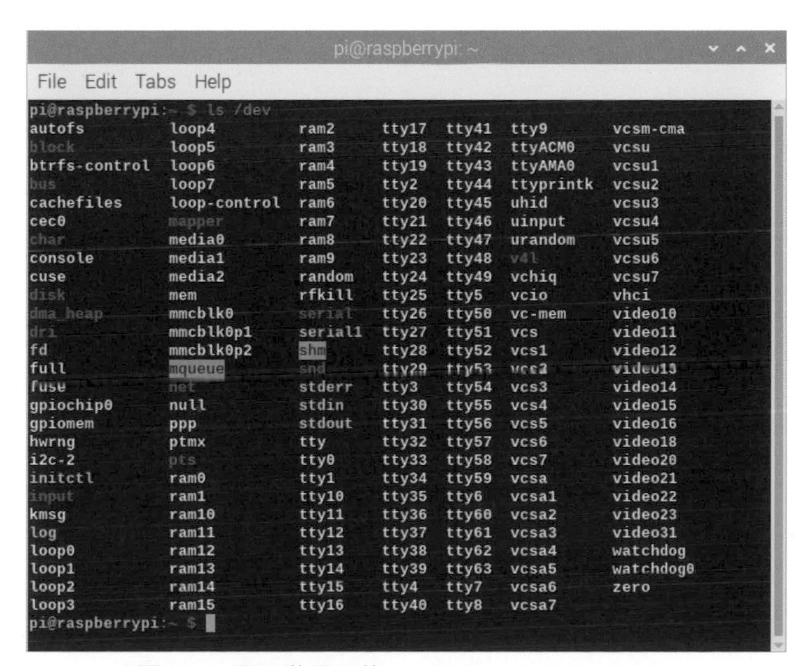

圖 7.9　顯示裝置目錄：Arduino UNO (ttyACM0)

(2) 腳位模式設定

- d：數位腳位
  - o：輸出模式，例如：board.get_pin("d:6:o")，設定第 6 腳位為輸出腳位
  - i：輸入模式，例如：board.get_pin("d:7:i")，設定第 7 腳位為輸入腳位
  - s：伺服馬達模式，例如：board.get_pin("d:11:s")，設定第 11 腳位為伺服馬達訊號輸出腳位
  - p：PWM 模式，例如：board.get_pin("d:10:p")，設定數位第 10 腳位為 PWM 訊號輸出腳位
- a：類比腳位，例如：board.get_pin("a:0:i")：設定 A0 為類比輸入腳位

(3) 啟動控制板：

- it = pyfirmata.util.Iterator(board)：反覆讀取或處理控制板 board 寄存在串列埠的數據
- it.start( )：啟動控制板 board

(4) read( )：讀取腳位狀態，數位讀值—True 或 False（1 或 0），類比讀值—0 ~ 1.0。

(5) write(value)：輸出數值 value，數位—True 或 False（1 或 0），PWM 訊號—0 ~ 1.0，SERVO 角度—0 ~ 180。

(6) exit( )：離開，釋放出串列埠。

例題 7.2

Arduino UNO 設按壓開關、LED，當按下開關，LED 先以 1Hz 頻率（亮 0.5s、暗 0.5s），持續 10 個週期，加速至 2Hz（亮 0.25s、暗 0.25s），持續 10 個週期後停止，LED 暗。

電路布置

以 USB 電纜線連接 Arduino UNO 與樹莓派，Arduino UNO 第 6 腳位接按壓開關、10kΩ 提升電阻、5V，另一側接 GND，另一側接 GND，第 13 腳位接 LED、330Ω、GND，電路如圖 7.10。

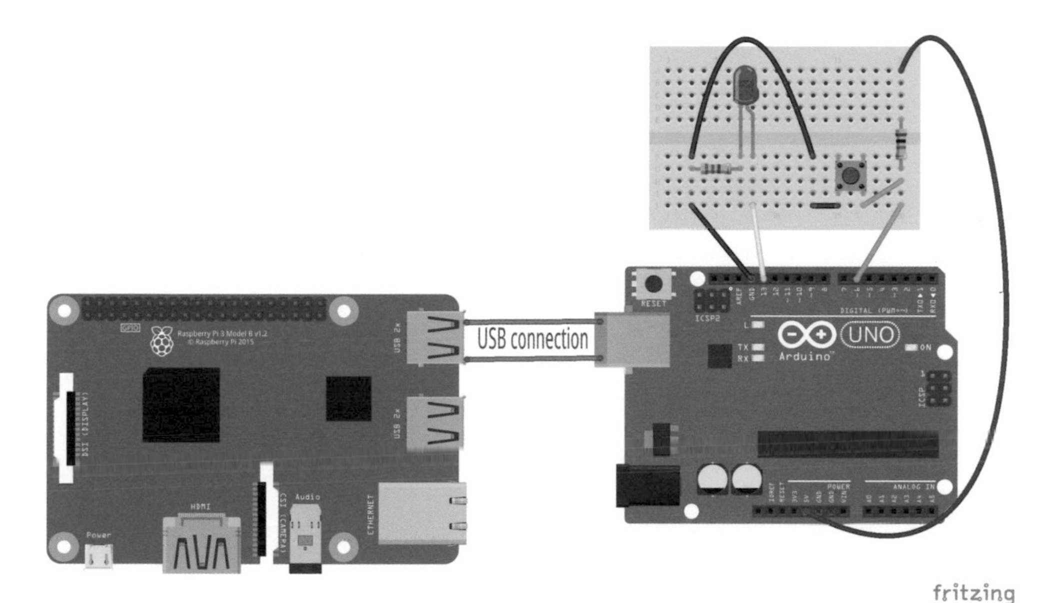

圖 7.10　樹莓派與 Arduino UNO：LED 控制

範例程式

❶ 匯入 pyfirmata、sleep 模組。

❷ 設定第 13 腳位為數位輸出模式，第 6 腳位為數位輸入模式。

```
import pyfirmata
from time import sleep
board = pyfirmata.Arduino("/dev/ttyACM0")
LED = board.get_pin("d:13:o")
button = board.get_pin("d:6:i")
```

```
it = pyfirmata.util.Iterator(board)
it.start()
debounce = 0
maxDebounce = 500
try:
    while True:
        if button.read() == 0:
            if debounce > maxDebounce:
                debounce = 0
                for i in range(10):
                    LED.write(True)
                    sleep(0.5)
                    LED.write(False)
                    sleep(0.5)
                for i in range(10):
                    LED.write(True)
                    sleep(0.25)
                    LED.write(False)
                    sleep(0.25)
                while button.read() == 0:
                    pass
            else:
                debounce += 1
except KeyboardInterrupt:
    board.exit()
    print("Exit!")
finally:
    print("Bye!")
```

例題 7.3

利用設在 Arduino UNO 的 LM35DZ 溫度感測器量測溫度，每按一次按壓開關量測一次，樹莓派「終端機」顯示溫度。註：LM35DZ 輸出類比訊號，樹莓派並未具備類比訊號讀取腳位，LM35DZ 溫度感測器，請參考 4.3 節。

電路布置

以 USB 電纜線連接 Arduino UNO 與樹莓派，Arduino UNO 第 6 腳位接按壓開關、10kΩ 提升電阻、5V，另一側接 GND，LM35DZ 溫度感測器訊號輸出接 Arduino UNO 的 A0 腳位，電路如圖 7.11。

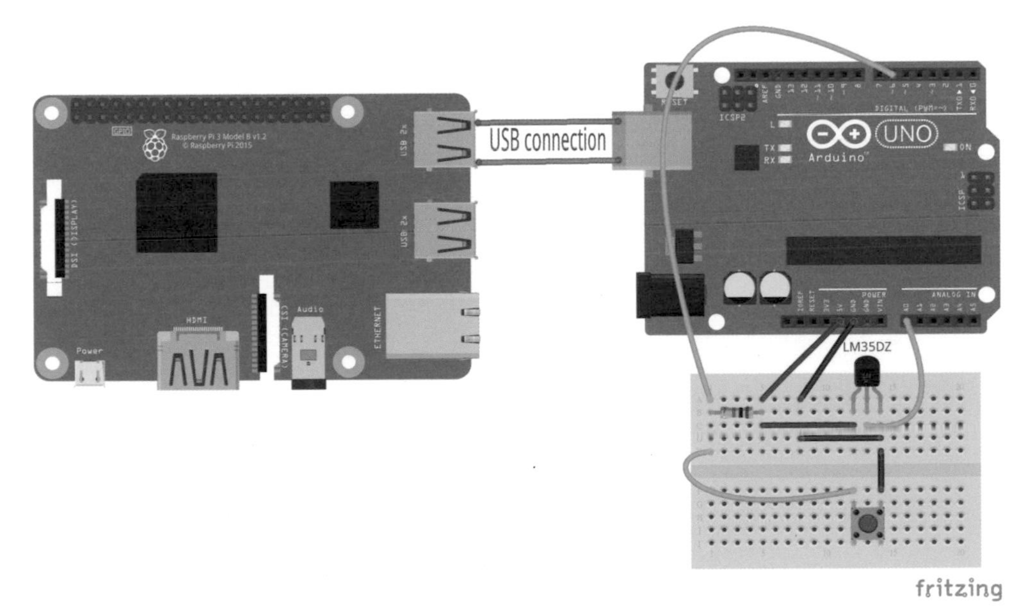

圖 7.11　樹莓派與 Arduino UNO：溫度量測

範例程式

❶ 匯入 pyfirmata 模組。

❷ 設定 temperature 為 A0 類比輸入腳位，button 為第 6 數位輸入腳位。

❸ temperature.enable_reporting( )：啟用類比輸入腳位數據讀取模式。註：若未啟用，將無法讀到數據。

```
import pyfirmata
board = pyfirmata.Arduino("/dev/ttyACM0")
temperature = board.get_pin("a:0:i")
```

```
temperature.enable_reporting()
button = board.get_pin("d:6:i")
it = pyfirmata.util.Iterator(board)
it.start()
readyMeasure = False
debounce = 0
maxDebounce = 500
try:
    while True:
        if button.read() == 0:
            if debounce > maxDebounce:
                readyMeasure = True
                debounce = 0
                while button.read() == 0:
                    pass
            else:
                debounce += 1
        if readyMeasure == True:
            temp = temperature.read()
            if temp != None:
                temp = temp*5/0.01
                print("The temperature is {Temp}
C".format(Temp=int(temp)))
            readyMeasure = False
except KeyboardInterrupt:
    print("Exit!")
finally:
    board.exit()
    print("Bye!")
```

例題 7.4

Arduino UNO 裝設 RGB LED，利用 3 個 PWM 訊號輸出至 R、G、B 腳位，以隨機方式產生占空比，產生不同顏色組合。註：RGB LED 有 4 支腳，最長腳接 GND，其餘分別為 R、G、B 腳位。

電路布置

以 USB 電纜線連接 Arduino UNO 與樹莓派，Arduino UNO 第 11、10、9 腳位分別接 330Ω、RGB LED 的 R、G、B 腳位，電路如圖 7.12。

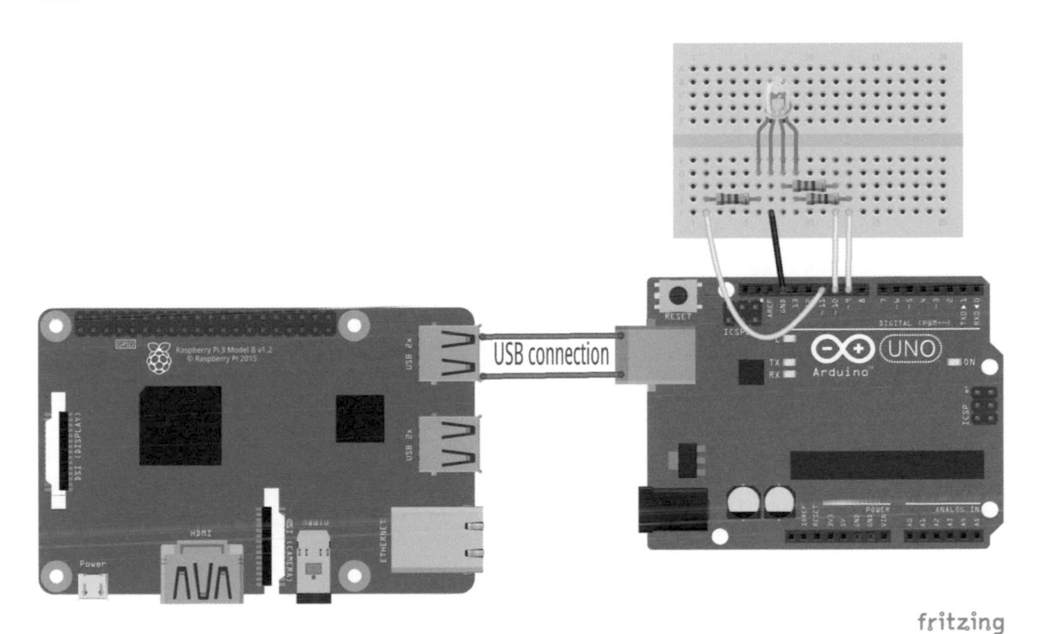

圖 7.12　樹莓派與 Arduino UNO：RGB LED 測試

範例程式

❶ 匯入 pyfirmata、random、time 模組。

❷ 設定 Arduino UNO 第 11、10、9 腳位為 PWM 訊號輸出，腳位名稱分別為 r、g、b。

```
import pyfirmata
import random
import time
board = pyfirmata.Arduino("/dev/ttyACM0")
r = board.get_pin("d:11:p")
```

```
g = board.get_pin("d:10:p")
b = board.get_pin("d:9:p")
it = pyfirmata.util.Iterator(board)
it.start()
try:
    while True:
        rv = random.random()
        gv = random.random()
        bv = random.random()
        r.write(rv)
        g.write(gv)
        b.write(bv)
        time.sleep(1)
except KeyboardInterrupt:
    board.exit()
    print("Exit!")
finally:
    print("Bye!")
```

例題 7.5

Arduino UNO 設 2 個按壓開關，按下第 1 個開關，伺服馬達旋轉 90°，LED 亮，按下第 2 個開關，伺服馬達轉回 0°，LED 暗。註：使用內建 LED。

電路布置

以 USB 電纜線連接 Arduino UNO 與樹莓派，Arduino UNO 第 6、7 腳位分別接按壓開關、10kΩ 提升電阻、5V，另一側接 GND，第 11 腳位接伺服馬達訊號線，紅線接 5V，黑線接 GND，電路如圖 7.13。

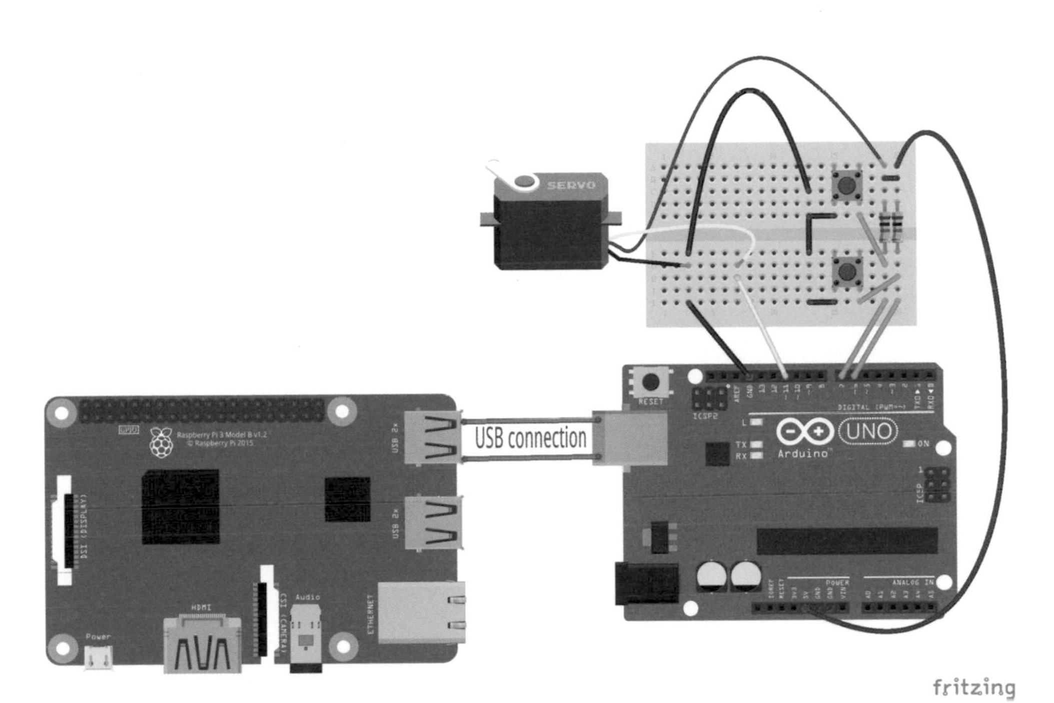

圖 7.13　樹莓派與 Arduino UNO：控制伺服馬達

範例程式

❶ 匯入 pyfirmata、sleep 模組。

❷ 設定 Arduino UNO 第 11 腳位為伺服馬達控制訊號輸出，

- servo1.write(90)：伺服馬達旋轉 90°
- servo1.write(0)：伺服馬達轉回 0°

❸ 設定 Arduino UNO 第 6、7 腳位為數位輸入模式，第 13 腳位為數位輸出模式。

```
import pyfirmata
from time import sleep
board = pyfirmata.Arduino("/dev/ttyACM0")
```

```
button1 = board.get_pin("d:6:i")
button2 = board.get_pin("d:7:i")
LED = board.get_pin("d:13:o")
servo1 = board.get_pin("d:11:s")
it = pyfirmata.util.Iterator(board)
it.start()
debounce1 = 0
debounce2 = 0
maxDebounce = 500
try:
    while True:
        if button1.read() == 0:
            if debounce1 > maxDebounce:
                debounce1 = 0
                servo1.write(90)
                LED.write(True)
                sleep(0.5)
                while button1.read() == 0:
                    pass
            else:
                debounce1 += 1
        if button2.read() == 0:
            if debounce2 > maxDebounce:
                debounce2 = 0
                servo1.write(0)
                LED.write(False)
                sleep(0.5)
                while button2.read() == 0:
                    pass
            else:
                debounce2 += 1
except KeyboardInterrupt:
    board.exit()
    print("Exit!")
finally:
    print("Bye!")
```

本章習題

7.1 樹莓派與 Arduino UNO 以 I²C 通訊方式傳送數據，Arduino UNO 裝設超音波測距模組 HC-SR04，偵測距前方物體距離，傳送數據至樹莓派，當接近距離小於 10cm 時，樹莓派的蜂鳴器響起，2s 後停止。註：使用 PWM 訊號輸出至蜂鳴器。

7.2 試製作一猜 3 個數字的遊戲，數字為 1 ～ 3，可以重複。Arduino UNO 以 USB 電纜線連至樹莓派，Arduino UNO 裝設 3 個按壓開關，分別代表 1 ～ 3 數字，遊戲開始時，按壓開關 3 次，當號碼與順序都對，綠色 LED 閃爍 3 次，表示答案正確，否則，無論號碼或順序有錯，都會亮起紅色 LED，例如：數字為 1、1、2，如果依序按壓 1、1、2 開關，為正確答案，如果按 1、2、1，雖然數字對，但順序有誤，仍是錯誤答案。

MEMO

08

CHAPTER

Node-RED 介紹

8.1 前言

8.2 第 1 個 Nodo-RED 流程

8.3 Node-RED 訊息

8.4 結點安裝步驟

8.5 Node-RED 流程組成

8.1 前言

根據前幾章的技術內容，讀者已經可以建立物聯網（IoTs），組成包括

- 硬體部分：樹莓派、ESP8266 NodeMCU、感測器、繼電器模組
- 軟體部分：Arduino IDE、Python

但是在建立物聯網過程中存在 2 個主要問題

- 缺少人機互動網頁（使用者介面）
- 缺乏整合聯網裝置平台

「Node-RED」是解決前述問題的理想方案，它是由 IBM 公司發展出來的開源軟體一以網頁撰寫程式的工具，程式以連接結點組成的流程（flow）呈現，可以輕易將硬體、應用程式介面（APIs）、或網頁服務等串接在一起，以更有效的方式建立物聯網。Node-RED 官網：https://nodered.org。

Node-RED 安裝完成後，預設的設定檔、流程檔案分別為

- 設定檔：/home/pi/.node-red/settings.js
- 流程檔：/home/pi/.node-red/flows.json

註：.node-red 為隱藏目錄，以指令 $ ls -a 顯示。

根據官網建議，FireFox 與 Chrome 瀏覽器執行 Node-RED 效果較好，筆者使用 Chrome 瀏覽器。完成流程規劃，經部署（deploy）後，啟動流程，系統開始運作，如果有儀表結點（Dashboard），可以瀏覽使用者介面（UI），輸入指令或觀看網頁所呈現的資料。

8.2 第 1 個 Node-RED 流程

樹莓派執行 Node-RED，點擊主選單 > 軟體開發 > Node-RED，過程中「終端機」會出現相關訊息，如圖 8.1 畫面（根據安裝結點、版本不同，顯示資料稍有差異）。

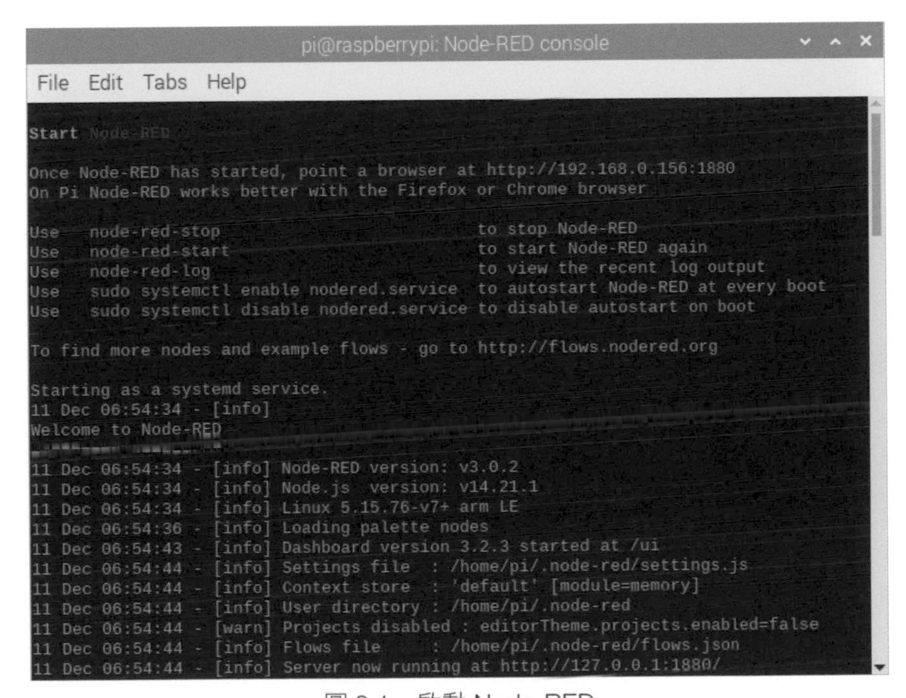

圖 8.1　啟動 Node-RED

開啟網頁瀏覽器，連至 http://192.168.0.156:1880（網址隨著無線分享器指定有異，或使用 http://localhost:1880，埠號為 1880），如圖 8.2，按畫面「+」新增流程「Flow 1」，頁面

- 左邊「結點區」
- 中間「流程規劃區」
- 右邊「資訊顯示區」（還有未顯示出的「除錯訊息區」、「儀表結點設定區」）

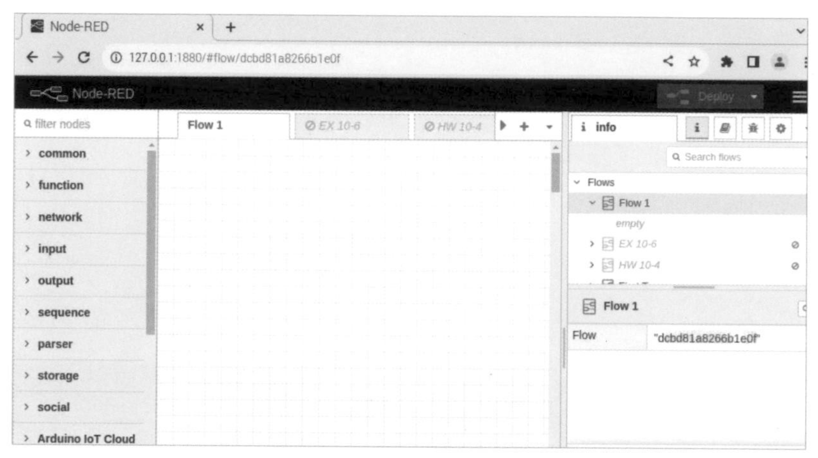

圖 8.2　Node-RED 流程

更改流程名稱

雙按流程規劃區頂部「Flow 1」頁籤，出現如圖 8.3 畫面，名稱改為「First Try」，可以在「Description」描述流程相關內容。

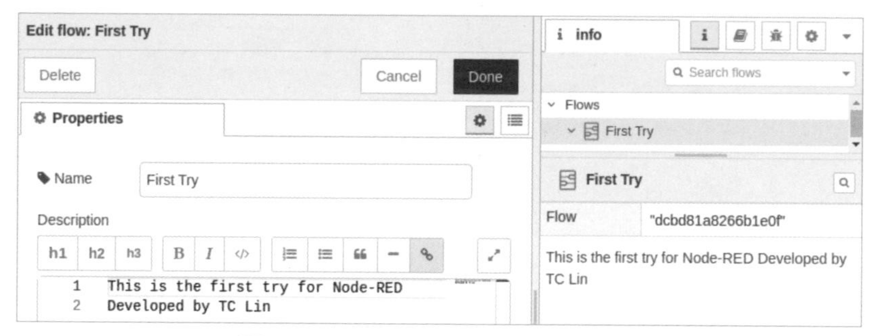

圖 8.3　Node-RED 流程重新命名

流程規劃

流程規劃步驟：

- 在結點區抓結點，放至流程規劃區
- 連接各結點

■ 完成後，按「Deploy」部署

首先利用滑鼠左鍵在結點區「common」抓「inject」(注入點)一流程啟動點，放至「流程規劃區」，再抓「debug」，放至「流程規劃區」，「inject」輸出訊息端子在右側，而「debug」接收訊息端子在左側，游標移至「inject」輸出端子，按住滑鼠左鍵，拉線移動至「debug」鬆開按鍵，兩端子連線，完成流程規劃，如圖 8.4。

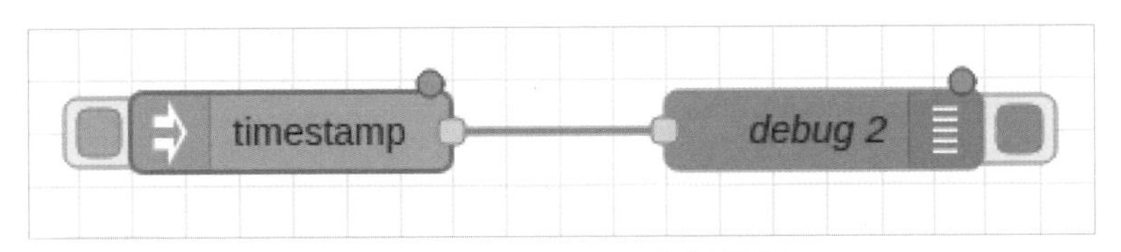

圖 8.4　Node-RED 流程規劃

完成「Deploy」部署，流程裡結點右上方的藍點消失，點擊「inject」結點左邊方格，啟動流程。按 Node-RED 網頁右上角「≡」> View > Debug messages，出現圖 8.5 畫面，其中 1672121444688 是從 **1970** 年 **1** 月 **1** 日迄今所歷經的毫秒數（**ms**），需換算成日期、時間作為進一步使用。「Deploy」部署有 4 種設定：

- Full：部署工作區所有流程
- Modified Flows：只部署更動流程
- Modified Nodes：只部署更動結點
- Restart Flows：重新啟動已部署流程（若有任何更動也不會進行部署）

部署作業會儲存資料，修改流程，若在未完成部署就關掉網頁，資料將不會更新。

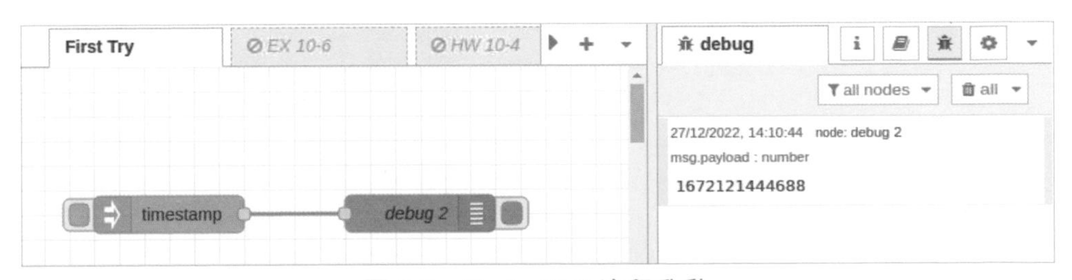

圖 8.5　Node-RED 流程啟動

Node-RED 的功能相當多，除了剛使用過的「common」結點外，再加上「function」、「Raspberry Pi」、「network」等結點，可以使流程變化更多元，功能更強大。在使用者介面部分，「Dashboard」結點會用在物聯網使用者介面的建立。

Node-RED 還有一項相當特別的功能，可以將流程匯出（Export），按 Node-RED 網頁右上角「≡」> Export

- Download：下載檔案
- Copy to clipboard：複製至剪貼簿，再貼至其他流程，或 貼到記事本儲存

每筆資料都是「JSON 資料格式」，如圖 8.6，這些都是結點的屬性，例如：識別碼、名稱、座標等，因為這些都在規劃流程中自動產生，讀者毋須探究其內容。在網路上分享的 Node-RED 資源，也是以這樣型態的文字檔呈現。

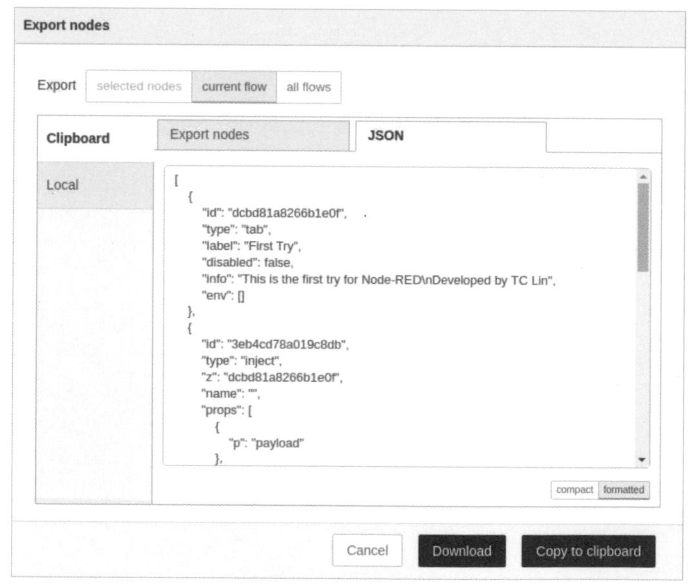

圖 8.6　匯出流程

8.3 Node-RED 訊息

Node-RED 流程各結點間，是以訊息方式傳遞資料，訊息物件名稱 msg，基本屬性：主題（topic）、負載（payload），與 5.2 節的 MQTT 訊息相同。

主題

主題以字串表示，'/' 分隔多層，字串中勿留空格，例如：msg.topic ="light/livingroom/sw1" 有 3 層主題，如圖 8.7，第 1 層 light，第 2 層 livingroom，第 3 層 sw1，各層由上到下呈現階層式架構；第 2 層還有 diningroom、bedroom 主題。每一個主題有各自的內容，當發布某一主題，訂閱者會收到經由伺服器轉發的訊息。在 msg 項下，除了原有的屬性，也可以新增其他屬性。訂閱者設定訂閱主題，可以明確指定每層的主題，或者某一主題以下所有主題，包括所有主題以下各層主題，或同一層所有主題，「下一層」限特定主題；這些可利用「萬用碼」設定

- 「#」：訂閱某一主題下所有主題
- 「+」：涵蓋該層所有主題名稱，需進一步定義下一層名稱

例如：

- 明確指定主題，msg.topic = "light/livingroom/sw1"
- 訂閱 light 以下所有主題，msg.topic = "light/#"，包含 livingroom、diningroom 與 bedroom 以下的各主題，包含所有 sw1、sw2、sw3
- 訂閱 light 所有房間的 sw1 主題，msg.topic = "light/+/sw1"

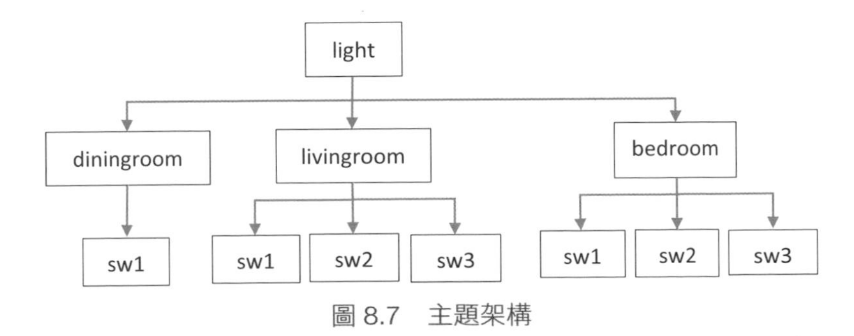

圖 8.7　主題架構

負載

對應主題的內容，例如：msg.topic = "light/livingroom/sw1"，msg.payload="ON"，這種形式的訊息可以用於傳遞指令，例如：開啟 livingroom 房間 sw1 電燈開關，其餘負載型式如 "OFF"、或 '1'、'0' 都可以使用。（註："ON" 或 'ON' 均可）

方法

1. **topic.length**：主題字串的長度。
2. **topic.indexOf('/')**：搜尋字元在字串位置索引，用於解析各層主題，例如：msg.topic="home/diningroom/sw1"，第 1 次出現 '/' 索引是 4。

其他屬性

1. 訊息 **ID**：_msgid，用於追蹤訊息。
2. 元件：parts。

屬性的資料型態

各屬性的資料型態可以為物件（Object）、字串（String）、或陣列（Array），

- { }：物件
- " "：字串
- [ ]：陣列

例如：msg.parts={"Link1":3, "Link2":5}，有 2 個「JSON 資料格式」項目，關鍵字 "Link1" 與 "Link2"，值分別為 3 與 5。

8.4 結點安裝步驟

安裝結點的方式有 2 種：

- 終端機輸入指令：npm
- 執行 Node-RED 的 Manage palette

以安裝「Dashboard」結點為例：

1. 「終端機」輸入指令

```
$ npm install node-red-dashboard
```

2. **執行 Node-RED 的 Manage palette**

(1) 按 Node-RED 網頁右上角「≡」> Manage palette > Install。

(2) 輸入關鍵詞：dashboard，找到 node-red-dashboard，點擊「install」(圖示「installed」表示已安裝)，如圖 8.8。

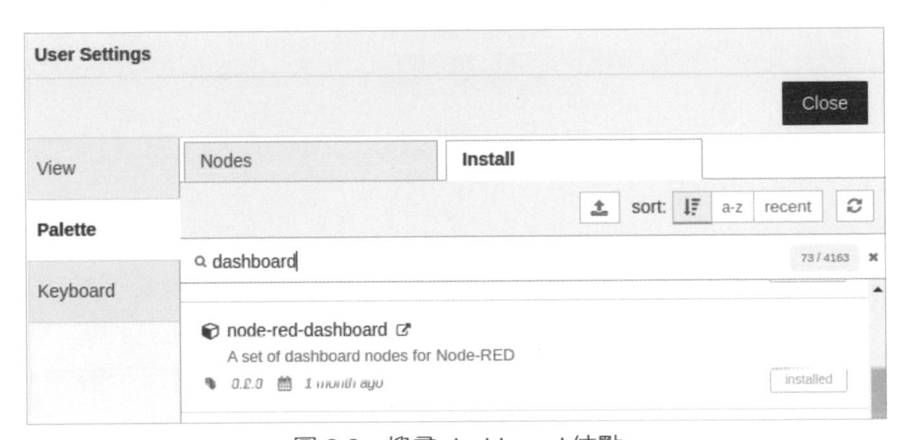

圖 8.8　搜尋 dashboard 結點

(3) 重新整理 Node-RED 網頁，「dashboard」將出現在結點區，如圖 8.9。

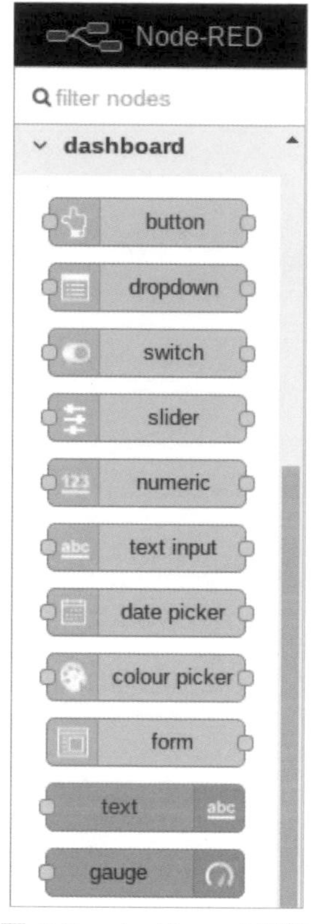

圖 8.9　dashboard 結點

8.5 Node-RED 流程組成

Node-RED「流程」（flow）相當於一應用程式，由各式「結點」連線組成，可以多個「流程」同時進行，或者設定目前工作的「流程」啟用（Enabled），其餘停用（Disabled）。「結點」是資料處理的工作站，資料以訊息型態進入「結點」，更新資料後，再以新訊息離開「結點」。部分「結點」屬於輸出結點，僅輸出訊息，沒有訊息輸入，而部分「結點」屬於輸入結點，則只接受訊息。Node-RED 有相當多具有特別功能的結點，本章僅說明建立物聯網中常使用到的結點，讀者可以至官網：https://nodered.org/ 查詢其他結點。

基本結點

1. common 群

(1) inject：注入訊息，啟動流程，常用的輸出資料有：

- timestamp：時間戳記，預設
- boolean：布林值，true、false（開頭字母小寫，有別於 Python）
- string：字串
- JSON：JSON 資料格式—{ 關鍵詞：值 }

(2) debug：顯示訊息，用於除錯。

2. function 群

(1) function：JavaScript 程式碼，屬於文字型態的函式架構，可以宣告變數、條件判斷、邏輯或算術運算等，功能強大，可多加利用。重要語法：

- 宣告變數：var variableName = variableValue;
- 條件判斷：

```
if (expression1) {
…
}
else if (expression2) {
…
}
else {
…
}
```

- 邏輯運算：
  - ||：「或」運算
  - &&：「及」運算
  - !：「反相」運算

- 比較運算：
  - ==：等於
  - !=：不等於
  - ===：值、資料型態均相等
  - !==：值或資料型態有一項不相等
  - >=：大於或等於
  - <=：小於或等於
- 資料儲存：流程的資料隨著路徑流動至各結點進行運算處理，若要在其他地方讀取或設定時，可事先儲存成變數型態。依據可讀取範圍分成 3 種數據型態：
  - context：結點內可讀寫
  - flow：同一流程每一結點都可讀寫
  - global：所有流程每一結點都可讀寫
- 讀取與設定資料：
  - get：讀取資料，引數為變數名稱，例如：context.get（varName），varName 字串使用雙引號 " " 或單引號 ' '
  - set：寫入資料，2 個引數一變數名稱、值，例如：context.set（varName, varValue）
- 日期、時間：
  - Date：宣告 Date 物件，例如：var D = new Date( )
  - getFullYear：取得年份，例如：D.getFullYear( )
  - getMonth：取得月份，例如：D.getMonth( )
  - getDate：取得日期，例如：D.getDate( )
  - getHours：取得時，例如：D.getHours( )
  - getMinutes：取得分，例如：D.getMinutes( )
  - getSeconds：取得秒，例如：D.getSeconds( )

- 函式回傳值：msg

(2) change：轉換輸出訊息形式。

(3) switch：流程分岔點，依據規則判斷前往下一個結點。

3. sequence 群

(1) split：設定分隔字元，拆解訊息內容，用於多重訊息解讀，例如：msg.payload="a,b,c,d"，分隔字元為 ","，執行後可以得到 4 個主題相同的物件，payload 分別為 "a"、"b"、"c"、"d"。

(2) join：多個訊息合併成單一訊息，例如：前例執行 split 後，再執行 join，可以獲得相同字串，msg.payload="a,b,c,d"。

4. parser 群

(1) csv：CSV 格式字串與 JavaScript 物件之間的轉換。

(2) json：將輸入訊息字串轉換成「JSON 資料格式」訊息輸出，即 { 關鍵詞：值 }，例如：輸入訊息 payload='{"Temperature":27}'，輸出為 JSON 物件 {"Temperature":27}。

5. storage 群：主要有 write file、read file。

random 結點

產生兩數間的隨機數，安裝 random 結點，

```
$ npm install node-red-node-random
```

或利用 Manage palette 安裝。

例題 8.1

試利用 random 結點產生 15 至 35 隨機數模擬氣溫，溫度高於 28℃，顯示 "It's hot. Turn on AC"，溫度低於 20℃，顯示 "It's cold. Turn off AC and fan"，溫度介於 20 ~ 28℃，顯示 "It's nice. Turn off AC, but keep fan running"。提示：運用 switch 結點建立控制規則。

範例程式

❶ 流程規劃：流程由 inject、random、switch、3 個 function、以及 2 個 debug 結點組成，完成流程規劃如圖 8.10。inject 啟動流程，random 產生隨機數，根據 switch 規則有 3 條可能訊息輸出分支，顯示在 debug 視窗。

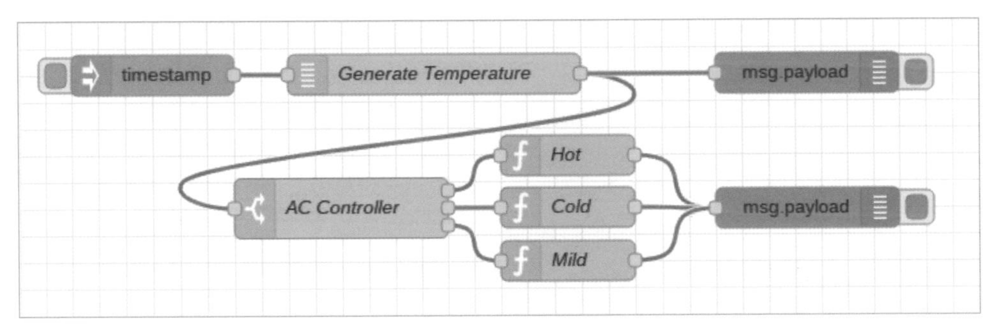

圖 8.10　流程規劃

❷ 各結點說明

- random：名稱為 Generate Temperature，產生 15 至 35 隨機整數，如圖 8.11

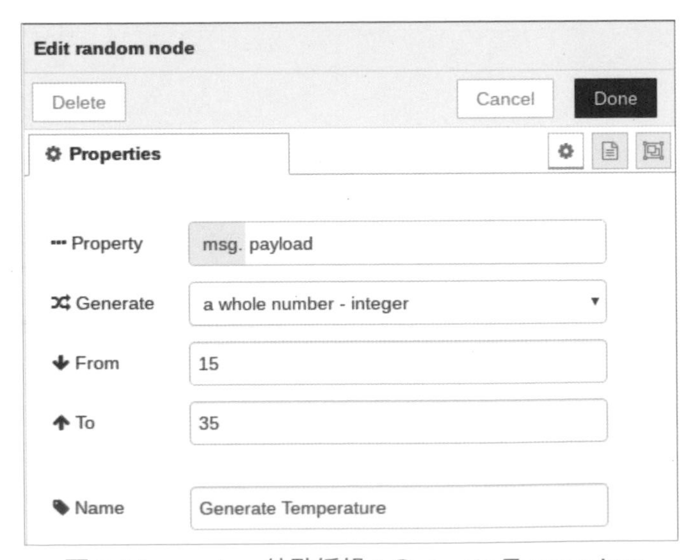

圖 8.11　random 結點編輯：Generate Temperature

- switch：名稱為 AC Controller，訂定 3 條規則，分別為溫度 >=28、<=20、介於中間，檢查每一條規則，如圖 8.12

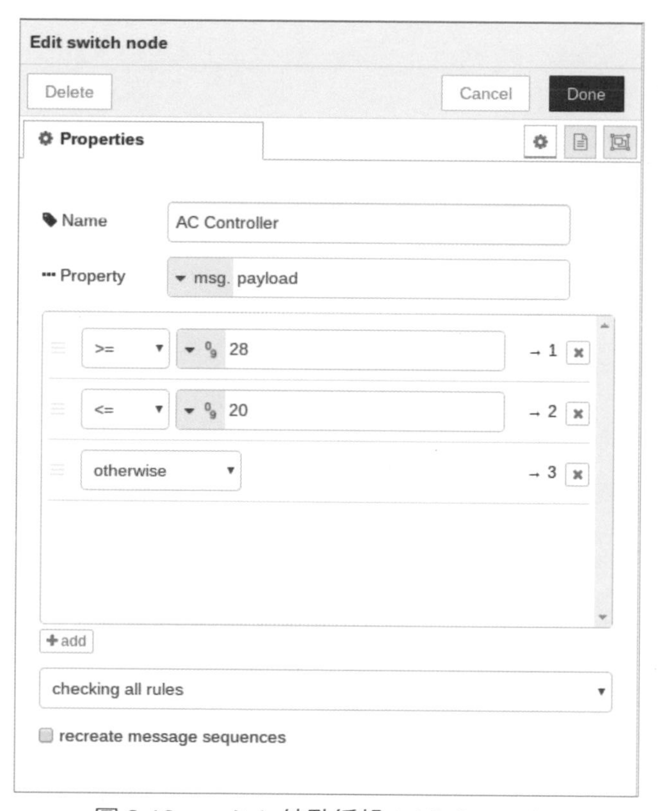

圖 8.12　switch 結點編輯：AC Controller

- function：3 個 function 名稱分別為 Hot、Cold、Mild，其中 Hot 如圖 8.13，msg.payload="It's hot. Turn on AC"。其餘，編輯步驟相同，Cold 的 msg.payload="It's cold. Turn off AC and fan"，Mild 的 msg.payload="It's nice. Turn off AC, but keep fan running"

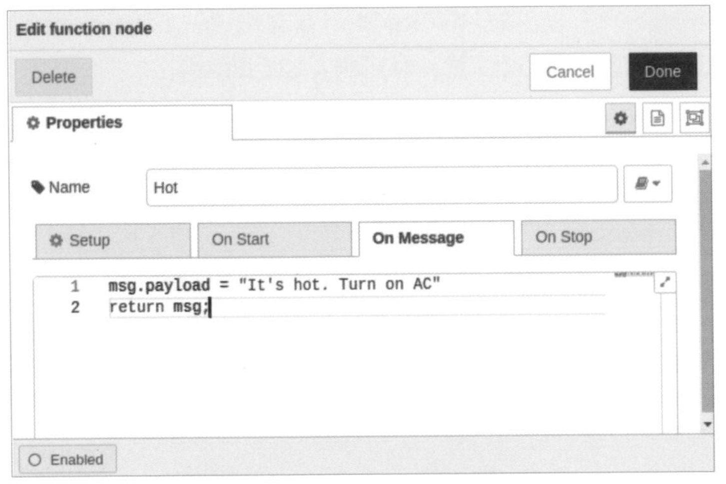

圖 8.13　function 結點編輯：Hot

例題 8.2

重作例題 8.1，改用 function 結點建立規則，而不使用 switch 結點。

範例程式

❶　流程規劃：流程如圖 8.14。

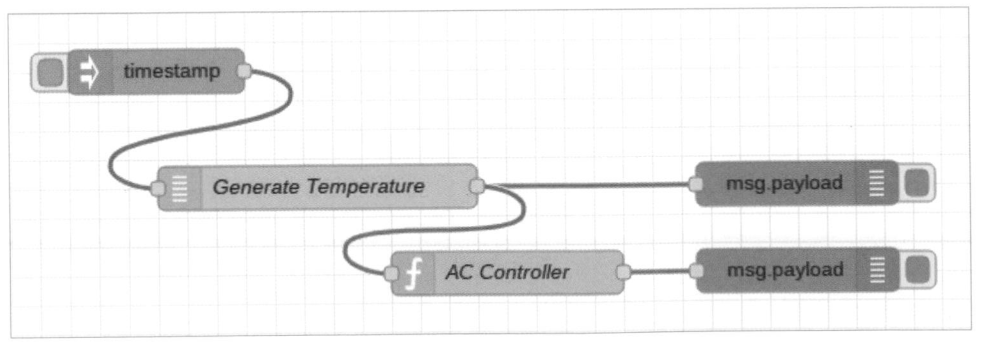

圖 8.14　流程規劃

❷ function 結點：名稱為 AC Controller，使用 Number 方法轉換 msg.payload（字串）為整數，再以 if、else if、else 條件判斷模擬氣溫落入哪一段區間，輸出字串，如圖 8.15。

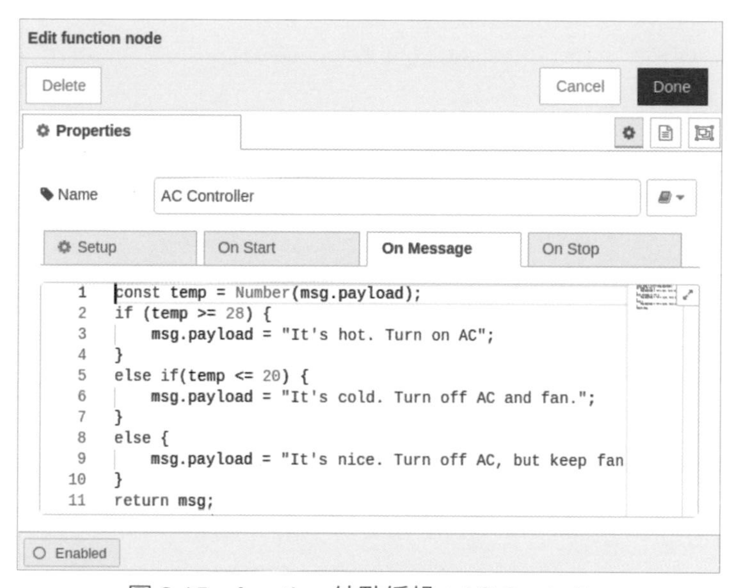


```
const temp = Number(msg.payload);
if (temp >= 28) {
    msg.payload = "It's hot. Turn on AC";
}
else if(temp <= 20) {
    msg.payload = "It's cold. Turn off AC and fan.";
}
else {
    msg.payload = "It's nice. Turn off AC, but keep fan
}
return msg;
```

圖 8.15　function 結點編輯：AC Controller

例題 **8.2** 流程似乎比例題 **8.1** 簡單，少了 1 個 switch、2 個 function，但是若以實際作業考量，因為 switch 結點已確定下一步要走的分支，毋須經過 function 判斷，流程更直覺、簡單。例題 **8.3** 結合 switch 結點與樹莓派結點，展現更具實用的做法。

Raspberry Pi 結點

用於樹莓派 GPIO，2 個結點

- rpi-gpio in：樹莓派 GPIO 數位輸入腳位，狀態值—0 或 1
- rpi-gpio out：樹莓派 GPIO 數位輸出腳位，輸出值—0 或 1、或 PWM 值（頻率、占空比）

rpi dht 22 結點

DHT11 或 DHT22 溫濕度感測模組，安裝 dht 結點的步驟，

1. 按 Node-RED 網頁右上角「≡」> Manage palette > Install，搜尋「dht」，出現 node-red-contrib-dht-sensor，點擊「install」。
2. 安裝完成後，重新整理網頁，「rpi dht22」位在 Raspberry Pi 結點群，除 DHT22 溫濕度感測模組外，DHT11 模組也可以使用這結點。

例題 8.3

試設計 AC 控制系統，利用 DHT11 溫濕度感測模組量測溫度，溫度高於 28℃，樹莓派輸出訊號至繼電器啟動冷氣機，低於 24℃，關掉冷氣機，介於 24 ~ 28℃，處於所謂「死角地帶」或「不靈敏區」(dead zone)，如圖 8.16，為避免冷氣機在 24℃ 或 28℃ 頻繁開關，如果冷氣機處於關機狀態，高於 28℃ 才會啟動冷氣機，路徑以實線表示，如果冷氣機原本處於啟動狀態，低於 24℃ 才會關掉冷氣機，路徑以虛線表示。提示：運用 switch 與 rpi-gpio 結點建立控制規則。註：本例題使用低準位觸發繼電器模組。

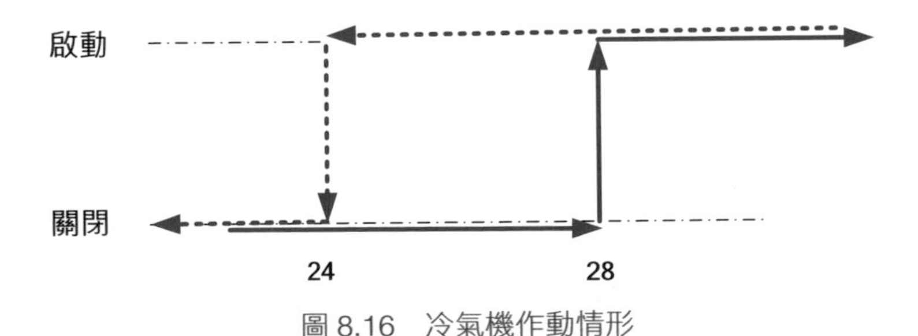

圖 8.16　冷氣機作動情形

電路布置

DHT11 溫濕度感測模組接 3.3V、GND、訊號腳位接樹莓派 GPIO18、10kΩ、3.3V，GPIO21 接繼電器模組，電路如圖 8.17。

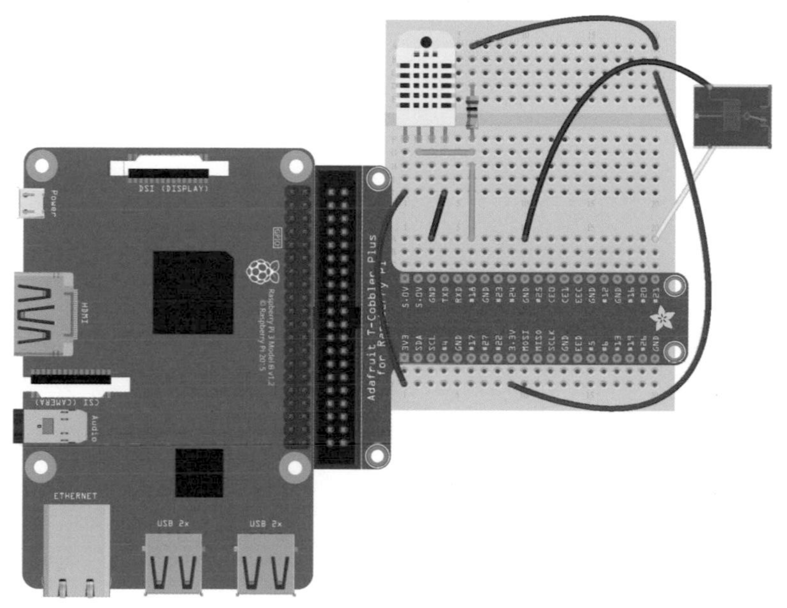

圖 8.17　冷氣機控制電路

範例程式

❶ 流程規劃：流程由 inject、rpi-dht22、switch、2 個 change、2 個 debug、以及 rpi-gpio out 結點組成，完成流程規劃如圖 8.18。inject 啟動流程，rpi-dht22 取得溫度值，根據 switch 規則控制 AC 運作方式，再經 change 轉換成 rpi-gpio out 數據。

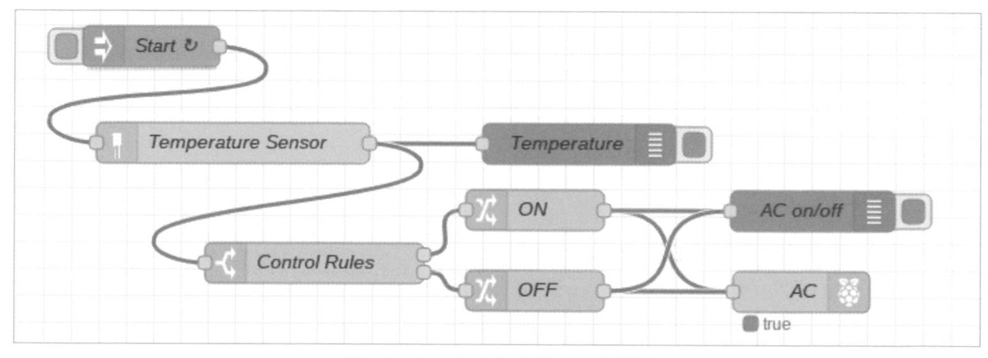

圖 8.18　AC 控制流程規劃

❷ 各結點說明

- inject：名稱為 Start，每間隔 1 分鐘啟動新流程，也就是每間隔 1 分鐘量測溫度一次，做為控制 AC 運轉的依據

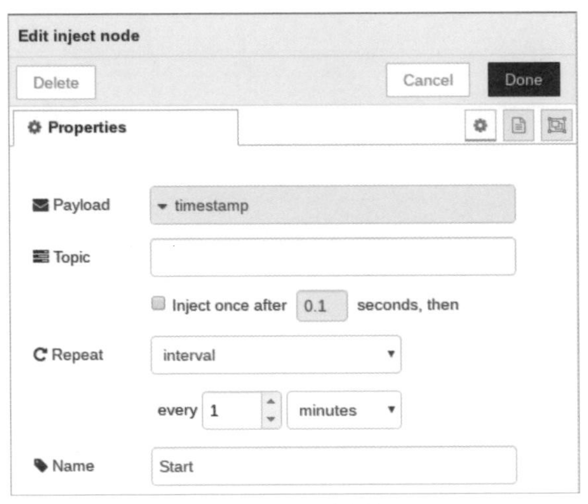

圖 8.19　inject 結點編輯：Start

- rpi-dht22：名稱為 Temperature Sensor，Sensor Model（感測器模型）選 DHT11，腳位編號採用 BCM GPIO，本例使用 GPIO18

圖 8.20　rpi-dht 結點編輯：Temperature Sensor

- switch：名稱為 Control Rules，本例有 2 個規則，須檢查每一個規則，若溫度高於或等於 28°C，輸出 1；若低於或等於 24°C，輸出 2。至於位在「死角地帶」的溫度，不會有任何輸出

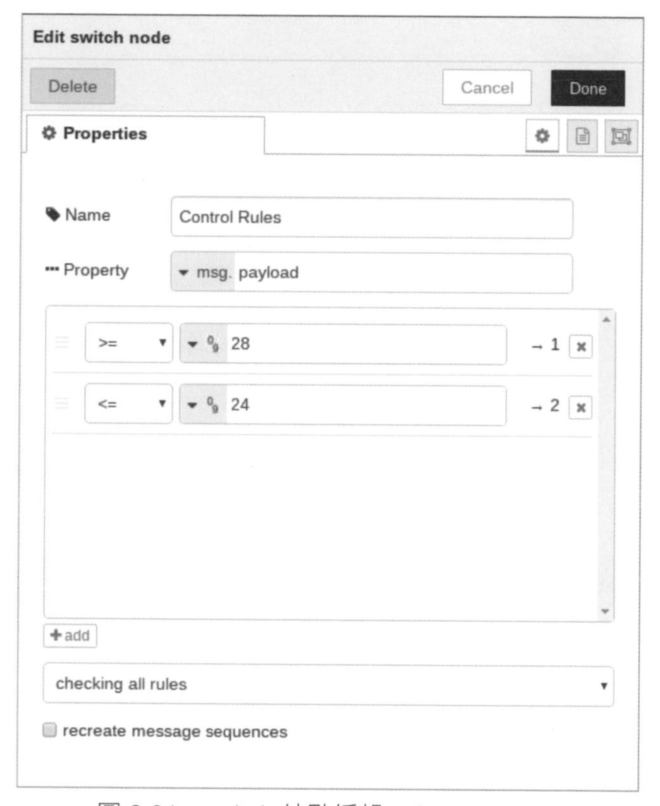

圖 8.21　switch 結點編輯：Control Rules

- change：
  - ON：輸出 false，樹莓派輸出低準位至繼電器模組，啟動 AC。註：採用低準位觸發繼電器模組

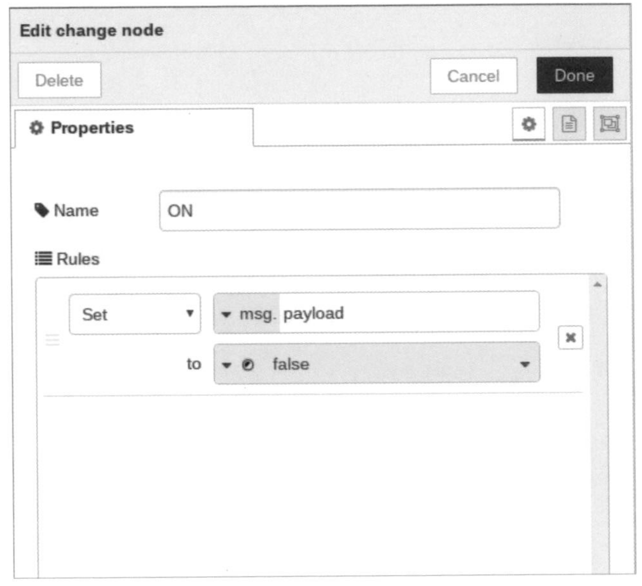

圖 8.22　change 結點編輯：ON

- OFF：輸出 true

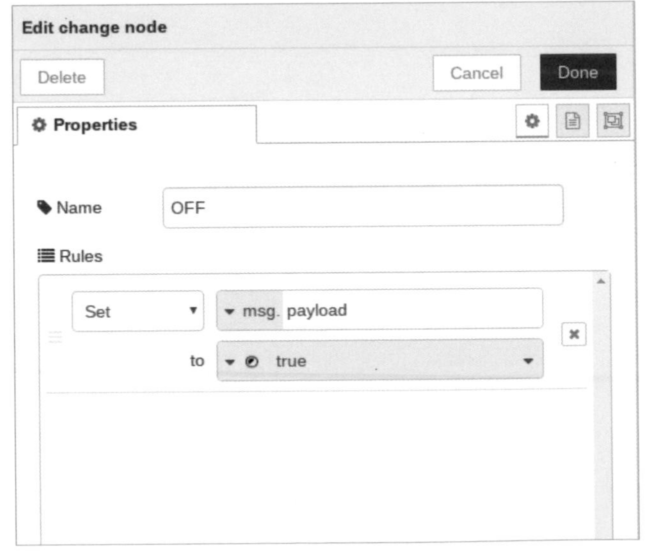

圖 8.23　change 結點編輯：OFF

- rpi-gpio out：名稱為 AC，使用 GPIO21，採用低準位繼電器模組激磁，初始狀態為高準位

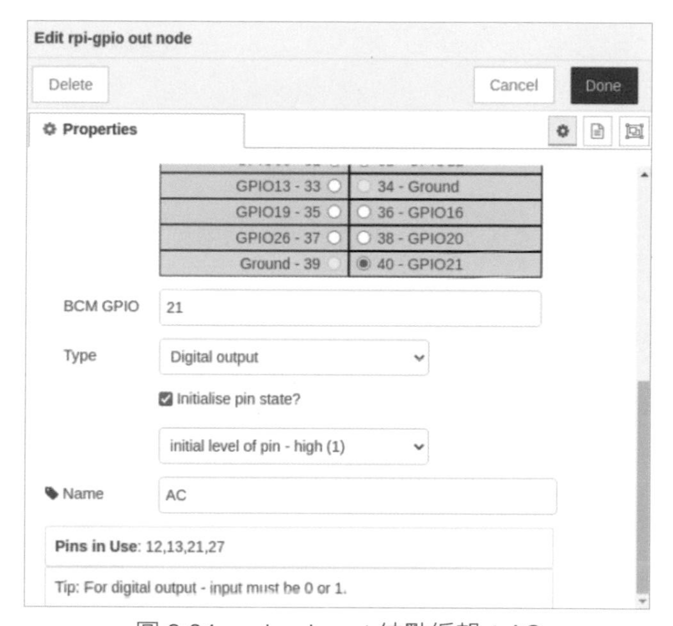

圖 8.24　rpi-gpio out 結點編輯：AC

dashboard 結點

指針式或數位式儀表、控制開關等結點，

- button：按鍵，點擊後輸出訊息負載—true 或 false，也可以輸出其他形式的訊息負載
- switch：開關，初次點擊 On，再點擊 Off，交替重複，分成 On/Off 兩種狀態輸出訊息，負載為 true/false 或其他
- slider：滑標，移動滑塊輸出數值，設定最大值、最小值、與改變量
- gauge：指針式儀表，顯示輸入數值，設定最大值與最小值

- chart：圖表，顯示連續變化數據
- text：文字框，顯示輸入文字

※button、switch、slider 結點可以設定訊息主題，作為 MQTT 發布訊息使用。

例題 8.4

運用 dashboard 與 rpi-gpio 結點，建立使用者介面，控制柵欄啟閉，點擊「Open」按鍵，伺服馬達轉至 90° 打開柵欄，點擊「Close」，伺服馬達轉至 0° 柵欄關閉，馬達運轉中 LED 閃爍 20 次，間隔 100ms。

電路布置

伺服馬達紅色線接 5V，棕色線接 GND，橘色線（訊號線）接 GPIO12，LED 接 330Ω、GPIO18，如圖 8.25。

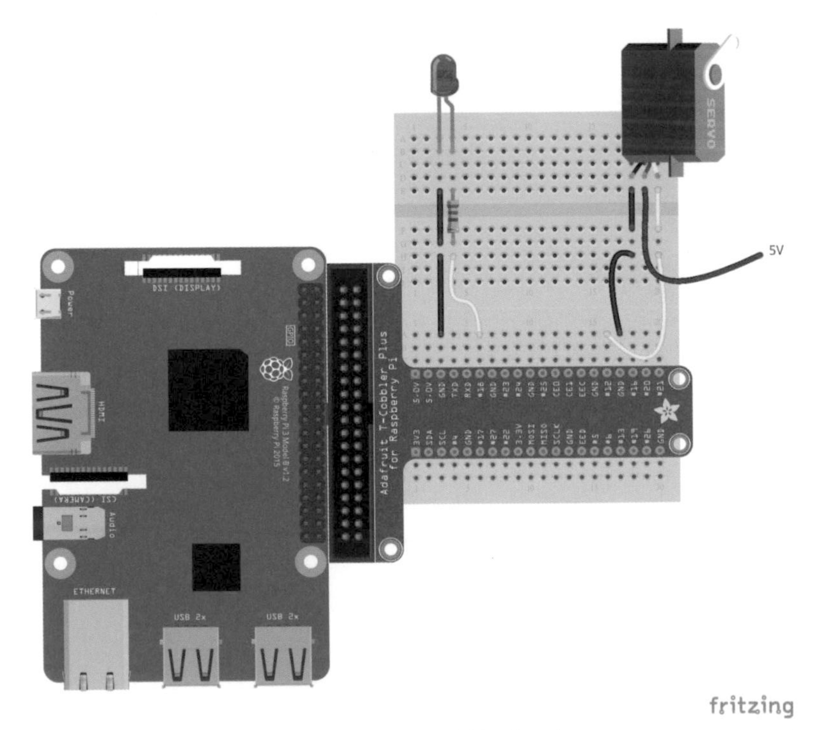

圖 8.25　伺服馬達控制電路

範例程式

❶ 流程規劃：流程有 2 項工作－啟閉柵欄、LED 閃爍。在使用者介面點擊「Open」或「Close」按鍵，驅動樹莓派 GPIO 輸出 PWM 訊號給伺服馬達；inject 結點 100ms 啟動一次，配合 flow 變數，讓 LED 閃爍 20 次，作用與 for-loop 相同。流程總共使用 1 個 inject、2 個 button、4 個 function、2 個 rpi-gpio out、以及 1 個 delay 結點，完成流程規劃如圖 8.26。

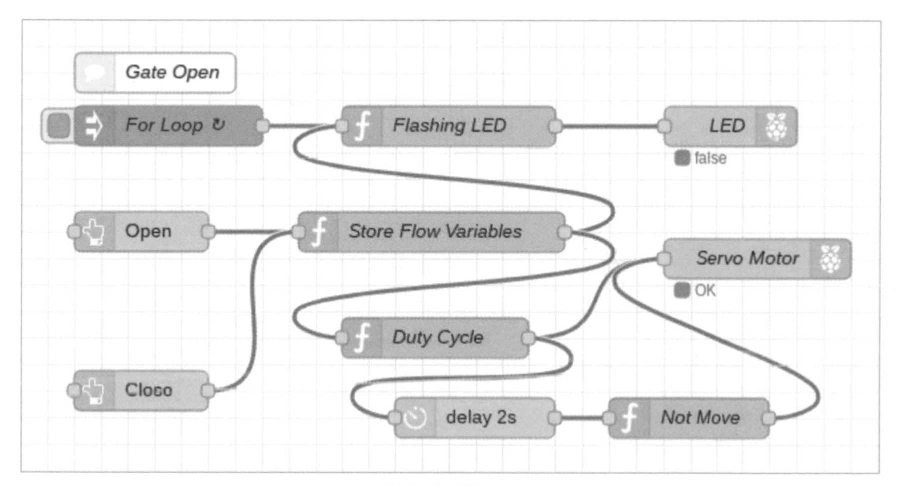

圖 8.26　流程規劃：Gate Open

❷ 使用者介面設計：按 Node-RED 網頁右上角「≡」> View > Dashboard > Layout，設計「使用者介面」，「+tab」新增頁籤 [Appliance]，「+group」新增群組 Gate，如圖 8.27，在「流程規劃區」新增 dashboard 結點「Open」與「Close」。

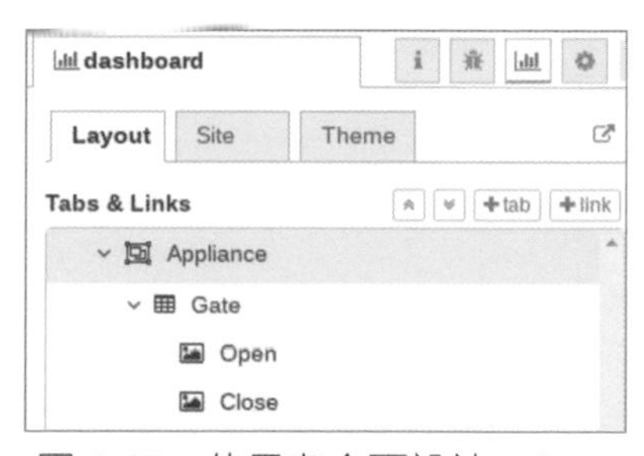

圖 8.27　使用者介面設計：Gate

❸ 各結點說明

- inject：名稱為 For Loop，每間隔 100ms 啟動新流程，主要功能使 LED 閃爍

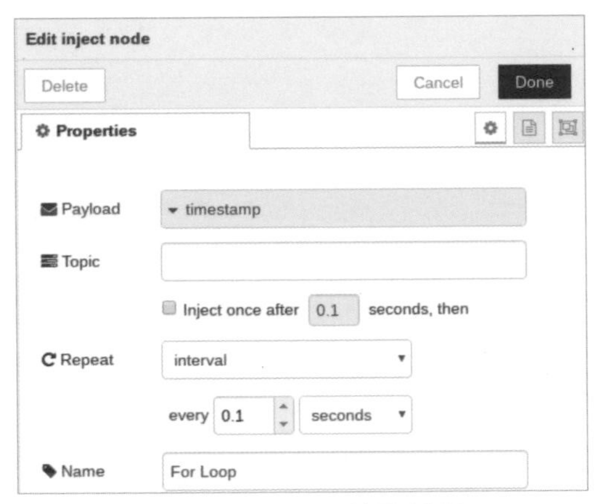

圖 8.28　inject 結點編輯

- button：「Open」與「Close」按鍵，「Open」編輯視窗如圖 8.29，隸屬於 [Appliance] Gate 群組，點擊「Open」，輸出 true；點擊「Close」按鍵，輸出 false

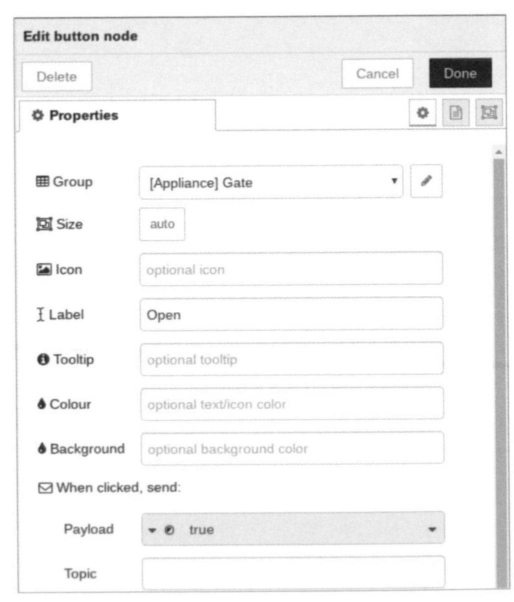

圖 8.29　button 結點編輯：Open

- function
  - Store Flow Variables：設定 2 個 flow 變數，timesToGo 起始值 0，用於記錄 LED 閃爍次數，previousStatus 記錄 LED 準位，如圖 8.30

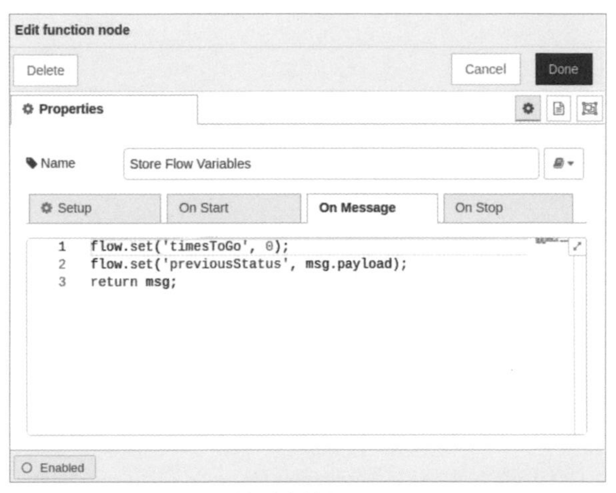

圖 8.30　function 結點編輯：Store Flow Variables

  - Duty Cycle：點擊「Open」按鍵輸出 7.5(%) 占空比，點擊「Close」按鍵輸出 2.5(%)，如圖 8.31

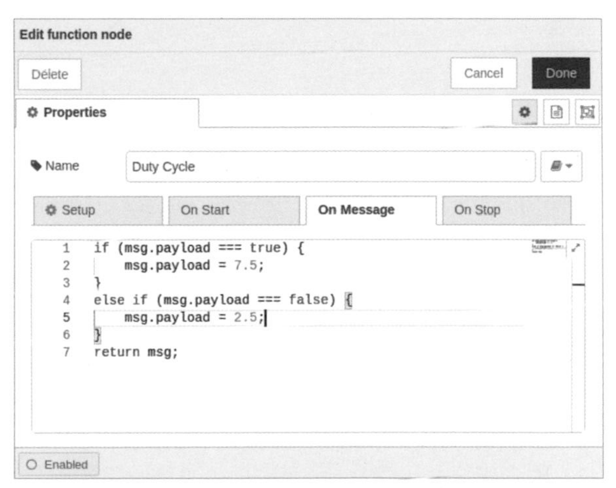

圖 8.31　function 結點編輯：Duty Cycle

- Not Move：輸出 0(%) 占空比，伺服馬達停止不動，如圖 8.32

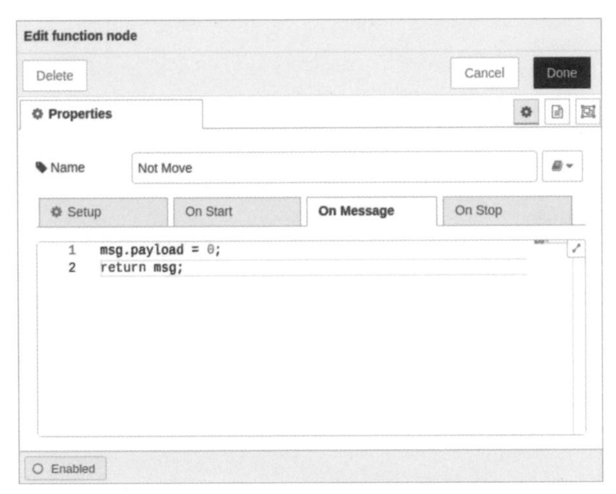

圖 8.32　function 結點編輯：Not Move

- Flashing LED：讀取 flow 變數 timesToGo、previousStatus，若 timesToGo 大於或等於 20，輸出 false，否則輸出原準位的反相準位，造成 LED 閃爍 20 次的效果，同時更新 2 個 flow 變數 timesToGo、previousStatus，如圖 8.33

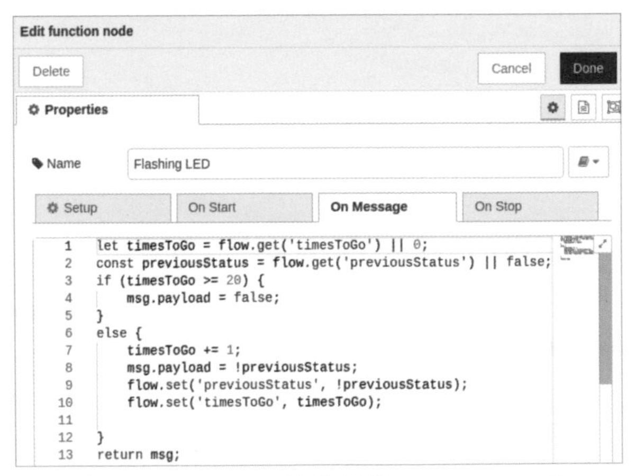

圖 8.33　function 結點編輯：Flashing LED

- rpi-gpio out
  - Servo Motor：GPIO12 輸出 50Hz PWM 訊號，如圖 8.34。Pins in Use 欄位顯示目前使用的腳位，可以在規劃流程中掌握腳位使用的情形

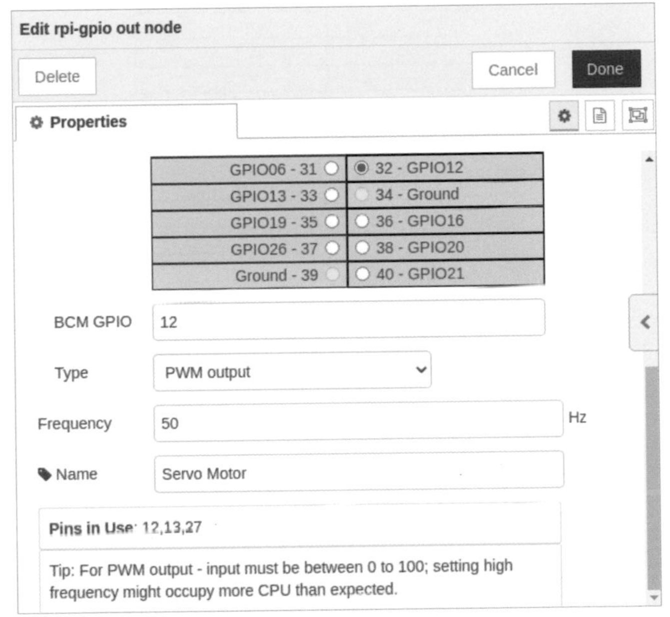

圖 8.34　rpi-gpio out 結點編輯：Servo Motor

  - LED：GPIO18，數位輸出，初始狀態高準位，如圖 8.35

圖 8.35　rpi-gpio out 結點編輯：LED

❹ 使用者介面：打開瀏覽器，網址：localhost:1880/ui，Appliance 頁籤、Gate 群組，如圖 8.36。點擊「Open」按鍵，柵欄開啟，點擊「Close」按鍵，柵欄關閉。

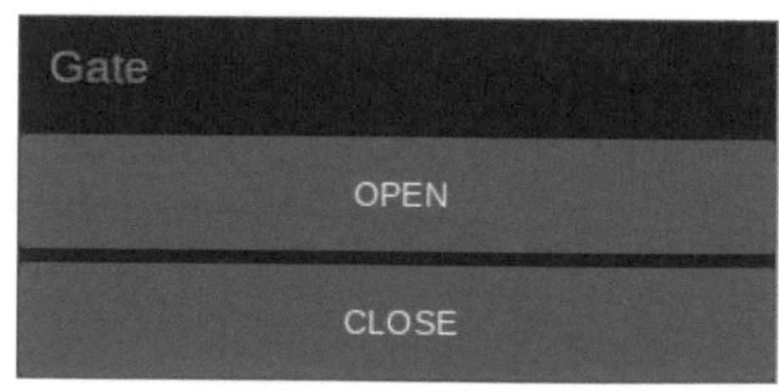

圖 8.36　使用者介面

mqtt 結點

連接 MQTT 伺服器，發布或訂閱主題，2 個結點分別為

- mqtt in：設定伺服器網址、訂閱主題，例如：localhost:1883，主題為 'environment/livingroom/temperature'
- mqtt out：設定伺服器網址與主題，發布主題訊息，例如：localhost:1883，主題為 'light/livingroom/sw1'，負載為 '1'

下一章使用 mqtt 結點進行物聯網感測訊號與控制指令的傳遞。

Arduino IoT Cloud 結點

我們在第 6 章運用 Arduino IoT Cloud 建立物聯網，透過建置在雲端伺服器的使用者介面（Dashboard），可以電腦或智慧型手機監控物聯網。若要運用 Node-RED 建立使用者介面，只需安裝 Arduino IoT Cloud 結點，即可連至 Arduino IoT Cloud 雲端伺服器，進行物聯網的監控。惟此結點須具備 Arduino IoT Cloud 提供的 API Key，這在 Arduino 官網帳號是須付費的選項，讀者可依據需求選擇付費項目。

1. 按 Node-RED 網頁右上角「≡」> Manage palette > Install，搜尋「arduino」，出現 @arduino/node-red-contrib-arduino-iot-cloud，點擊「install」，如圖 8.37，圖示「in use」表示已安裝使用。

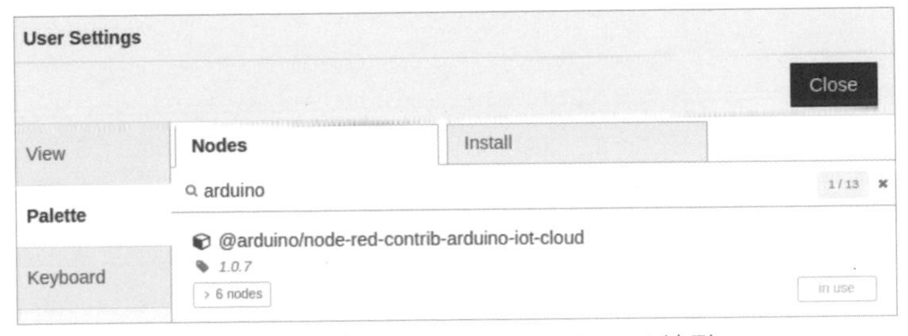

圖 8.37　搜尋 Arduino IoT Cloud 結點

2. 安裝完成後，結點區顯示 Arduino IoT Cloud 結點如圖 8.38。

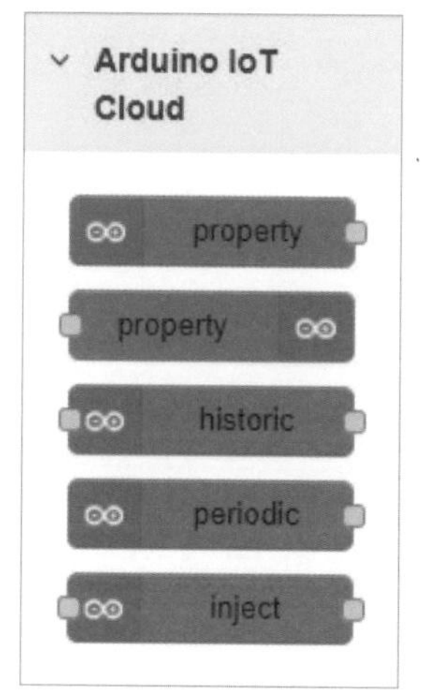

圖 8.38　Arduino IoT Cloud 結點

3. API key：回到 Arduino IoT Cloud 官網，點擊 Integrations 頁籤，引導至 https://cloud.arduino.cc/home/api-keys，如圖 8.39。點擊 INTEGRATIONS > API keys > CREATE API KEY 產生 API key，如圖 8.40 已有 3 組 API key，下載各 API key 的用戶 ID 與密碼 pdf 檔案，這些資訊用在 Node-RED 的 Arduino IoT Cloud 結點的設定。

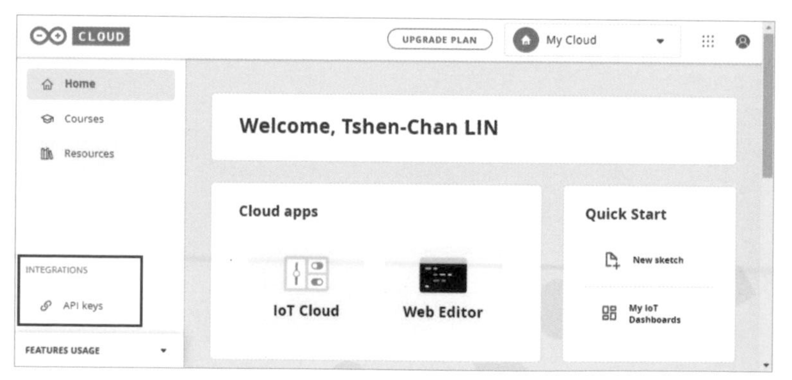

圖 8.39　Integrations API key

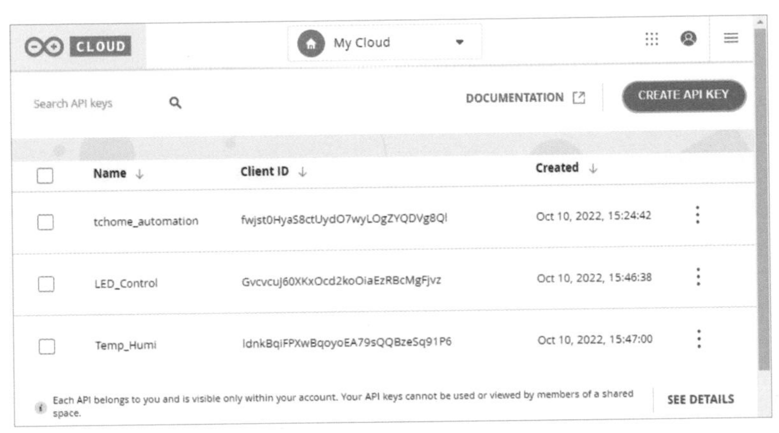

圖 8.40　產生 API key

例題 8.5

ESP8266 裝設 DHT11 溫濕度感測器，利用 Arduino IoT Cloud 建立物聯網，以智慧型手機儀表板以及 Node-RED 流程顯示溫度與濕度值。

範例程式

建立「物」ex8_5，新增 2 個唯讀浮點數變數：temp、humi，如圖 8.41、8.42，使用例題 6.1 所建立的裝置 esp8266-1。

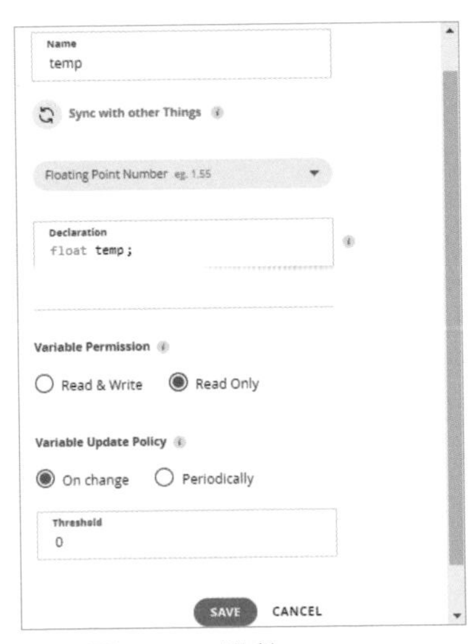

圖 8.41　變數：temp

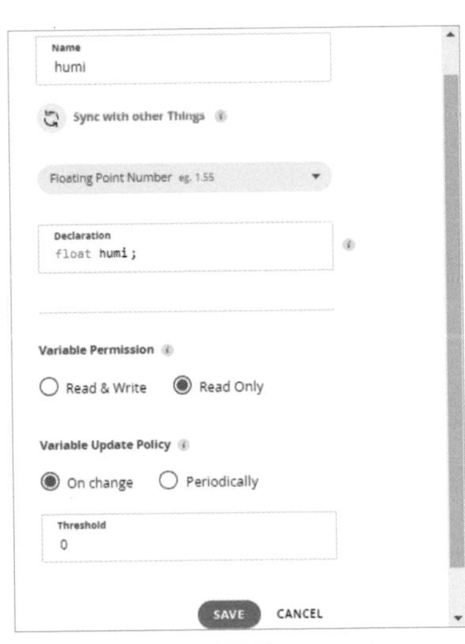

圖 8.42　變數：humi

ESP8266 程式

至 Web Editor > Library 下載 DHT 函式庫，如圖 8.43。本例程式係根據 Web Editor > Examples > FROM LIBRARIES > DHT SERSOR LIBRARY > DHTtester.ino，配合 Arduino IoT Cloud 所產生的程式，修改而成。DHT11 感測器使用說明，請參考 https://learn.adafruit.com/dht/overview。

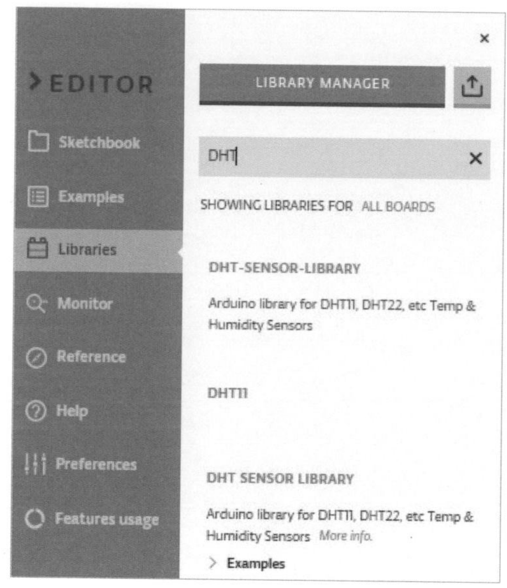

圖 8.43　下載 DHT 函式庫

❶ 內含函式庫

- thingProperties.h
- DHT.h：DHT 溫濕度感測模組

❷ DHT11 設定

- 使用 D1 腳位連接訊號線（#define DHTPIN D1）
- 使用 DHT11 感測模組（#define DHTTYPE DHT11）
- DHT dht（DHTPIN, DHTTYPE）：建立 DHT 物件

❸ setup 部分

- dht.begin：啟動 DHT11

❹ loop 部分：每 2s 讀取一筆溫濕度值

- dht.readHumidity：取得濕度值
- dht.readTemperature：讀取溫度值

```
#include "thingProperties.h"
#include <DHT.h>
#define     DHTPIN        D1
#define     DHTTYPE       DHT11
DHT    dht(DHTPIN, DHTTYPE);

void setup() {
  Serial.begin(9600);
  delay(1500);
  dht.begin();
  initProperties();
  ArduinoCloud.begin(ArduinoIoTPreferredConnection);
  setDebugMessageLevel(2);
  ArduinoCloud.printDebugInfo();
}

void loop() {
  ArduinoCloud.update();
  delay(2000);
  humi = dht.readHumidity();
  temp = dht.readTemperature();
  if (isnan(humi) || isnan(temp) ) {
    Serial.println(F("Failed to read from DHT sensor!"));
    return;
  }
}
```

儀表板編輯

儀表板名稱 ex8_5_dashboard，抓 2 個指針式儀表。

❶ 溫度值：名稱 Temp，連結變數 temp，分布範圍 10 ～ 45，如圖 8.44。

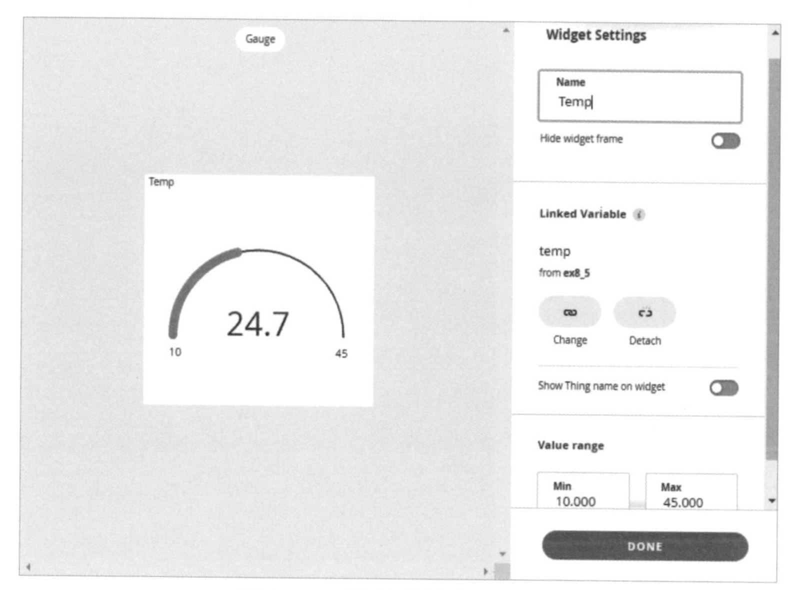

圖 8.44　指針式儀表：Temp

❷ 濕度值：名稱 Humi，連結變數 humi，分布範圍 0 ～ 100，如圖 8.45。

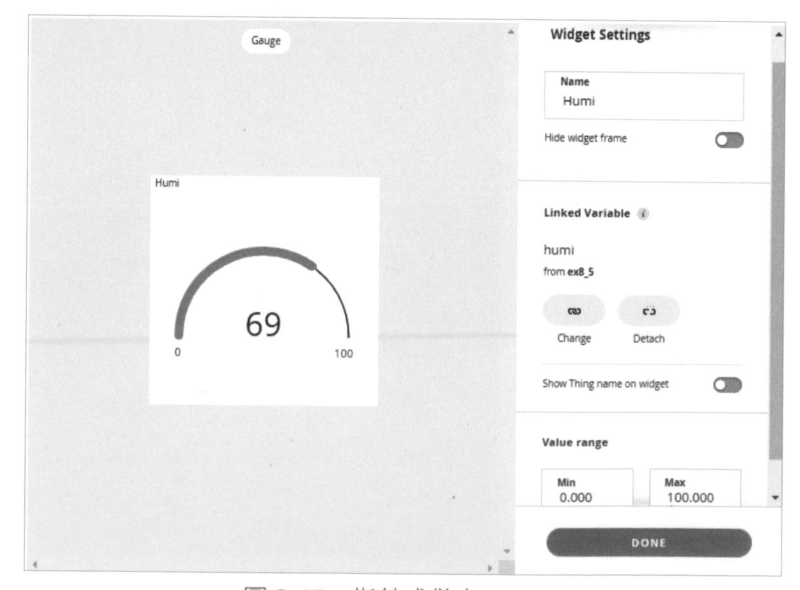

圖 8.45　指針式儀表：Humi

❸ Arduino IoT CLOUD 儀表板如圖 8.46。

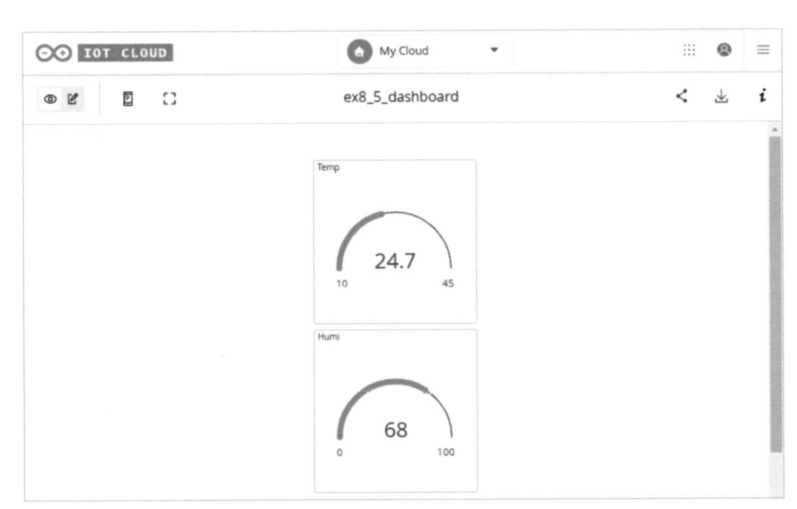

圖 8.46 儀表板

Node-RED 流程

取得在 Arduino IoT Cloud 所建立的 API key，名稱為 Temp_Humi。

執行命令提示字元 > node-red，打開瀏覽器，網址為 127.0.0.1:1880。

❶ 流程規劃：2 個 Arduino IoT Cloud 屬性、2 個指針式儀表結點，如圖 8.47。

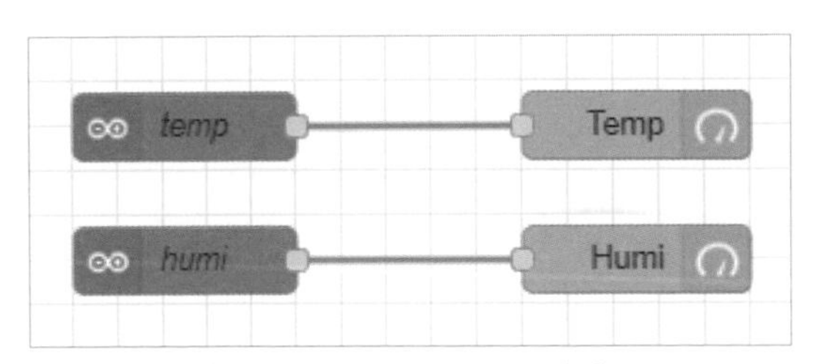

圖 8.47 Node-RED 流程

❷ 結點說明

- Arduino IoT Cloud 屬性結點

- 複製 Arduino IoT Cloud 產生的 API key，貼至 Client ID、Client secret 欄位

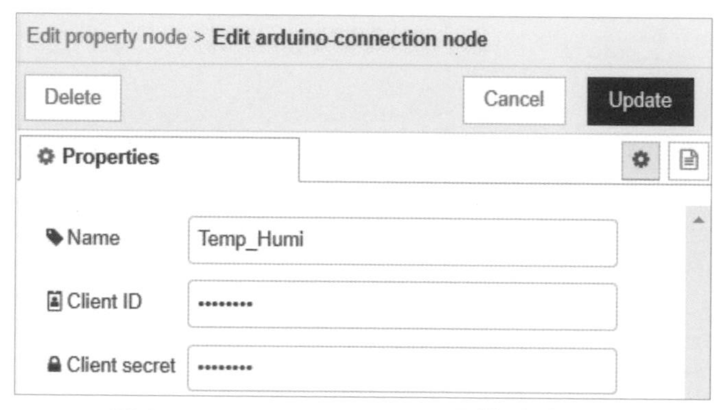

圖 8.48　Arduino IoT Cloud 屬性結點編輯

- 連結「物」ex8_5 的變數 temp

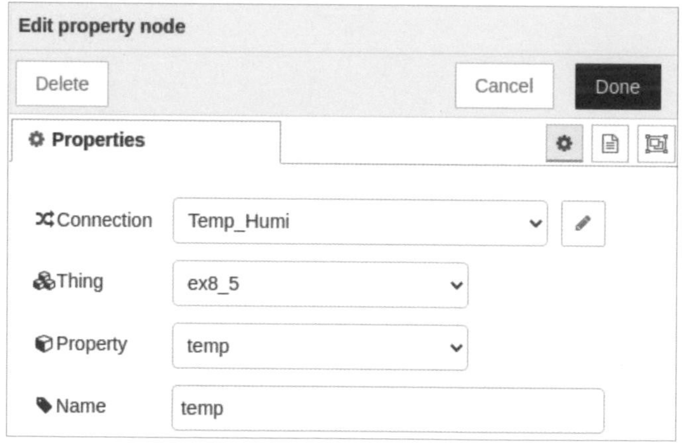

圖 8.49　屬性結點編輯：temp

◆ 連結「物」ex8_5 的變數 humi

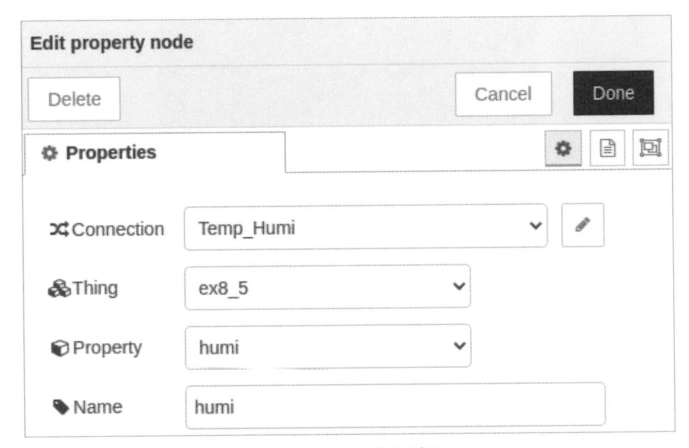

圖 8.50　屬性結點編輯：humi

◆ gauge：顯示溫度值，如圖 8.51，分布範圍 10 ～ 45

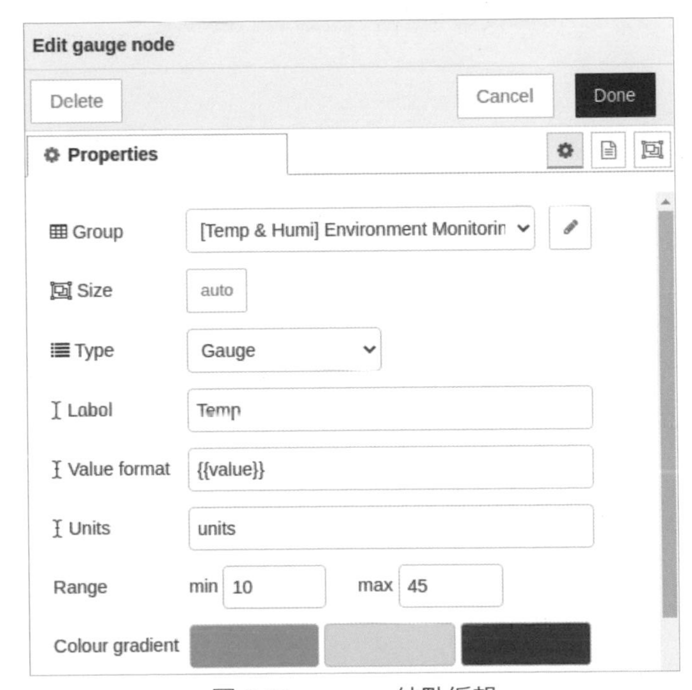

圖 8.51　gauge 結點編輯

❸ 使用者介面：溫度 25 ℃，濕度 68%，如圖 8.52。

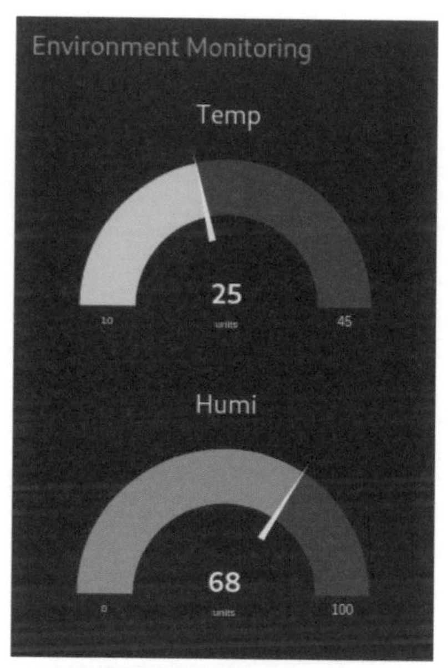

圖 8.52 使用者介面

註：流程中使用「Arduino IoT Cloud property 結 點」，若出現錯誤訊息：**[error] TypeError: Cannot read properties of null (reading 'status')**，Node-RED 停止執行流程，可利用「終端機」執行 $ node-red --safe，進入安全模式，將流程中原來「Arduino IoT Cloud property 結點」以「**Arduino IoT Cloud periodic** 結點」替代，設定 Connection、Thing、Property、間隔時間讀取雲端變數值。修改完成後，部署流程，即可解決問題。

例題 8.6

續例題 **6.1**，以 Node-RED 流程控制 ESP8266 內建 LED。註：內建 LED 使用 GPIO2 腳位，當高準位時 LED 暗。

ESP8266 程式

程式與例題 **6.1** 相同。

Node-RED 流程

❶ 流程規劃：1 個 switch、1 個 Arduino IoT Cloud 的 property 結點，如圖 8.53。

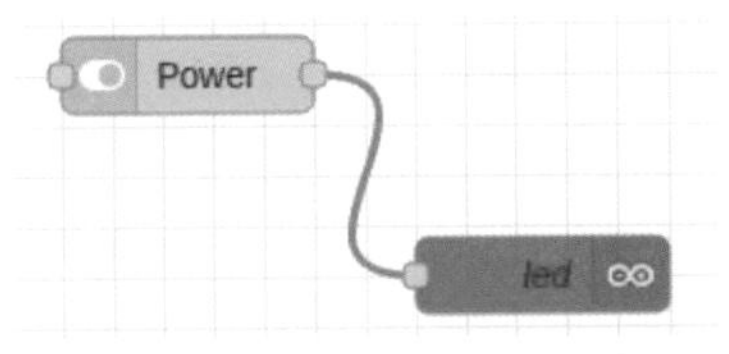

圖 8.53　Node-RED 流程

❷ 結點說明

- Arduino IoT property：複製 Arduino IoT Cloud 產生的 API key（本例 LED_Control），貼至 Client ID、Client secret 欄位，如圖 8.54。連結「物」ex6_1（沿用例題 6.1 所建立的物）的變數 led，如圖 8.55

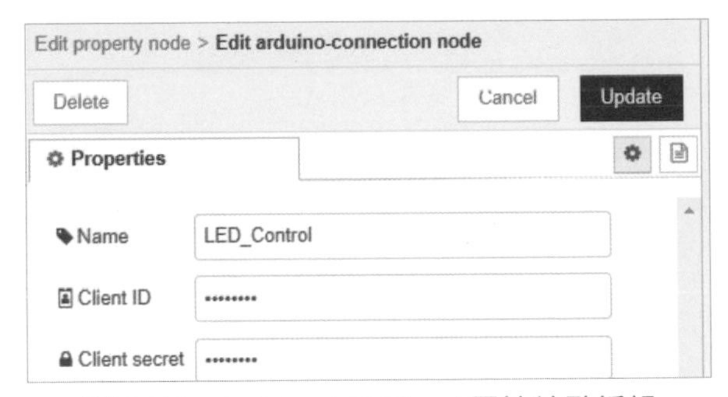

圖 8.54　Arduino IoT Cloud 屬性結點編輯

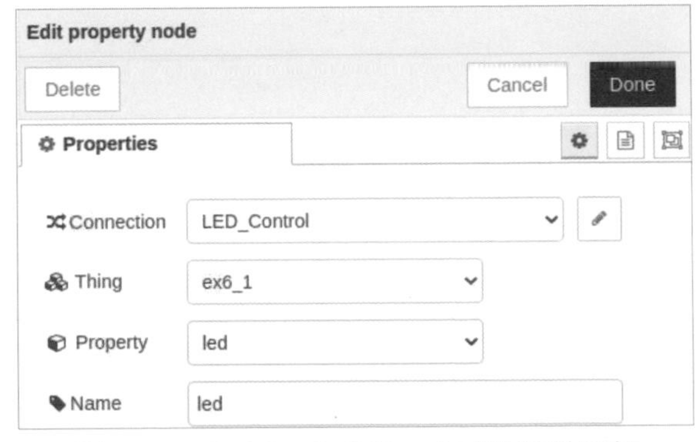

圖 8.55　Arduino IoT Cloud 屬性結點編輯

- switch：如圖 8.56，按下 switch 輸出 true，再按輸出 false

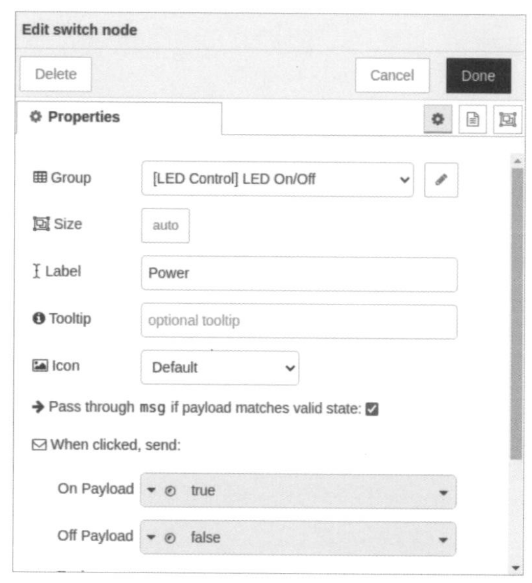

圖 8.56　switch 結點編輯

❸ 使用者介面：如圖 8.57，switch 目前 On，GPIO2 低準位，ESP8266 內建 LED 亮。

圖 8.57　使用者介面

後註：

■ 每次部署 Node-RED 流程，位於使用者目錄 .node-red/flows.json 會被覆寫，建議讀者定期複製該檔案

```
$ cd ~/.node-red
$ cp flows.json flows_original.json
```

■ 停止 Node-RED

```
$ node-red-stop
```

■ 啟動 Node-RED

```
$ node-red-start
```

本章習題

8.1 使用 2 個 slider 結點：1 個為溫度下限（lower），設定範圍為 10 ～ 25，另 1 個為上限（upper），設定範圍為 25 ～ 40，每間隔 1s 產生介於其間的隨機溫度值，並將此溫度值顯示在 chart 結點。註：可以在 function 結點使用 Math.random( )*（upper-lower）+lower 產生隨機溫度值。

8.2 使用 1 個 switch、1 個 rpi-gpio out 結點，控制 LED 亮暗，點擊 switch，LED 亮，再點擊 switch，LED 暗。註：LED 應接 330Ω 電阻。

8.3 ESP8266 設 3 個按壓開關，運用 Arduino IoT Cloud 結點，取得按壓開關狀態，根據按壓 3 個開關情形，將累積次數顯示在 Node-RED 儀表板。

物聯網序言

第 9 章至第 11 章，將樹莓派、ESP8266 NodeMCU、感測器、驅動器組成「物聯網」，運用 Node-RED 規劃控制流程，以網頁呈現「使用者介面」，使用者透過網頁瀏覽器進行遠端監控。

「物聯網」以居家環境監控為主軸，為避免系統過於複雜，僅考慮 4 個房間：Living Room、Dining Room、Bed Room、Guest Room，每個房間的基本配備有燈、溫濕度感測裝置，餐廳（Dining Room）裝設電動咖啡機，客廳（Living Room）裝設電動窗簾，主臥室（Bed Room）裝設電動百葉窗，大門設監視設備，其他如空調、電視等則未列入考慮。以 6 個主題說明如何建立物聯網監控房間的各項設備：

1. 室內溫濕度量測與顯示
2. 各房間電燈開關控制
3. 咖啡機控制
4. 窗簾控制
5. 百葉窗控制
6. 居家安全監視系統

使用者介面分成 4 個頁籤（tab）：[Environment]、[Light Control]、[Appliance]、[Security]。

- [Environment] 與 [Light Control] 各設 4 個群組（group）：Living Room、Dining Room、Bed Room、Guest Room
- [Appliance] 設 3 個群組：Coffee Maker、Curtain、Shutter
- [Security] 設 2 個群組：Functions、Display

註：以 [ ] 表示頁籤。

第 9 章專注第 1、2 主題，使用者介面分別隸屬於 [Environment]、[Light Control]；第 10 章主要內容是第 3、4、5 主題，隸屬於 [Appliance] Coffee Maker、Curtain、Shutter 群組。第 11 章討論居家安全監視系統，使用者介面隸屬於 [Security]。

讀者可以根據個人需求變化應用，量身訂製專屬的「物聯網」。

MEMO

09 CHAPTER 居家環境監控系統

9.1 室內溫濕度量測與顯示

在 4 個房間—Living Room、Dining Room、Bed Room、Guest Room，裝設溫濕度感測裝置，以無線方式傳送溫度值、濕度值至樹莓派即時顯示。基本硬體組成：

- 樹莓派
- 4 個 ESP8266 NodeMCU
- 4 個溫濕度感測模組（DHT11 或 DHT22）

Living Room 使用 DHT22 溫濕度感測模組，其餘房間使用 DHT11 溫濕度感測模組。每個 ESP8266 NodeMCU 間隔 2s 量測一筆資料（註：實際應用可加長間隔時間），同時發布訊息至設在樹莓派的 MQTT 伺服器（mosiqutto）。Living Room 發布訊息主題為 "environment/livingroom"，Dining Room 發布訊息主題為 "environment/diningroom"，Bed Room 發布訊息主題為 "environment/bedroom"，Guest Room 發布訊息主題為 "environment/guestroom"，訊息負載格式為 {"Temperature": 溫度值 , "Humidity": 濕度值 }。

ESP8266 NodeMCU

1. 電路布置

   DHT11 與 DHT22 模組均為三支腳，分別接 3.3V、GND、D1，D1 接 10kΩ 電阻、3.3V，電路如圖 9.1。註：ESP8266 NodeMCU 數位腳位均為 3.3V。

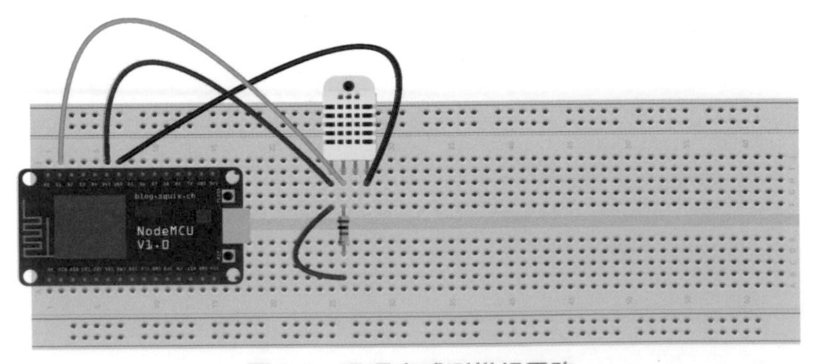

圖 9.1　溫濕度感測模組電路

2. 程式

(1) 下載 DHT 函式庫，網址：https://github.com/adafruit/DHT-sensor-library，解壓縮後，放在 arduino/libraries 目錄。

- 建立 DHT 物件：2 個引數─腳位、溫濕度模組型號（DHT11 或 DHT22），例如：建立使用 DHT11 溫濕度模組物件 dht11，

```
DHT dht11(DHT11Pin, DHT11);
```

腳位的選用原則，根據函式庫使用說明，建議使用 GPIO3、4、5、12、13、14，即 RX、D2、D1、D6、D7、D5，本例使用 D1。後面以 dht11 物件說明

- dht11.begin( )：啟動溫濕度感測模組
- dht11.readHumidity( )：讀取濕度值
- dht11.readTemperature( )：讀取溫度值

(2) 溫度與濕度值以「JSON 資料型態」的訊息發布至 MQTT 伺服器，例如：溫度等於 26℃、濕度等於 38%，利用 C 函式 sprintf(msg, "{\"Temperature\": %d, \"Humidity\": %d}", Temperature, Humidity) 組合 msg 字串，可以得到 msg={"Temperature": 26, "Humidity":38}。其中，sprintf 第 1 個引數為組合字串，第 2 個引數為字串格式，第 3、4、…引數為變數，本例有 2 個變數。

本例 **ESP8266 NodeMCU** 僅發布訊息，省略訂閱訊息相關程式。

ESP8266 NodeMCU 在 Living Room，使用 DHT22 溫濕度感測模組

```
#include <ESP8266WiFi.h>
#include <PubSubClient.h>
#include "DHT.h"
#define   DHT22Pin  D1
char urWiFiAccount[]="urWiFiAccount";
char urPassword[]="urPassword";
char topicPublish[]="environment/livingroom";
const char *mqttServer = "192.168.1.104";
```

```
const char *client1ID = "DHT22LivingRoom";
WiFiClient espClient1;
DHT  dht22(DHT22Pin,DHT22);
PubSubClient client1(espClient1);
char msg[50];
float Temperature, Humidity;
void setup() {
  dht22.begin();
  Serial.begin(9600);
  WiFi.begin(urWiFiAccount, urPassword);
  while (WiFi.status() != WL_CONNECTED) {
    delay(500);
    Serial.print(".");
  }
  client1.setServer(mqttServer, 1883);
}
void loop() {
  if (!client1.connected() ) {
    client1.connect(client1ID);
  }
  client1.loop();
  delay(2000);
  Humidity = dht22.readHumidity();
  Serial.print("Relative Humidity: ");
  Serial.print(Humidity);
  Serial.println(" %");
  Serial.print("Temperature:        ");
  Temperature = dht22.readTemperature();
  Serial.print(Temperature);
  Serial.println(" C");
  delay(2000);
  sprintf(msg, "{\"Temperature\": %d, \"Humidity\": %d}",
int(Temperature), int(Humidity));
  Serial.print("Publishing message = ");
  Serial.println(msg);
  client1.publish(topicPublish, msg);
}
```

ESP8266 NodeMCU 在 Bed Room：使用 DHT11 溫濕度感測模組

以下僅列出與 Living Room 差異的地方。

```
…
#define   DHT11Pin  D1
…
char topicPublish[]="environment/bedroom";
…
const char *client1ID = "DHT11BedRoom";
…
DHT  dht11(DHT11Pin,DHT11);
…
void setup() {
  dht11.begin();
  …
}
void loop() {
   …
  Humidity = dht11.readHumidity();
  …
  Temperature = dht11.readTemperature();
  …
}
```

Dining Room、Guest Room 與 Bed Room 類似，差異僅在 topicPublish[]= "environment/diningroom" 與 topicPublish[]="environment/guestroom"，以及 client1ID = "DHT11DiningRoom" 與 client1ID = "DHT11GuestRoom"。

3. 執行結果

如圖 9.2 為 ESP8266 NodeMCU 串列監視器顯示 Living Room 的溫度與濕度值、以及發布的訊息。

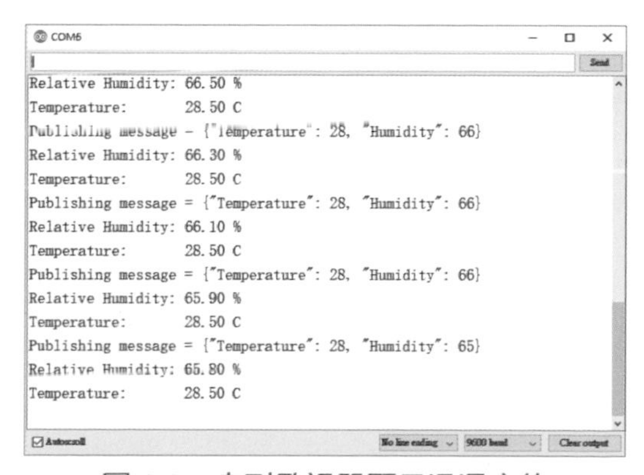

圖 9.2 串列監視器顯示溫濕度值

樹莓派

1. 流程規劃

Node-RED 流程如圖 9.3，mqtt in 結點訂閱 ESP8266 NodeMCU 發布溫濕度訊息主題，訊息經 json、function 結點運算後取得溫濕度值，分別顯示在指針式儀表結點：Temperature 1 ～ 4、Humidity 1 ～ 4。

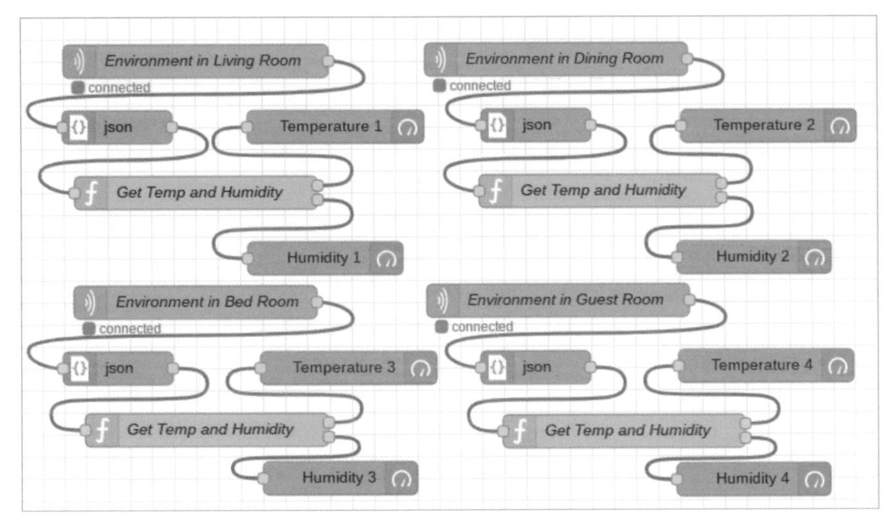

圖 9.3　溫濕度顯示流程

2. 使用者介面設計

按 Node-RED 網頁右上角「≡」> View > Dashboard > Layout，設計「使用者介面」，「+tab」新增頁籤 [Environment]，「+ group」新增群組 Living Room、Dining Room、Bed Room、Guest Room，在「流程規劃區」新增儀表結點，其中 Living Room 群組有「Temperature 1」、「Humidity 1」，Dining Room 群組有「Temperature 2」、「Humidity 2」，其他群組也各有 2 個。

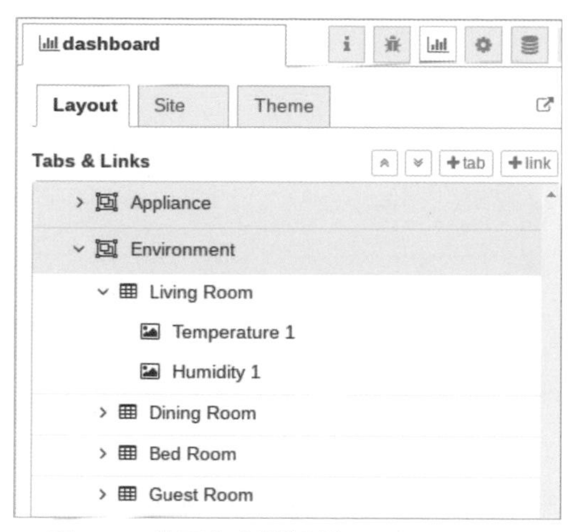

圖 9.4　使用者介面設計：Environment

3. 各結點說明

(1) mqtt in：共有 4 個，伺服器網址為 localhost:1883，訂閱主題分別為 environment/livingroom、environment/bedroom、environment/diningroom、environment/guestroom，如圖 9.5 為一例。註：主題均視為字串，不需加引號。QoS 採用預設值 0。

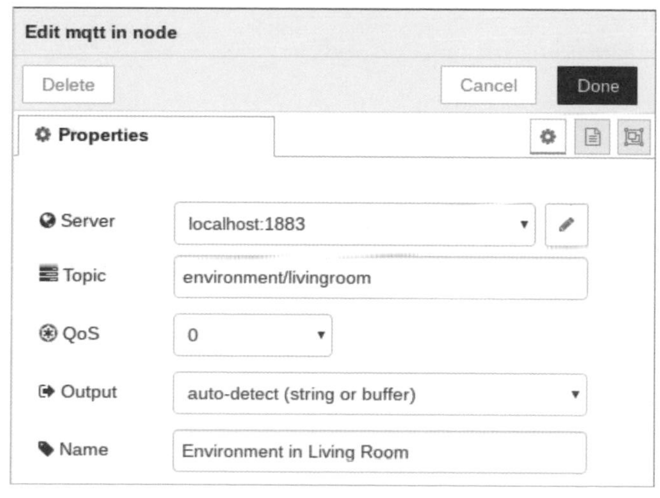

圖 9.5　mqtt in 結點編輯：Living Room

(2) json：將字串轉成「JSON 資料型態」。ESP8266 NodeMCU 所傳送 {"Temperature": 溫度值, "Humidity": 濕度值} 字串轉換為 JSON 物件（object），其中 "Temperature" 與 "Humidity" 為關鍵詞（key），溫度與濕度為值（value），關鍵詞與值以冒號（:）隔開，關鍵詞大小寫必須完全一致。

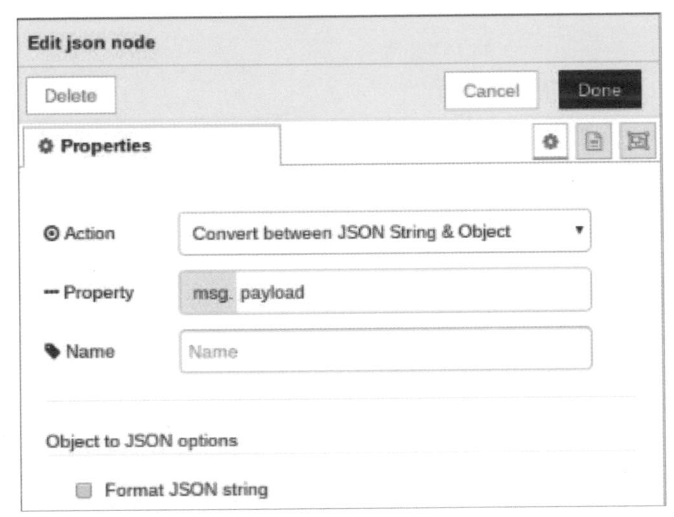

圖 9.6　json 結點編輯

(3) function：名稱為 Get Temp and Humidity，擷取溫度、濕度值，2 個訊息輸出—溫度值、濕度值，程式如圖 9.7。輸入訊息為「JSON 資料型態」，宣告兩個空物件—msg1、msg2，msg1.payload 等於溫度值、msg2.payload 等於濕度值。

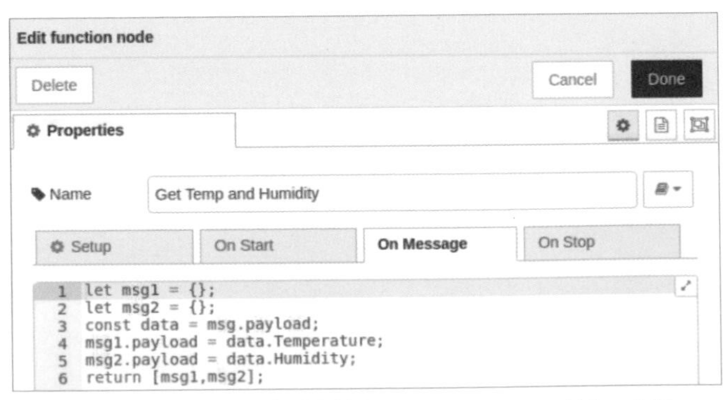


```
1 let msg1 = {};
2 let msg2 = {};
3 const data = msg.payload;
4 msg1.payload = data.Temperature;
5 msg2.payload = data.Humidity;
6 return [msg1,msg2];
```

圖 9.7　function 結點編輯：Get Temp and Humidity

(4) gauge：

- Temperature 1：標籤為 TEMPERATURE，顯示溫度，隸屬於 [Environment] Living Room 群組，溫度範圍 15 ～ 35℃，若溫度分布範圍變大，可以更改 min、max

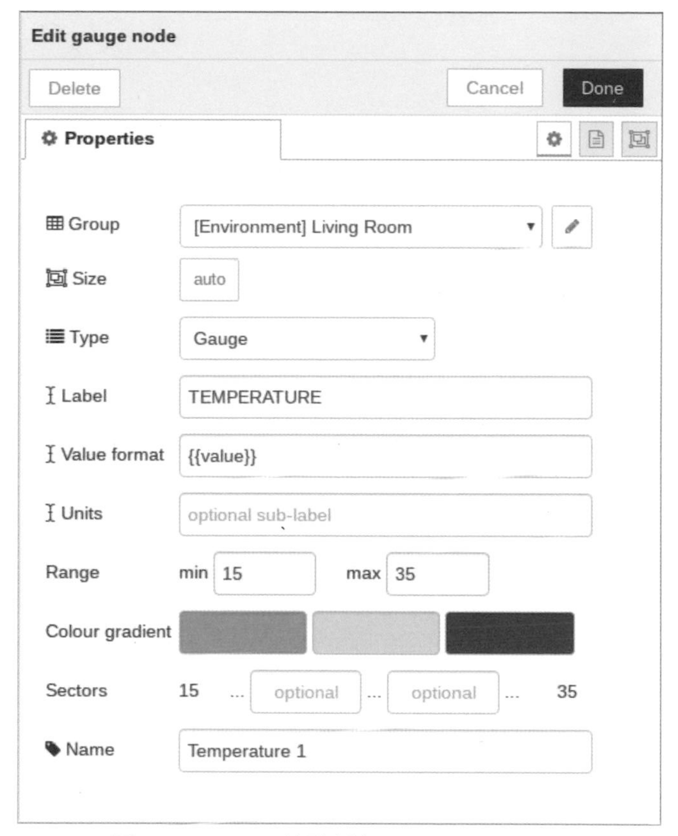

圖 9.8 gauge 結點編輯：Temperature 1

- Humidity 1：標籤為 HUMIDITY，顯示濕度，隸屬於 [Environment] Living Room 群組，濕度範圍 0 ～ 100%

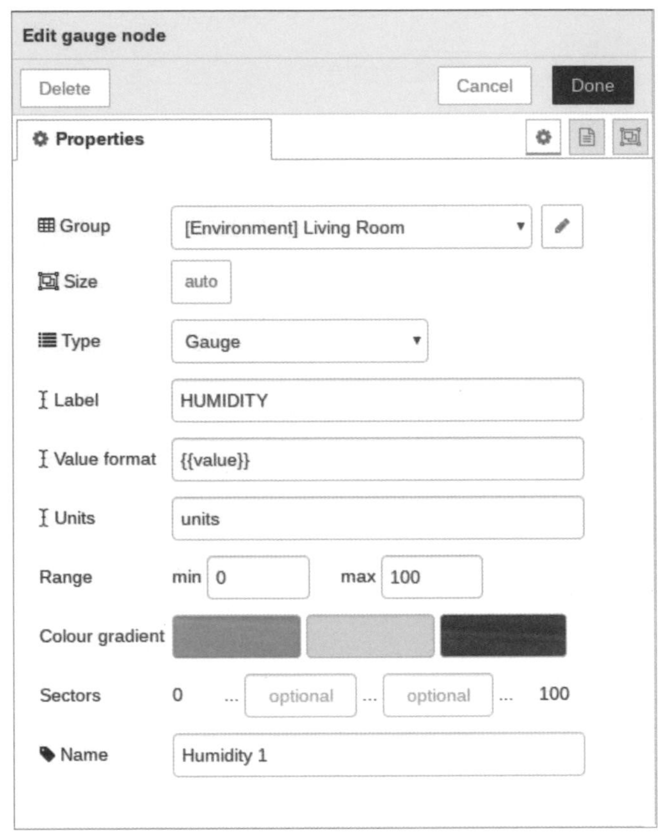

圖 9.9　gauge 結點編輯：Humidity 1

溫度、濕度指針式儀表選定群組後，將在使用者介面 [Environment] 頁籤出現。其餘的 Dining Room、Bed Room、Guest Room 指針式儀表設定步驟與 Living Room 相同。

(4) 執行結果

打開瀏覽器，訪問 192.168.1.104:1880/ui 網頁，使用者介面如圖 9.10。註：網址為無線分享器所在網域，若在其他網域欲瀏覽網頁，請先向系統業者索取網址，並做好相關設定。

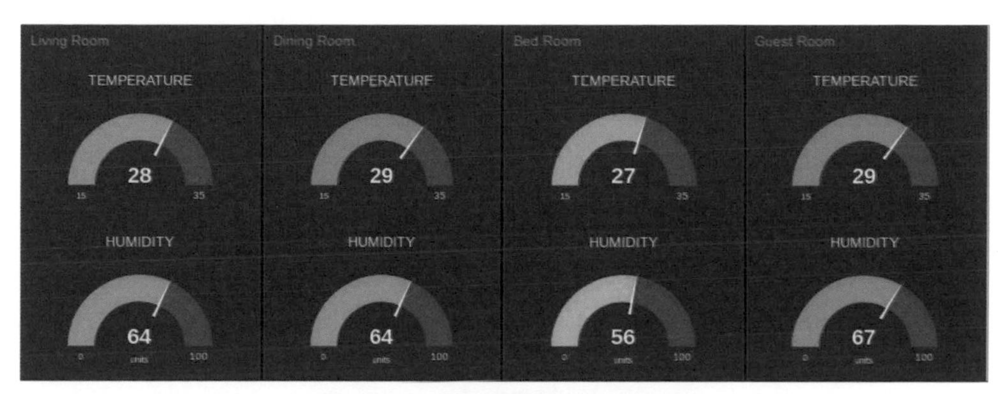

圖 9.10 溫濕度顯示使用者介面

9.2 各房間電燈開關控制

4 個房間—Living Room、Dining Room、Bed Room、Guest Room，裝設電燈開關控制器，利用使用者介面控制電燈開關。基本硬體組成：

- 樹莓派
- ESP8266 NodeMCU
- 4 接點繼電器模組（可以控制 4 組開關）

在使用者介面 [Light Control] 頁籤、房間群組點擊電燈開關，樹莓派發布訊息主題與負載，提供訂閱者 ESP8266 NodeMCU 進行電燈開關控制。以 Living Room 第 1 個電燈開關控制為例，主題為 "light/livingroom/sw1"，當點擊 Living Room 群組第 1 開關（SWITCH 1），打開電燈的訊息負載為 "11"，如果關掉，訊息負載為 "10"。MQTT 伺服器設在樹莓派。ESP8266 NodeMCU，執行開關指令後，將開關作動情形回傳。

ESP8266 NodeMCU

1. 電路布置

ESP8266 NodeMCU 的 D1、D2、D3、D4 分別接繼電器信號輸入，電路如圖 9.11，其中 4 路繼電器模組是將 4 組繼電器組合在一個電路板，內部有保護電路，本例採用低準位激磁繼電器模組。

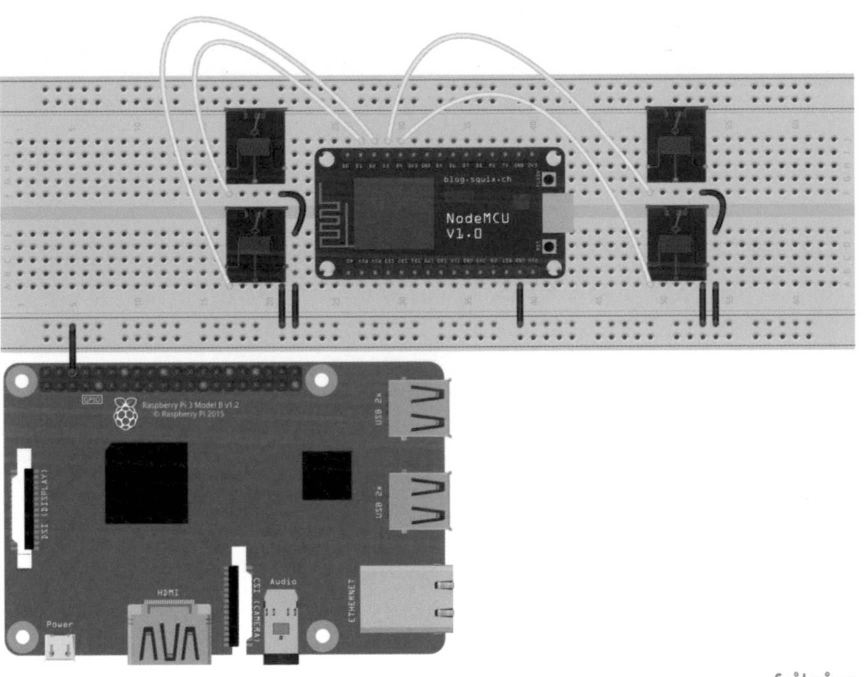

圖 9.11　繼電器模組電路

註：要將原來的電燈開關換成繼電器模組前，務必先關掉配電箱電燈迴路無熔絲開關，以免觸電。拆下原開關接線，2 條電線分別接上繼電器 COM 接點與常開接點（NO），如圖 9.12，圖示 4 盞電燈，完成接線後，打開配電箱開關，即可進行測試。這項工作需具備基本電工技術，事關人身安全，請謹慎為之。

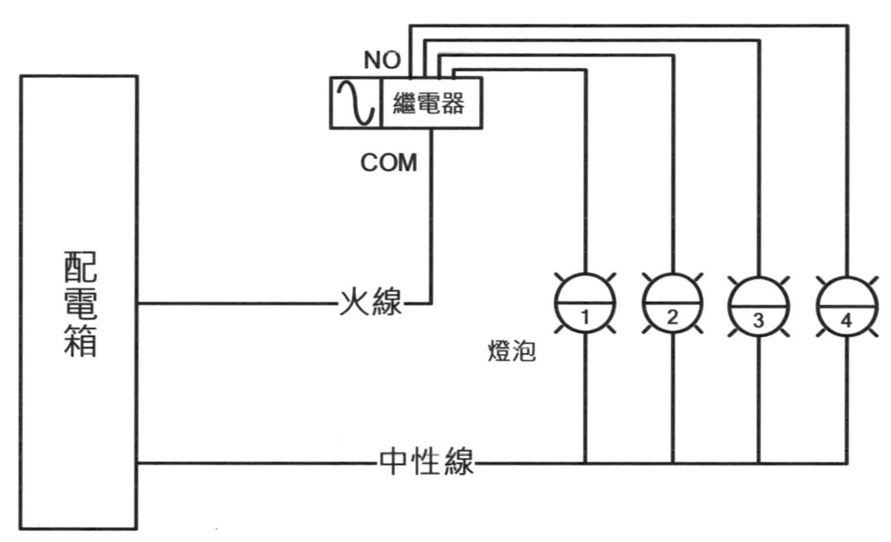

圖 9.12 電燈電路

2. 程式

ESP8266 NodeMCU 訂閱訊息主題為 "light/livingroom/+"，控制 Living Room 電燈開關，「+」表示訂閱 light/livingroom 以下 sw1、sw2、sw3、sw4 主題，其餘房間主題分別為 "light/diningroom/+"、"light/bedroom/+"、"light/guestroom/+"。訊息負載由 2 個數字組成字串，第 1 個數字為電燈開關編號—1 至 4，第 2 個數字—0 或 1，0 表示關燈，1 表示開燈。當 ESP8266 NodeMCU 接收到訊息，根據電燈開關編號與開關指令，完成動作後，發布電燈開關狀態訊息，例如：完成打開 Living Room 第 1 號電燈開關，發布訊息主題為 "SwitchLivingRoom"，負載為 "SW 1 is ON"。

ESP8266 NodeMCU 在 Living Room：

(1) ESP8266 NodeMCU 的 MQTT 用戶端識別碼為 "RELAYMODULELivingRoom"。

(2) 回呼函式 receiveCMD：訊息負載的第 1 個字元，減掉 49 後為電燈開關在 relayPin[] 的索引，負載的第 2 個字元 '1' 或 '0'，分別表示打開或關掉電燈。

```
#include <ESP8266WiFi.h>
#include <PubSubClient.h>
char relayPin[] = {D1, D2, D3, D4};
const char* urWiFiAccount = "urWiFiAccount";
const char* urPassword = "urPassword";
const char* mqttServer = "192.168.1.104";
const char *client1ID = "RELAYMODULELivingRoom";
WiFiClient espClient1;
PubSubClient client1(espClient1);
char topicSubcribe[]="light/livingroom/+";
char topicPublish[]="SwitchLivingRoom";
char msg[20];
void receiveCMD(char* topic, byte* payload, unsigned int len)
{
  Serial.print("Message received->");
  Serial.print(topic);
  Serial.print(" : ");
  for (int i = 0; i < len; i++) Serial.print((char)payload[i]);
  Serial.println();
  char relayN = (char) payload[0];
  char onOrOff = (char) payload[1];
  char pin = relayN - 49;
  if ( onOrOff == '1' ) {
    digitalWrite(relayPin[pin], LOW);
    sprintf(msg, "SW %d is ON", pin+1);
    client1.publish(topicPublish, msg);
  }
  else {
    digitalWrite(relayPin[pin], HIGH);
    sprintf(msg, "SW %d is OFF", pin+1);
    client1.publish(topicPublish, msg);
  }
}
void setup() {
  for(int i=0; i<4; i++) pinMode(relayPin[i], OUTPUT);
  for(int i=0; i<4; i++) digitalWrite(relayPin[i], HIGH);
  Serial.begin(9600);
  WiFi.begin(urWiFiAccount, urPassword);
  while (WiFi.status() != WL_CONNECTED) {
    delay(500);
    Serial.print(".");
```

```
  }
  client1.setServer(mqttServer, 1883);
  client1.setCallback(receiveCMD);
}
void loop() {
  if (!client1.connected()) {
    client1.connect(client1ID);
    client1.subscribe(topicSubcribe);
  }
  client1.loop();
  delay(2000);
}
```

ESP8266 NodeMCU 在 Bed Room：僅列出差異

```
const char *client1ID = "RELAYMODULEBedRoom";
char topicSubcribe[]="light/bedroom/+";
char topicPublish[]="SwitchBedRoom";
```

Dining Room、Guest Room 作法與此雷同。

(3) 執行結果：依序打開、關掉 Living Room 第 1 開關、打開第 2、4 開關，ESP8266 NodeMCU 接收到的訊息如圖 9.13。

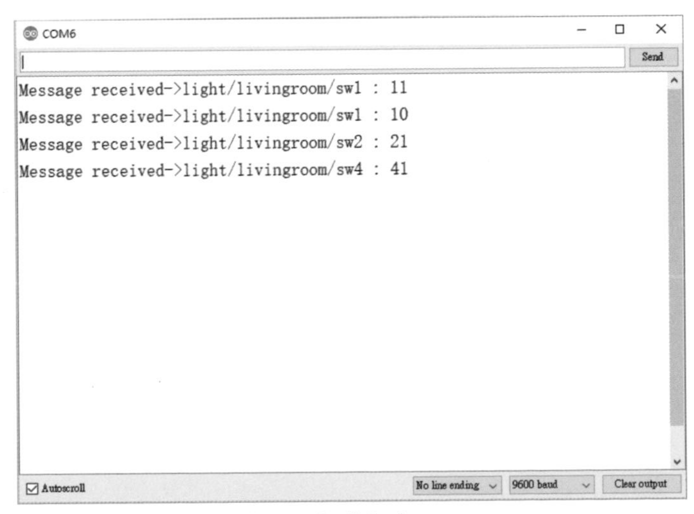

圖 9.13 繼電器作動指令：Living Room

樹莓派

1. 流程規劃

Node-RED 流程如圖 9.14，主要有 2 個部分：

(1) 發布訊息：發布開關指令訊息，頁面顯示 16 組電燈開關結點，Living Room 開關名稱為 Switch L1 ～ L4、Dining Room 開關名稱為 Switch D1 ～ D4、Bed Room 開關名稱為 Switch B1 ～ B4、Guest Room 開關名稱為 Switch G1 ～ G4，這些開關結點連至 function 結點編輯訊息，再由 mqtt out 結點發布訊息。

(2) 訂閱訊息：mqtt in 結點訂閱 ESP8266 NodeMCU 發布開關狀態的訊息主題，在文字框結點顯示開關作動情形。

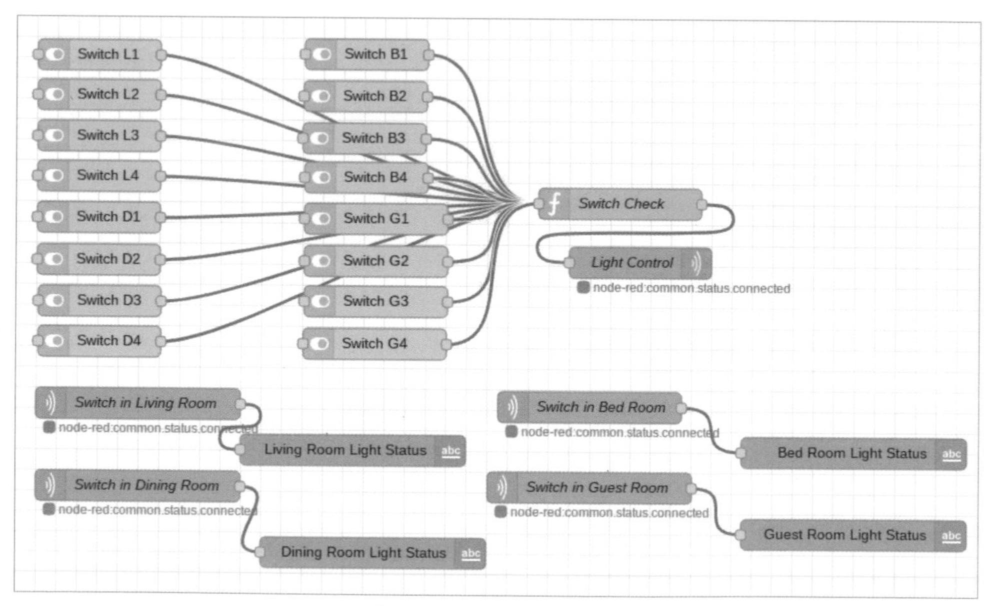

圖 9.14　電燈控制流程

2. 使用者介面設計

按 Node-RED 網頁右上角「≡」> View > Dashboard > Layout，「+tab」新增頁籤 [Light Control]，「+group」新增群組 Living Room、Dining Room、Bed Room、Guest Room，在「流程規劃區」新增 dashboard 結點，各群組有 4 個 switch、1 個 text 結點。

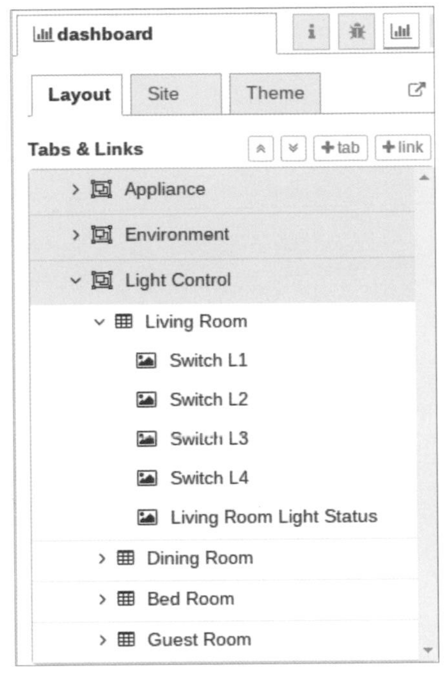

圖 9.15 使用者介面設計：Light Control

3. 各結點說明

(1) switch：電燈開關，初次點擊開關—On，輸出 true，再點擊開關—Off，輸出 false。圖 9.16 為 Living Room 第 1 個開關結點編輯視窗，隸屬於 [Light Control] Living Room 群組，使用者介面標籤為「SWITCH 1」，主題為 light/livingroom/sw1。Dining Room 第 1 個開關，隸屬於 [Light

Control] Dining Room 群組，主題為 light/diningroom/sw1，其餘群組類似。

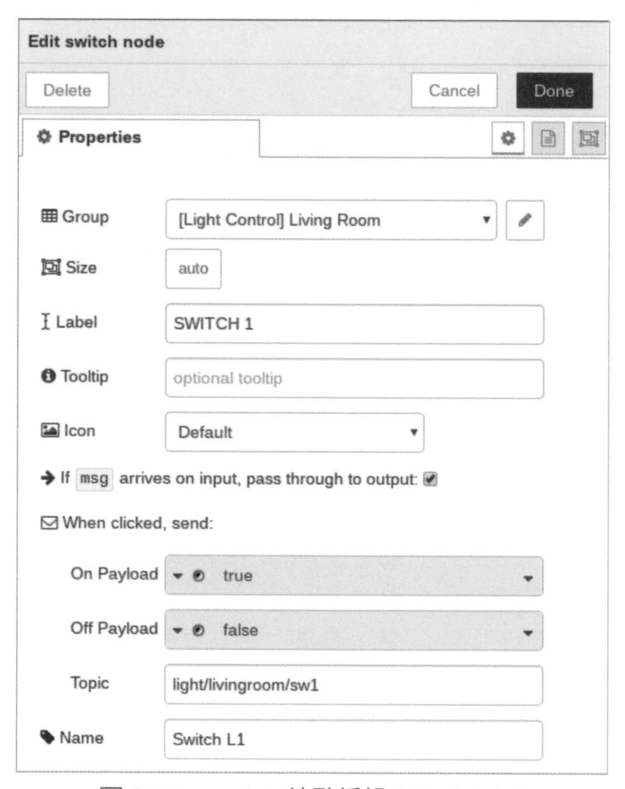

圖 9.16 switch 結點編輯：Switch L1

(2) function：名稱為 Switch Check，根據 16 個開關點擊狀況，組成訊息負載。運用字串分離函式 split，擷取最後一節子字串—sw1、sw2、sw3、或 sw4，再由前一個結點 payload—true 或 false，組成訊息負載，例如：「Switch L1」On，負載為 "11"；「Switch L1」Off，負載為 "10"，程式編輯如圖 9.17。

圖 9.17 function 結點編輯：Switch Check

(3) mqtt out：名稱為 Light Control，伺服器網址為 localhost:1883，訊息主題欄空白表示承接前一個結點的主題，請以 debug 結點再一次確認主題，或再鍵入主題字串。QoS 與 Retain 欄位均採用預設值，毋須更動。

Edit mqtt out node
Delete
Cancel
Done
Properties
Server localhost:1883
Topic Topic
QoS
Retain
Name Light Control

圖 9.18 mqtt out 結點編輯：Light Control

(4) mqtt in：名稱為 Switch in Living Room，伺服器網址為 localhost:1883，主題為 SwitchLivingRoom。

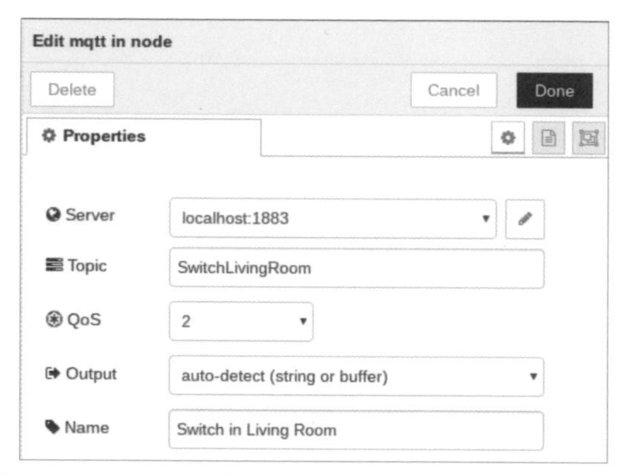

圖 9.19　mqtt in 結點編輯：Switch in Living Room

(5) text：名稱為 Living Room Light Status，標籤為「STATUS>>」，隸屬於 [Light Control] Living Room 群組，文字框顯示 Living Room 傳來的訊息。另一個 text 結點，名稱為 Dining Room Light Status，隸屬於 [Light Control] Dining Room 群組，其餘類似。

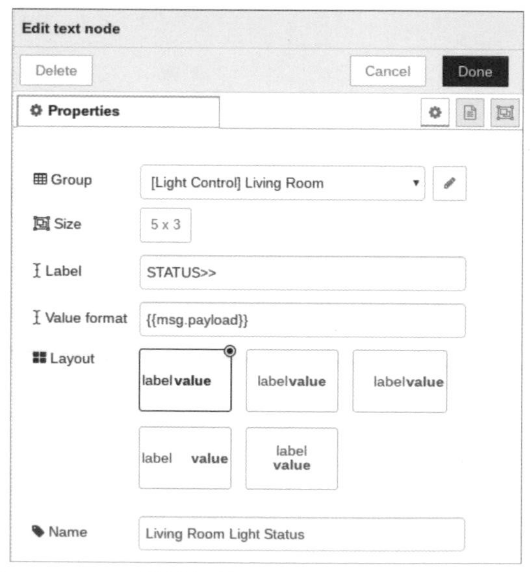

圖 9.20　text 結點編輯：Living Room Light Status

4 執行結果

圖 9.21 為使用者介面，進入 [Light Control] 頁籤，點擊 Living Room 第 4 盞燈「SWITCH 4」，文字框顯示由 ESP8266 NodeMCU 傳回的訊息「SW 4 is ON」，點擊 Bed Room 第 3 盞燈「SWITCH 3」，文字框顯示「SW 3 is ON」。

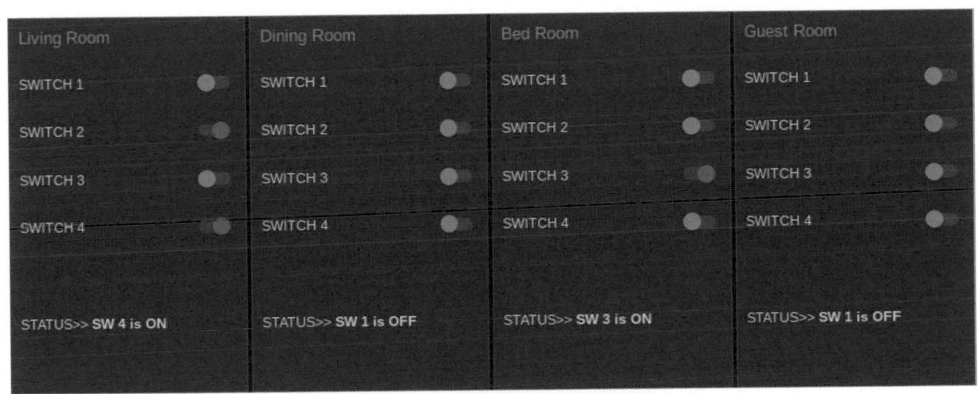

圖 9.21 電燈控制使用者介面

9.3 應用 Arduino IoT Cloud 建立環境監控系統

前兩節 MQTT 伺服器設在樹莓派，以發布或訂閱相關主題傳遞訊息，本節利用 Arduino IoT Cloud 雲端伺服器，直接讀寫位於雲端伺服器的雲端變數（Cloud variables）。

在起居室 Living Room 裝設 ESP8266，搭配溫濕度感測裝置以及電燈開關控制器，利用智慧型手機或樹莓派顯示房間溫濕度，同時控制電燈開關。基本硬體組成：

- ESP8266 NodeMCU
- 4 接點繼電器模組
- DHT11 溫濕度感測模組

ESP8266 每間隔 2s 傳送一筆資料至 Arduino IoT Cloud，相關變數分別為 temp、humi。同時，在 Arduino IoT Cloud 設布林變數分別為 sw1、sw2、sw3、sw4，這些變數的改變將觸發 ESP8266 事件函式，使繼電器激磁或失磁。

Arduino IoT Cloud

1. **Device**：沿用第 6 章建立的「裝置」ESP8266-1。
2. **Thing**：建立新「物」living room，新增 float 變數 temp、humi 以及 bool 變數 sw1、sw2、sw3、sw4，這些都是放在 Arduino IoT Cloud 的雲端變數，完成無線網路 SSID 與密碼設定。
3. **Dashboard**：名稱 living_room_dashboard，設 4 個開關、2 個指針儀表，如圖 9.22。

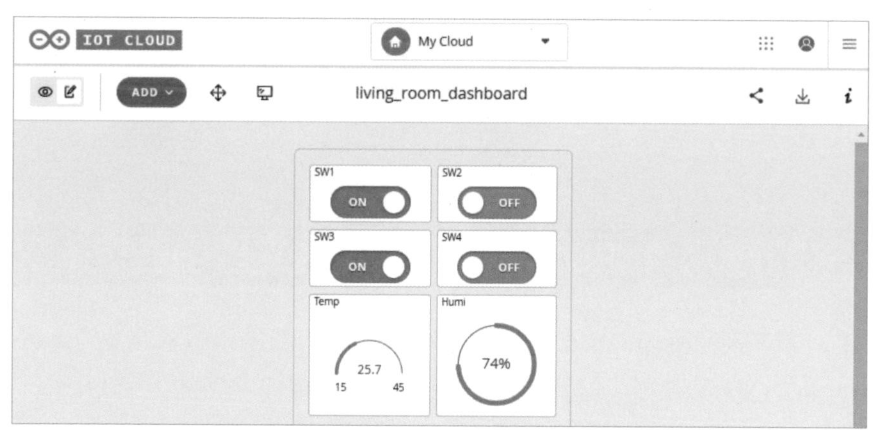

圖 9.22　儀表板：living_room_dashboard

ESP8266 NodeMCU

1. **電路布置**：溫濕度感測模組電路，訊號線接 D1 腳位（註：未使用提升電阻，亦可正常接收訊號），控制電燈開關的繼電器模組電路，使用 D5、D6、D7、D8 接繼電器訊號輸入腳位，如圖 9.23。繼電器採用低準位激磁（active low）。

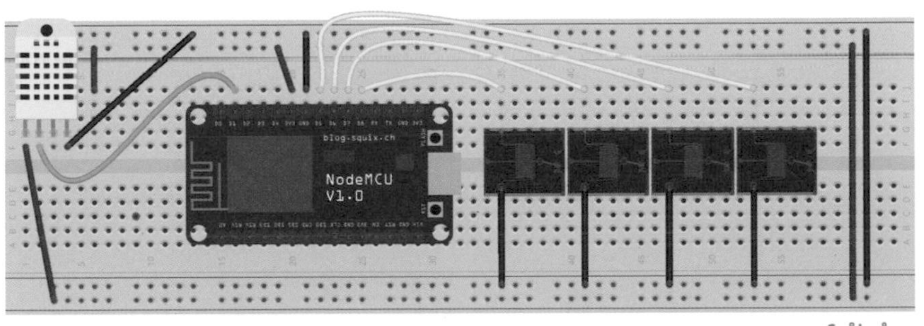

圖 9.23 Living Room 環境監控系統電路

2. 程式

(1) 設定溫濕度感測模組

- #define dht_pin D1：訊號接 D1 腳位
- #define dht_type DHT11：使用 DHT11
- DHT dht（dht_pin, dht_type）：建立 DHT 物件

(2) setup 部分

- pinMode（sw_pins[i], OUTPUT）：設定控制電燈開關繼電器腳位為輸出模式
- digitalWrite（sw_pins[i], HIGH）：設定輸出高準位，繼電器模組起始狀態失磁

(3) 事件函式

- 以 sw1 開關為例，sw1 狀態改變呼叫 onSw1Change 函式，當 sw1 為 true 時，輸出低準位，繼電器激磁，反之，失磁

```
void onSw1Change()  {
  if (sw1) {
    digitalWrite(sw_pins[0], LOW);
  } else digitalWrite(sw_pins[0], HIGH);
}
```

(4) loop 部分

- ArduinoCloud.update：檢視 Arduino IoT Cloud 變數更新狀態
- temp = dht.readTemperature ()：讀取溫度值，更新雲端變數 temp
- humi = dht.readHumidity()：讀取濕度值，更新雲端變數 humi

```
/*
  The following variables are automatically generated and updated
when changes are made to the Thing
  float humi;
  float temp;
  bool sw1;
  bool sw2;
  bool sw3;
  bool sw4;
*/

#include "thingProperties.h"
#include <DHT.h>
#define     dht_pin     D1
#define     dht_type    DHT11
DHT    dht(dht_pin, dht_type);
unsigned int sw_pins[] = {D5, D6, D7, D8};

void setup() {
  Serial.begin(9600);
  delay(1500);
  for (int i=0; i<4; i++) {
    pinMode(sw_pins[i], OUTPUT);
    digitalWrite(sw_pins[i], HIGH);
  }
  dht.begin();
  initProperties();
  ArduinoCloud.begin(ArduinoIoTPreferredConnection);
  setDebugMessageLevel(2);
  ArduinoCloud.printDebugInfo();
```

```
}

void loop() {
  ArduinoCloud.update();
  delay(2000);
  humi = dht.readHumidity();
  temp = dht.readTemperature();
  if (isnan(humi) || isnan(temp) ) {
    Serial.println(F("Failed to read from DHT sensor!"));
    return;
  }
}

void onSw1Change()  {
  if (sw1) {
    digitalWrite(sw_pins[0], LOW);
  } else digitalWrite(sw_pins[0], HIGH);
}
void onSw2Change()  {
  if (sw2) {
    digitalWrite(sw_pins[1], LOW);
  } else digitalWrite(sw_pins[1], HIGH);
}
void onSw3Change()  {
  if (sw3) {
    digitalWrite(sw_pins[2], LOW);
  } else digitalWrite(sw_pins[2], HIGH);
}
void onSw4Change()  {
  if (sw4) {
    digitalWrite(sw_pins[3], LOW);
  } else digitalWrite(sw_pins[3], HIGH);
}
```

智慧型手機

執行 IoT Remote 並登入，點選 living_room_dashboard 儀表板，如圖 9.24，顯示溫濕度，也可以控制電燈開關，目前溫度為 25.8℃、濕度 69%、第 1、3 盞燈開啟。

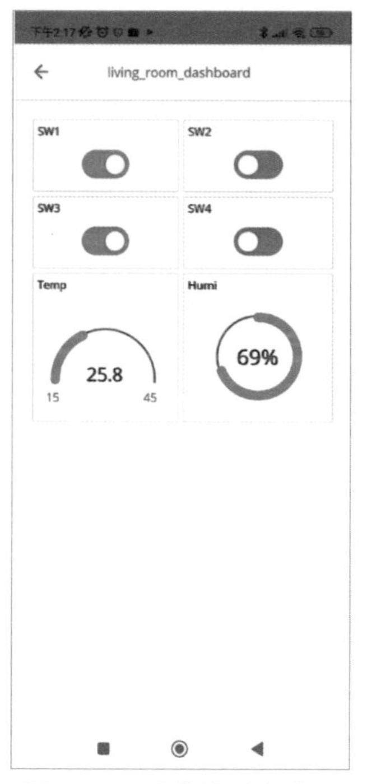

圖 9.24　手機使用者介面

至此，已可以充分運用 Arduino IoT Cloud 監控物聯網的功能，以下內容則是在若需要應用樹莓派 Node-RED 流程監控物聯網時才會用到。

樹莓派

1. 流程規劃

   Node-RED 流程如圖 9.25，主要有 2 個部分：

(1) 溫濕度顯示：2 個 Arduino IoT Cloud property 結點（輸出屬性），取得溫濕度值，並顯示在儀表板上。

(2) 電燈開關控制：4 個 Arduino IoT Cloud property 結點（輸入屬性），藉由 4 個 switch 改變對應的變數值。

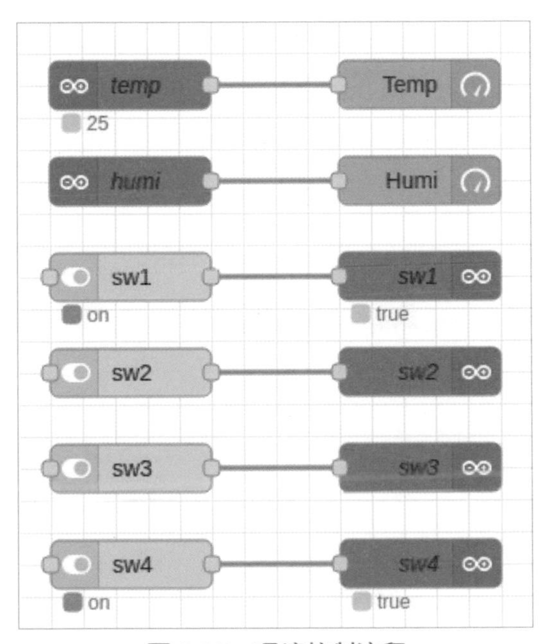

圖 9.25　環境控制流程

2. 使用者介面設計：按 Node-RED 網頁右上角「≡」> View > Dashboard > Layout，「+tab」新增頁籤 [Environment]，「+group」新增群組 Arduino Control，在「流程規劃區」新增 2 個指針式儀表、4 個 switch 結點。

3. 結點說明：設定 switch、指針式儀表的方式與前面內容相同，不再重複

   (1) Arduino IoT Cloud property（輸出屬性）：2 個結點，分別複製 Arduino IoT Cloud 產生的 API Key，本例沿用 Temp_Humi，貼至 Client ID、Client secret，如圖 8.47

   - 連結「物」living room 的變數 temp

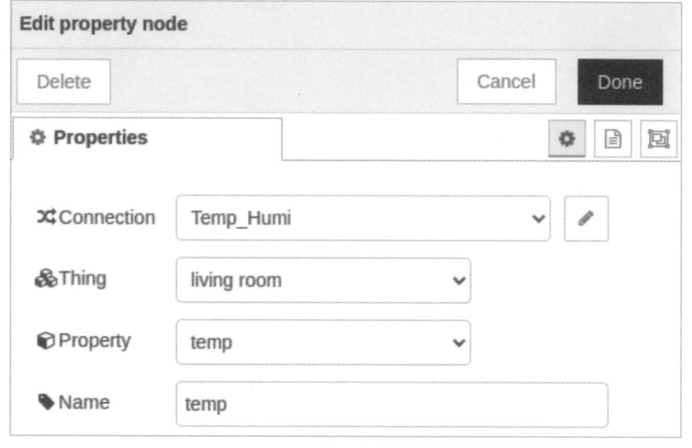

圖 9.26　Arduino IoT Cloud 屬性結點編輯：temp

- 連結「物」living room 的變數 humi

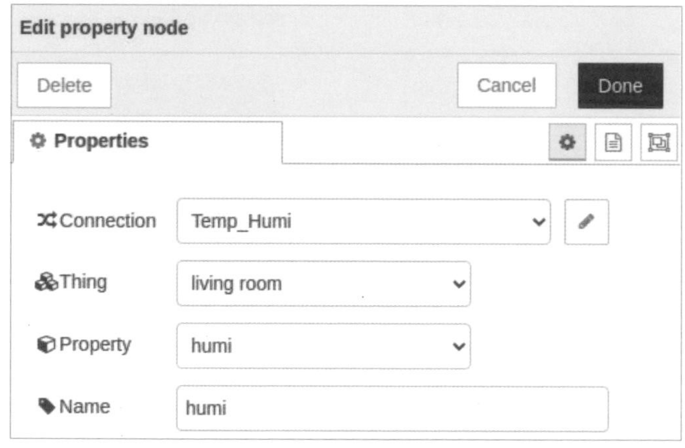

圖 9.27　Arduino IoT Cloud 屬性結點編輯：humi

(2) Arduino IoT Cloud property（輸入屬性）：4 個結點，與 Arduino IoT Cloud property（輸出屬性）連結設定相同，分別連至「物」living room 變數 sw1、sw2、sw3、sw4

- 以連結 sw1 為例，如圖 9.28

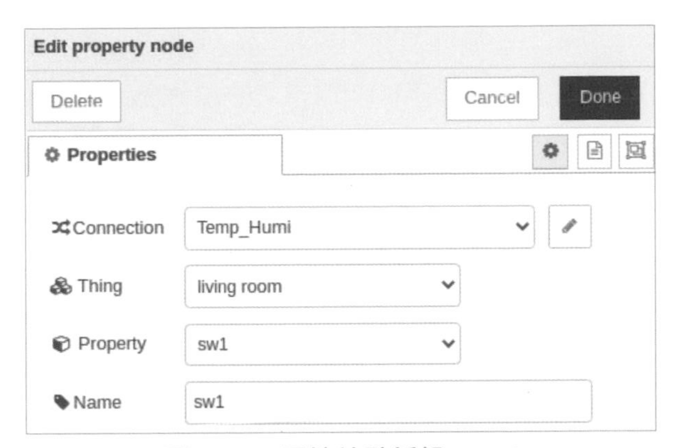

圖 9.28　屬性結點編輯：sw1

(3) 執行結果：圖 9.29 為使用者介面，顯示第 1、4 盞燈開啟，溫度 24℃、濕度 71%。

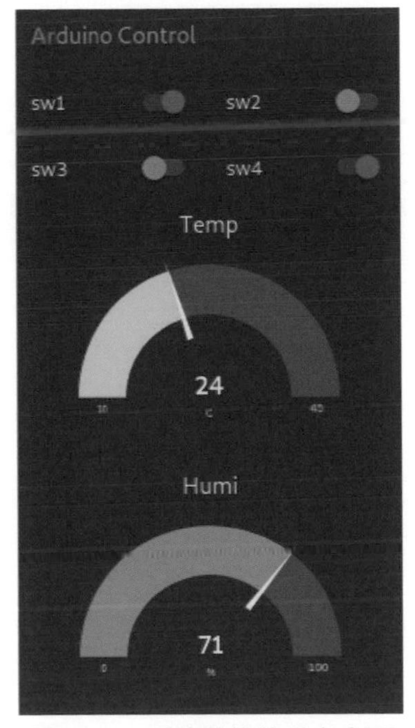

圖 9.29　環境監控使用者介面

本章習題

9.1 試製作 2 個場所的照度量測與顯示系統，設 2 個 ESP8266 NodeMCU，參考例題 **4.5** 接線組裝光敏電阻感測電路，使用 3.3V 電壓。MQTT 伺服器、訊息訂閱者設在樹莓派，ESP8266 NodeMCU 為訊息發布者。提示：2 個 ESP8266 NodeMCU 各自擁有唯一 MQTT 用戶端識別碼。

9.2 試設計 2 處電燈控制系統，以隨機方式打開 1 盞電燈，經過一段時間（也以隨機方式產生）後關掉電燈。ESP8266 NodeMCU 設繼電器模組，利用 2 個常開接點控制電燈開關。MQTT 伺服器、指令訊息發布者設在樹莓派，ESP8266 NodeMCU 為指令訊息訂閱者。這系統可以應用在人不在家時，不定時打開電燈，讓宵小誤以為有人在家。註：使用低準位觸發繼電器模組。提示：樹莓派每隔一段時間產生 2 組隨機整數，組成字串，透過 MQTT 發布訊息。

9.3 利用 Arduino IoT Cloud 雲端伺服器與樹莓派 Node-RED 流程重做習題 **9.2**。註：不使用樹莓派 MQTT 伺服器。

10
CHAPTER

居家設備控制系統

本章討論的居家設備包括餐廳咖啡機、客廳窗簾、主臥室百葉窗等 3 項，使用者介面分別為 [Appliance] 頁籤「Coffee Maker」、「Curtain」、「Shutter」群組。

10.1 咖啡機控制

咖啡機種類眾多，它原本的控制方式有單純開關、定時、或更多功能，在此僅針對單純開關的咖啡機，所需的飲用水、咖啡粉已經預先盛好，只需打開或切斷電源控制咖啡機的開機與關機。以這樣方式控制咖啡機，乍看之下是一項簡單的工作，似乎只需要 **9.2** 節提到的繼電器模組就夠了，但是若需要定時開機、關機，則需定時器。本節利用 **Node-RED** 定時結點以軟體方式設定開機與關機時間，而非加裝硬體計時器。基本硬體組成：

- 樹莓派
- ESP8266 NodeMCU
- 繼電器模組

控制咖啡機，分手動、自動 2 種模式：

- 手動模式
  - 在使用者介面點擊「TURN ON」開關，開機
  - 30 分鐘後關機
  - 也可以手動方式關機
- 自動模式，根據平日或週末設定開啟、關掉咖啡機時間：
  - 星期一至星期五：早上 06:30 開機，07:00 關機
  - 星期六、日：早上 08:30 開機，09:00 關機

本節藉由控制咖啡機開機、關機說明如何利用 Node-RED 規劃「定時控制流程」，所談的技術內容可以應用至控制其他裝置，例如：花圃定時灌溉系統。

ESP8266 NodeMCU

1. 電路布置

   ESP8266 NodeMCU 的 D1 接繼電器模組，採用低準位觸發繼電器模組。

2. 程式

   ESP8266 NodeMCU 訂閱訊息主題為 "appliance/coffeemaker"，接收到的訊息負載為 '0' 或 '1'，分別表示關掉或開啟咖啡機，完成動作後，發布咖啡機狀態訊息，主題為 "CoffeeMaker"，負載為 "Coffee is ON" 或 "Coffee is OFF"。

```
#include <ESP8266WiFi.h>
#include <PubSubClient.h>
#define relayPin1 D1
const char* urWiFiAccount = "urWiFiAccount";
const char* urPassword = "urPassword";
const char* mqttServer = "192.168.1.104";
const char *client1ID = "COFFEEMAKER";
WiFiClient espClient1;
PubSubClient client1(espClient1);
char topicSubcribe[] = "appliance/coffeemaker";
char topicPublish[] = "CoffeeMaker";
void receiveCMD(char* topic, byte* payload, unsigned int len)
{
  Serial.print("Message received->");
  Serial.print(topic);
  Serial.print(" : ");
  for (int i = 0; i < len; i++) Serial.print((char)payload[i]);
  Serial.println();
  char onOroff = (char) payload[0];
  if ( onOroff == '1') {
    digitalWrite(relayPin1, LOW);
    client1.publish(topicPublish, "Coffee is ON");
  }
  else {
    digitalWrite(relayPin1, HIGH);
    client1.publish(topicPublish, "Coffee is OFF");
  }
}
```

```
void setup() {
  pinMode(relayPin1, OUTPUT);
  digitalWrite(relayPin1, HIGH);
  Serial.begin(9600);
  WiFi.begin(urWiFiAccount, urPassword);
  while (WiFi.status() != WL_CONNECTED) {
    delay(500);
    Serial.print(".");
  }
  client1.setServer(mqttServer, 1883);
  client1.setCallback(receiveCMD);
}
void loop() {
  if (!client1.connected()) {
    client1.connect(client1ID);
    client1.subscribe(topicSubcribe);
  }
  client1.loop();
  delay(2000);
}
```

3. 執行結果

以手動模式控制咖啡機，圖 10.1 顯示接收到的訊息，0 表示關機，1 表示開機。

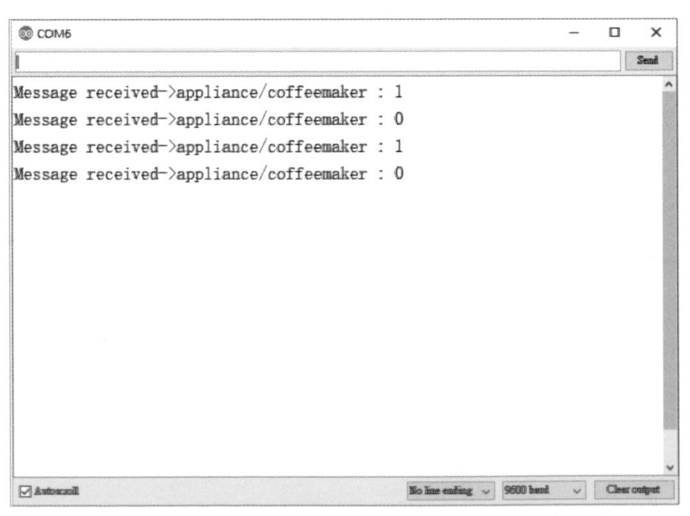

圖 10.1　ESP8066 NodeMCU 接收到控制咖啡機指令

樹莓派

安裝「timerswitch」結點，按 Node-RED 網頁右上角「≡」> Manage palette > Install，搜尋「timerswitch」，出現 node-red-contrib-timerswitch，點擊「install」，安裝完成後，重新整理網頁。

1. 流程規劃

   整個流程如圖 10.2，分成 4 個部分：

   - Manually Start：手動模式控制咖啡機
   - Auto Start：設定自動開機、關機時間
   - Response：咖啡機使用狀態回報
   - Date and Time：顯示日期與時間

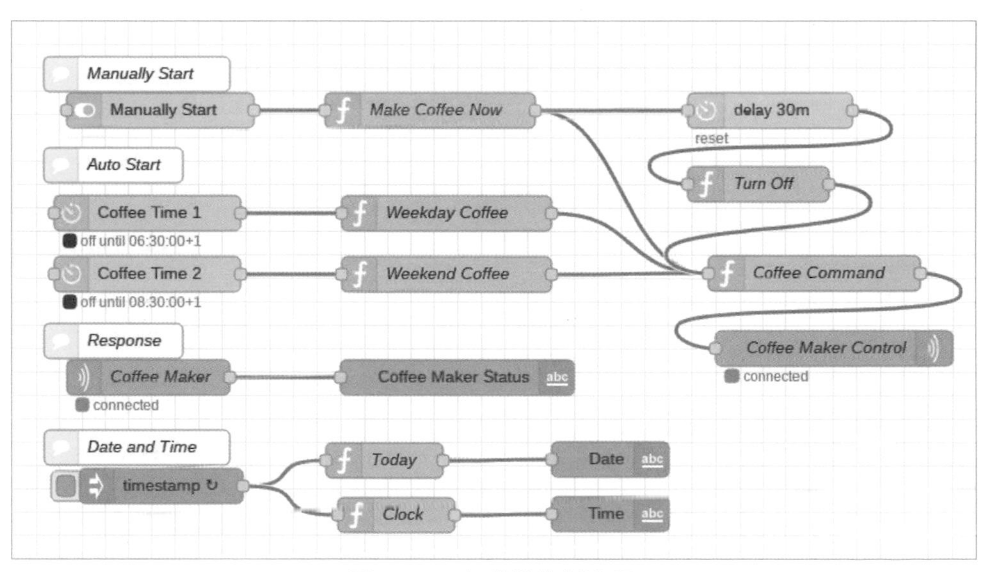

圖 10.2　咖啡機控制流程

2. 使用者介面設計

按 Node-RED 網頁右上角「≡」> View > Dashboard > Layout，在 [Appliance] 頁籤，「+ group」新增「Coffee Maker」群組，在「流程規劃區」新增「Manually Start」、「Date」、「Time」、「Coffee Maker Status」等 dashboard 結點，結點間增加間隔（spacer），如圖 10.3。

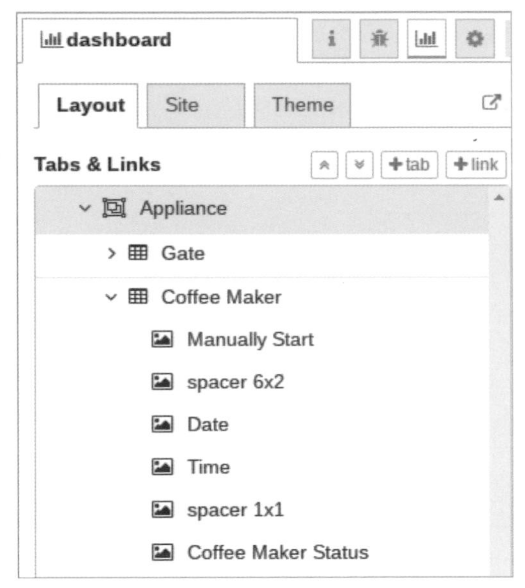

圖 10.3　使用者介面設計：Coffee Maker

3. 各結點說明

(1) Manually Start

- switch：名稱為 Manually Start，標籤為「TURN ON」，點擊開關—On，輸出 true，再點擊開關—Off，輸出 false，主題為 appliance/coffeemaker

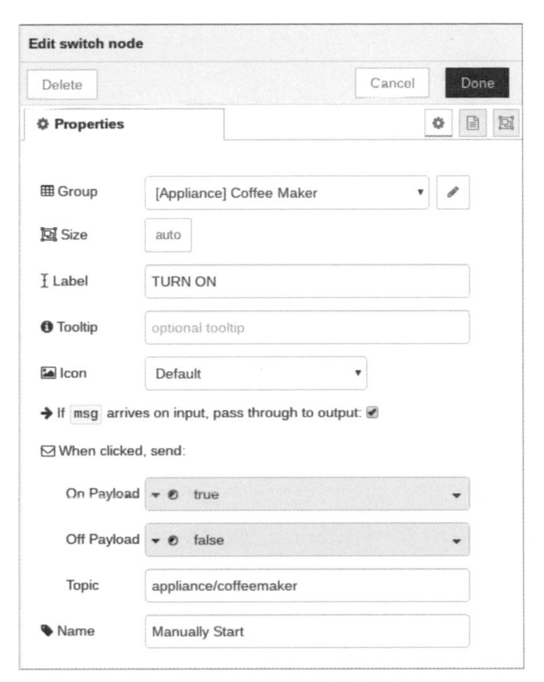

圖 10.4 switch 結點編輯

- function：
  - Make Coffee Now：若輸入訊息負載為 true，輸出 "1"；false，輸出 "0"

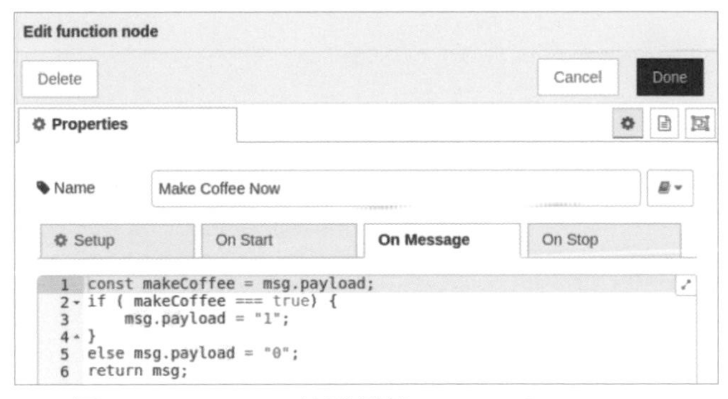

圖 10.5 function 結點編輯：Make Coffee Now

◆ Turn Off：輸出 "0" 至 mqtt out 結點。用於手動模式開機 30 分鐘後，關機

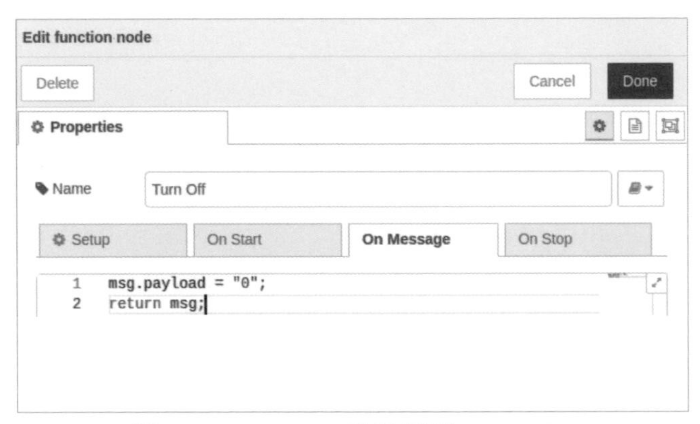

圖 10.6　function 結點編輯：Turn Off

- mqtt out：名稱為 Coffee Maker Control，伺服器網址為 localhost:1883，主題與 Manually Start 結點相同，即 appliance/coffeemaker

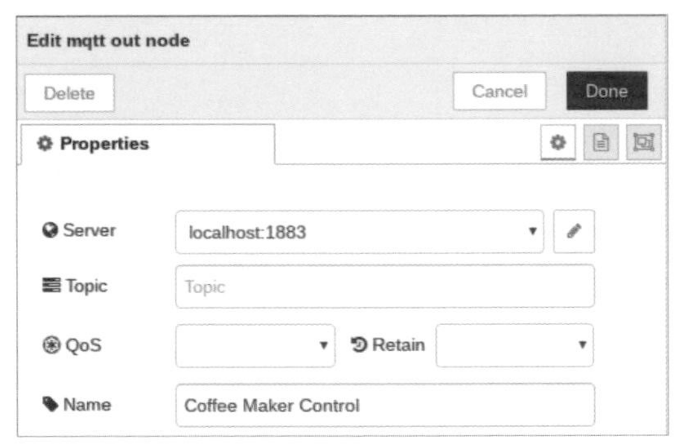

圖 10.7　mqtt out 結點編輯：Coffee Maker Control

(2) Auto Start

- timerswitch：

  - Coffee Time 1：平日開機時間，06:30 開始輸出 on，07:00 過後輸出 off，主題為 appliance/coffeemaker，如圖 10.8，on 或 off 均為字串

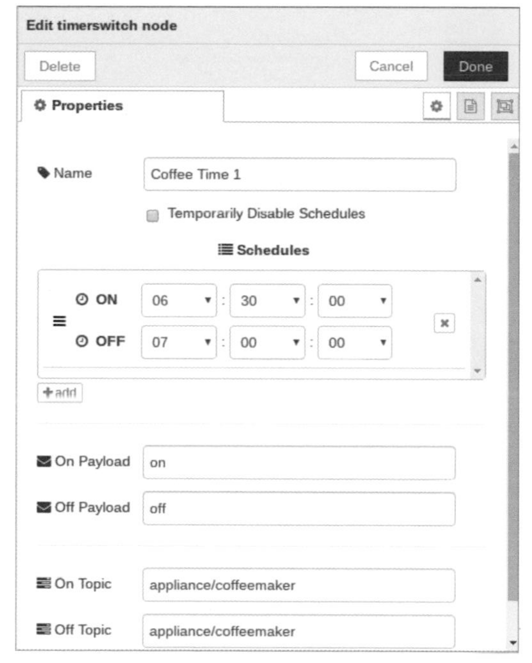

圖 10.8　timerswitch 結點編輯：Coffee Time 1

- Coffee Time 2：週末開機時間，08:30 開始輸出 on，09:00 過後輸出 off，主題為 appliance/coffeemaker，如圖 10.9

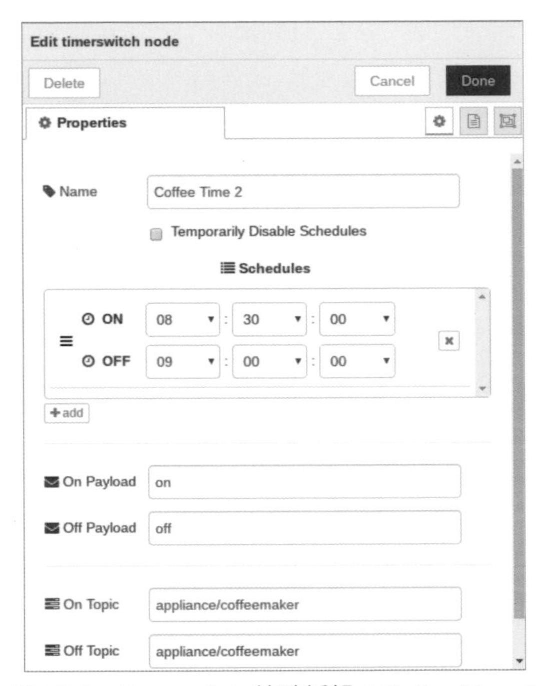

圖 10.9　timerswitch 結點編輯：Coffee Time 2

- function：
  - Weekday Coffee：Date( ).getDay( ) 取得當天是星期幾，回傳值 0 表示星期日、1 表示星期一、以此類推。如果當天是星期一至星期五的任一天，根據 timerswitch 輸出訊息設定流程變數 coffee1，若是 "on"，設為 "1"；若是 "off"，設為 "0"，如圖 10.10。coffee1 決定平日的開機或關機

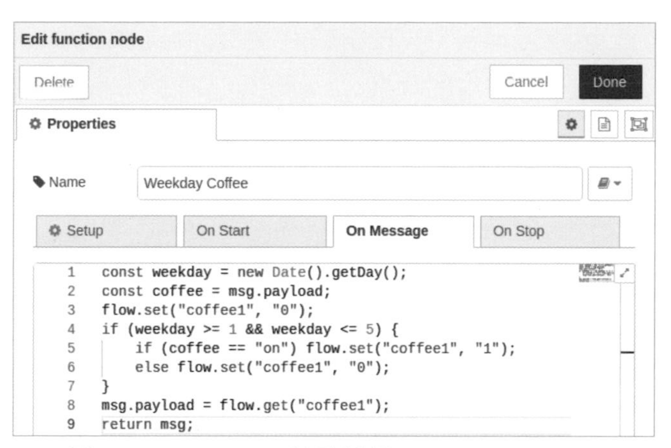

圖 10.10 function 結點編輯：Weekday Coffee

- Weekend Coffee：如果是星期六或日，根據 timerswitch 輸出訊息設定流程變數 coffee2，若是 "on"，設為 "1"；若是 "off"，設為 "0"，如圖 10.11。coffee2 決定週末的開機或關機

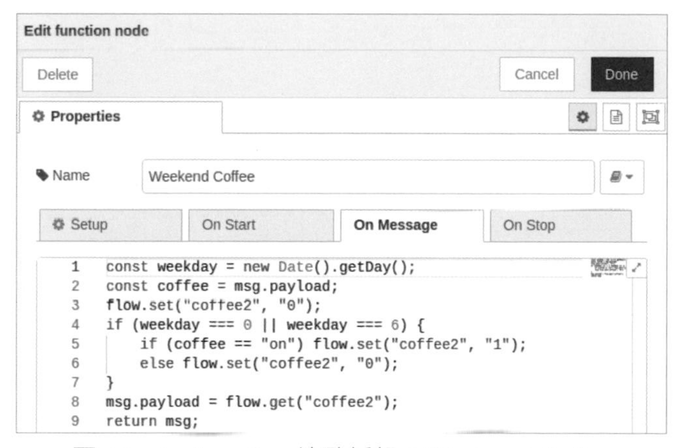

圖 10.11 function 結點編輯：Weekend Coffee

- Coffee Command：取得流程變數 coffee1 與 coffee2，只要任何一個等於 "1"，輸出訊息 "1"，開機，如圖 10.12。除了這兩個時段外，還可以手動模式控制，結點會保留手動模式的訊息

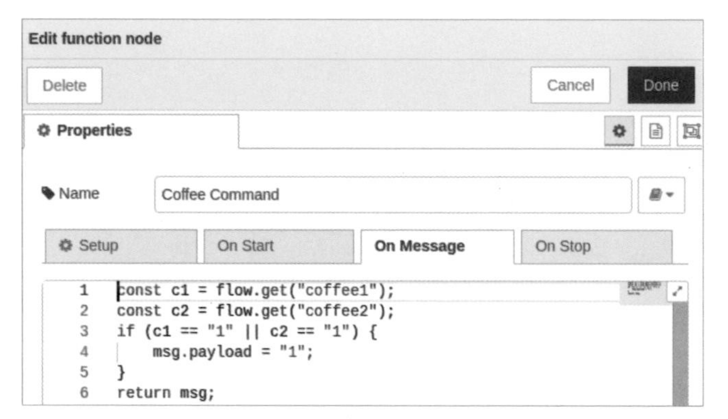

圖 10.12　function 結點編輯：Coffee Command

(3) Response

- mqtt in：名稱為 Coffee Maker，伺服器網址為 localhost:1883，訂閱主題為 CoffeeMaker

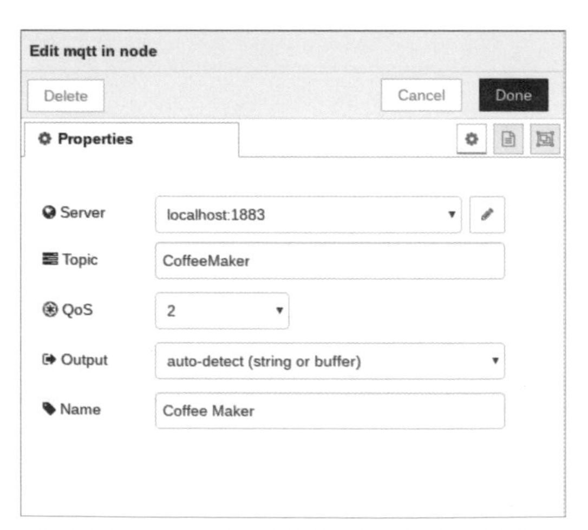

圖 10.13　mqtt in 結點編輯：Coffee Maker

- text：名稱為 Coffee Maker Status，標籤「STATUS>>」，顯示咖啡機使用狀態，隸屬於 [Appliance] Coffee Maker 群組

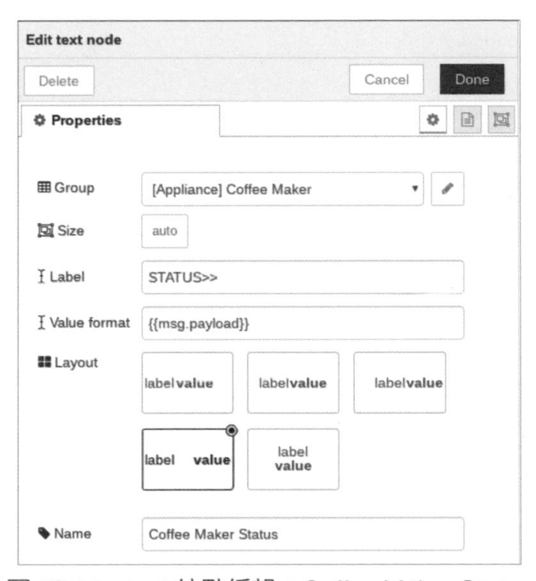

圖 10.14　text 結點編輯：Coffee Maker Status

(4) Date and Time

- inject：0.1s 後啟動流程，接著每間隔 1s 啟動新流程

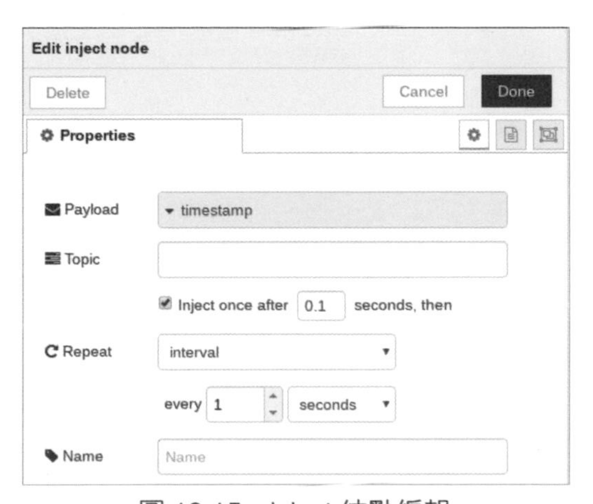

圖 10.15　inject 結點編輯

- function：
  - Today：Date( ).toLocaleDateString( ) 取得日期，如圖 10.16

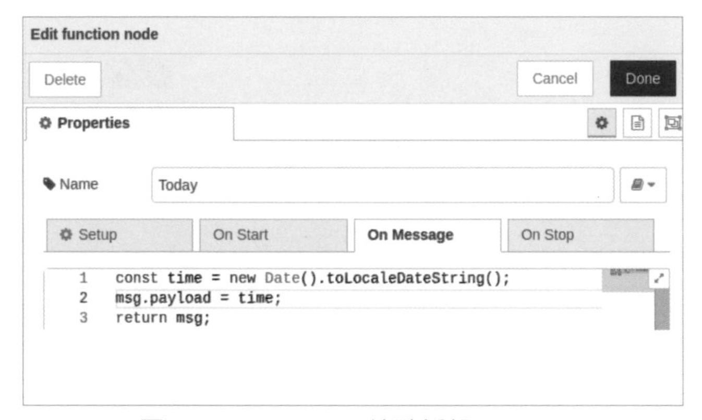

圖 10.16　function 結點編輯：Today

  - Clock：Date( ).toLocaleTimeString( ) 取得時間，如圖 10.17

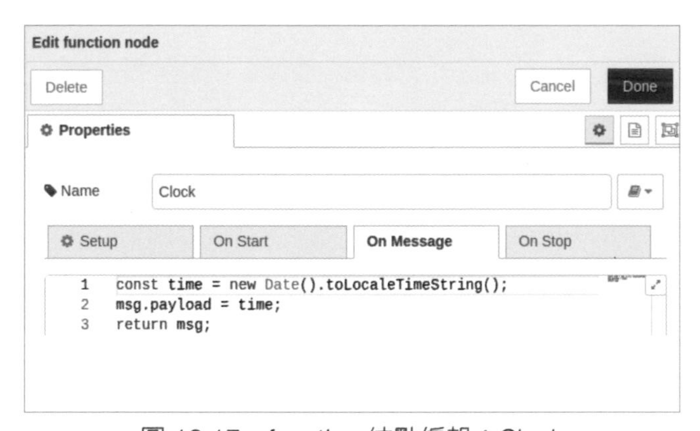

圖 10.17　function 結點編輯：Clock

- text：
  - Date：標籤為「Date:」，顯示日期，如圖 10.18

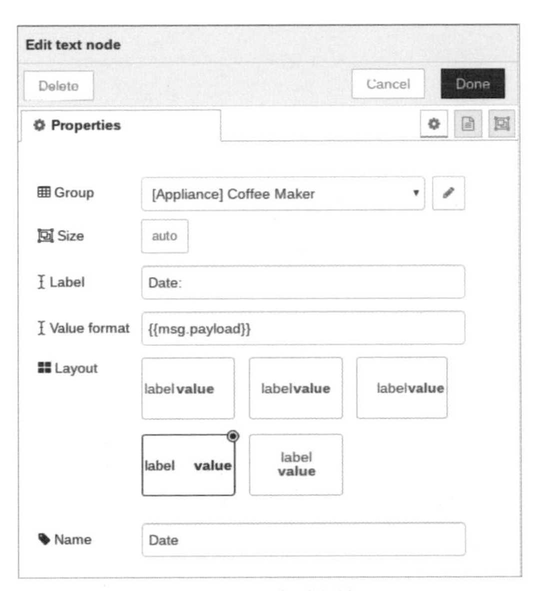

圖 10.18　text 結點編輯：Date

- Time：標籤為「Time:」，顯示時間，如圖 10.19

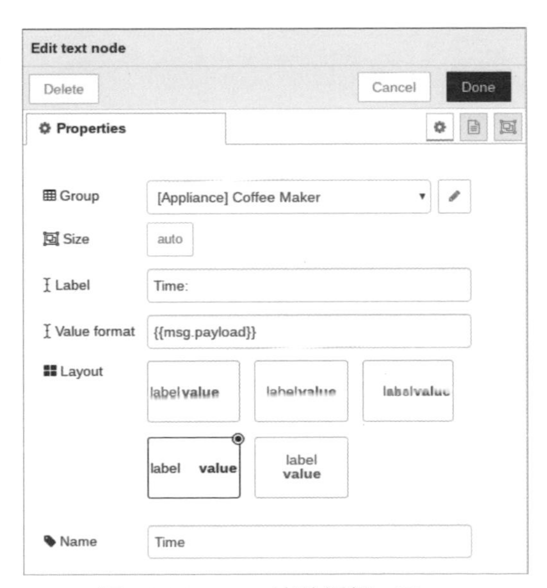

圖 10.19　text 結點編輯：Time

4. 執行結果

使用者介面如圖 10.20，以手動模式開機，ESP8266 NodeMCU 回傳咖啡機已開啟訊息「Coffee is ON」，同時顯示日期、時間。

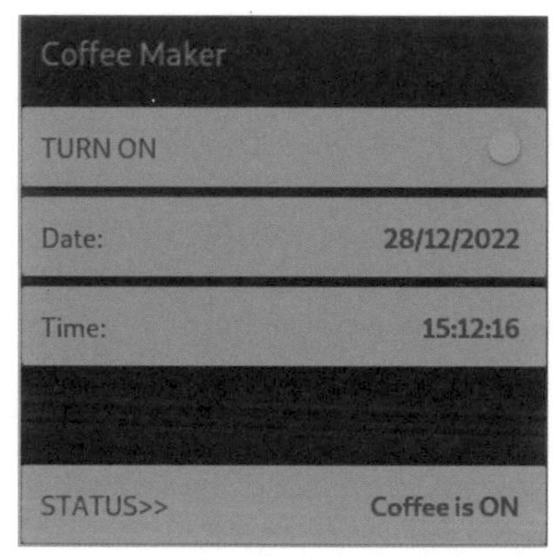

圖 10.20　咖啡機控制使用者介面

10.2 窗簾控制

客廳的窗簾，分成「全部闔上」、「拉開一半」、「完全拉開」3 個位置，以 3 個極限開關（limit switch）對應窗簾位置。利用直流馬達控制窗簾開闔，馬達轉軸順時針旋轉（CW）為拉開窗簾、逆時針旋轉（CCW）為闔上窗簾。控制方式，以窗簾當時的位置決定馬達的正反轉，當窗簾在

- 「全部闔上」（Close）位置：要「拉開一半」（Half Open）或「完全拉開」（Full Open），馬達轉軸順時針旋轉至目標位置
- 「拉開一半」位置：要「完全拉開」，馬達轉軸順時針旋轉，若要「全部闔上」，逆時針旋轉
- 「完全拉開」位置：要「全部闔上」或「拉開一半」，馬達轉軸逆時針旋轉全程由極限開關的作動確認窗簾是否到達位置

馬達正反轉與窗簾開闔指令如表 10.1，表中指令 0─窗簾「全部闔上」，指令 1─窗簾「拉開一半」，指令 2─窗簾「完全拉開」，CW─順時針旋轉，CCW─逆時針旋轉，Still─維持靜止，例如：要「完全拉開」的指令是 2，如果窗簾目前在「拉開一半」(Half Open) 位置，第 3 列、第 2 行欄位─CW，馬達將會順時針旋轉直到碰到「完全拉開」位置的極限開關後停止。為防範極限開關不動作，若超出預估全程轉動所需時間，馬達停止轉動。

表 10.1　馬達正反轉與窗簾開闔指令

指令	窗簾目前開闔狀態		
	Close	**Half Open**	**Full Open**
0	Still	CCW	CCW
1	CW	Still	CCW
2	CW	CW	Still

基本硬體組成：

- 樹莓派
- ESP8266 NodeMCU
- 直流馬達
- 馬達控制板
- 3 個極限開關

ESP8266 NodeMCU

1. 電路布置

ESP8266 NodeMCU 的 D5、D6、D7 分別接「全部闔上」、「拉開一半」、「完全拉開」位置的極限開關，未觸及窗簾前均為高準位（使用內部提升電阻），一旦觸及轉為低準位。馬達控制部分，使用馬達驅動模組，例如：L293D 馬達驅動擴充板 ESP12E Motor Shield，直接搭配 ESP8266 NodeMCU 使用，

可以控制 2 個直流馬達。本例僅 1 個直流馬達，使用 ESP8266 NodeMCU 的 D1、D3 腳位控制馬達，

- D1 控制轉速，以 PWM 訊號控制馬達轉速，占空比範圍 0 ～ 1023（註：Arduino UNO 的 PWM 訊號占空比範圍是 0 ～ 255），0—馬達停止運轉，1023—最高速旋轉
- D3 控制正反轉，**HIGH** 馬達轉軸逆時針旋轉，**LOW** 順時針旋轉。正反轉以面向馬達轉軸判定，馬達正反轉會隨接線正反而不同

電路圖 10.21，圖中 L293D 模組以一洞洞板表示，實際的接線，請參考模組規格說明。**馬達與 ESP8266 NodeMCU 應使用不同電源。**

註：若需控制另一個直流馬達，使用 D2、D4 腳位。馬達驅動擴充板有 2 個電源輸入，一個用於馬達，一個用於馬達控制板，若 ESP8266 連至電腦，控制板電源毋須接。使用擴充板可以簡化接線，讀者亦可以使用 L293D 晶片自行組裝電路，接線請參考 L293D 規格書。

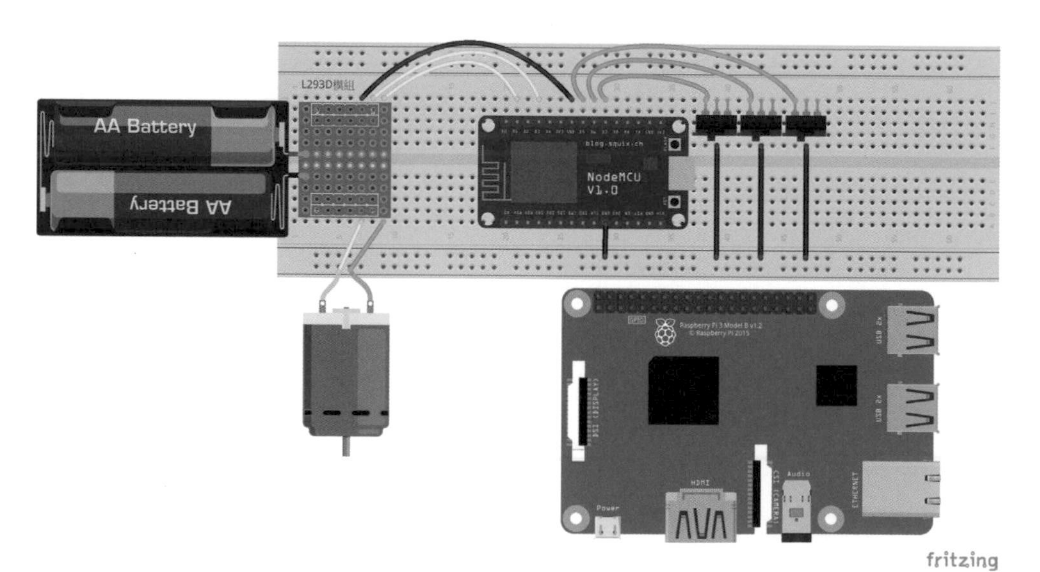

圖 10.21　窗簾控制電路

2. 程式

(1) 指令接收：訂閱主題為 "appliance/curtain"，三種指令訊息—"0"「全部闔上」、"1"「拉開一半」、"2"「完全拉開」。

(2) 馬達控制：

- 速度控制：腳位 motorRunPin
  - analogWrite(motorRunPin, 1023)：最高速運轉
  - analogWrite(motorRunPin, 0)：停止轉動
- 正反轉控制：腳位 motorDirPin
  - digitalWrite(motorDirPin, HIGH)：逆時針旋轉
  - digitalWrite(motorDirPin, LOW)：順時針旋轉

利用 previousOpening 記錄窗簾位置，再依據表 10.1 確定馬達正反轉。

(3) 極限開關：窗簾開闔過程，碰到極限開關馬達停止轉動。因 ESP8266 NodeMCU 有看門狗功能（Watch Dog），loop 內若有另一個無窮迴圈，會重置 ESP8266 NodeMCU，為避免重置動作，在無窮迴圈內，加上 **yield( )**。

(4) 馬達旋轉超過一段時間（本例為 10000ms，讀者可以根據窗簾寬度、實際運轉情況調整），可能是極限開關未正常運作，馬達停止轉動。millis 函式回傳自程式開始執行到當下累計的毫秒數，資料型態為 unsigned long。馬達開始轉動先記錄累計的毫秒數 startTime，在讀取極限開關狀態的同時計算馬達運轉時間，即 millis( )-startTime。

```
#include <ESP8266WiFi.h>
#include <PubSubClient.h>
#define motorRunPin   D1
#define motorDirPin   D3
char limitSWPin[] = {D5, D6, D7};
char urWiFiAccount[]="urWiFiAccount";
```

```
char urPassword[]="urPassword";
const char *mqttServer = "192.168.1.104";
const char *client1ID = "CurtainControl";
const char topicSubscribe[] = "appliance/curtain";
const char topicPublish[] = "Curtain";
WiFiClient espClient1;
PubSubClient client1(espClient1);
void receiveCMD(char *, byte *, unsigned int);
char opening = '0';
char previousOpening = '0';
char strCommand;
unsigned long startTime;
void receiveCMD(char *topic, byte *payload, unsigned int len) {
  Serial.print("Message arrived->");
  Serial.print(topic);
  Serial.print(":");
  for (int i = 0; i < len; i++) Serial.print((char)
payload[i]);
  Serial.println();
  opening = payload[0];
}
void setup() {
  delay(1000);
  Serial.begin(9600);
  WiFi.begin(urWiFiAccount, urPassword);
  while (WiFi.status() != WL_CONNECTED) {
    delay(500);
    Serial.print(".");
  }
  client1.setServer(mqttServer, 1883);
  client1.setCallback(receiveCMD);
  for (int i=0; i<3; i++) pinMode(limitSWPin[i], INPUT_PULLUP);
  pinMode(motorDirPin, OUTPUT);
  pinMode(motorRunPin, OUTPUT);
}
void loop() {
  if (!client1.connected() ) {
```

```
    client1.connect(client1ID);
    client1.subscribe(topicSubscribe);
  }
  client1.loop();
  switch (opening) {
    case '0':
      if ( opening == previousOpening ) break;
      else {
        previousOpening = opening;
        startTime = millis();
        while ( digitalRead(limitSWPin[0])==HIGH &&
(millis()-startTime)<10000 ) {
          yield();
          digitalWrite(motorDirPin, HIGH);
          analogWrite(motorRunPin, 1023);
        }
        analogWrite(motorRunPin, 0);
        client1.publish(topicPublish, "Curtain is closed");
      }
      break;
    case '1':
      if ( opening == previousOpening ) break;
      else if ( opening < previousOpening ) {
        previousOpening = opening;
        startTime = millis();
        while ( digitalRead(limitSWPin[1])==HIGH &&
(millis()-startTime)<10000 ) {
          yield();
          digitalWrite(motorDirPin, HIGH);
          analogWrite(motorRunPin, 1023);
        }
        analogWrite(motorRunPin, 0);
        client1.publish(topicPublish, "Curtain is half open");
      }
      else {
        previousOpening = opening;
        startTime = millis();
```

```
        while ( digitalRead(limitSWPin[1])==HIGH &&
(millis()-startTime)<10000 ) {
          yield();
          digitalWrite(motorDirPin, LOW);
          analogWrite(motorRunPin, 1023);
        }
        analogWrite(motorRunPin, 0);
        client1.publish(topicPublish, "Curtain is half open");
      }
      break;
    case '2':
      if ( opening == previousOpening ) break;
      else {
        previousOpening = opening;
        startTime = millis();
        while ( digitalRead(limitSWPin[2])==HIGH &&
(millis()-startTime)<10000 ) {
          yield();
          digitalWrite(motorDirPin, LOW);
          analogWrite(motorRunPin, 1023);
        }
        analogWrite(motorRunPin, 0);
        client1.publish(topicPublish, "Curtain is full
open");
      }
      break;
    defalult:
      break;
  }
}
```

3. 執行結果

在使用者介面點擊按鍵，經伺服器發布指令訊息，ESP8266 NodeMCU 接收訊息，如圖 10.22，窗簾依序，「拉開一半」、「全部拉開」、「完全關上」、「拉開一半」。ESP8266 NodeMCU 控制窗簾開闔，完成動作後，發布訊息。

圖 10.22　窗簾控制串列監視器

2. 樹莓派

樹莓派負負窗簾控制與擔任 MQTT 伺服器腳色。

(1) 流程規劃

流程如圖 10.23，3 個 button、1 個顯示窗簾開度的 Text 、1 個 mqtt out、1 個 mqtt in 結點。

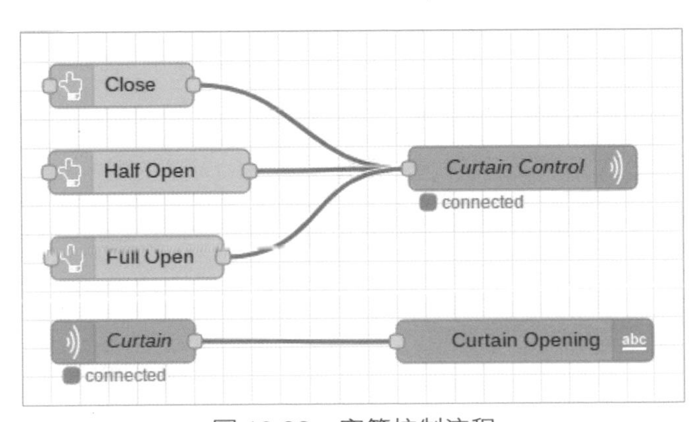

圖 10.23　窗簾控制流程

(2) 使用者介面設計

按 Node-RED 網頁右上角「≡」> View > Dashboard > Layout，頁籤 [Appliance]，「+group」新增群組 Curtain，在「流程規劃區」新增「Close」、「Half Open」、「Full Open」以及「Curtain Opening」結點，如圖 10.24。

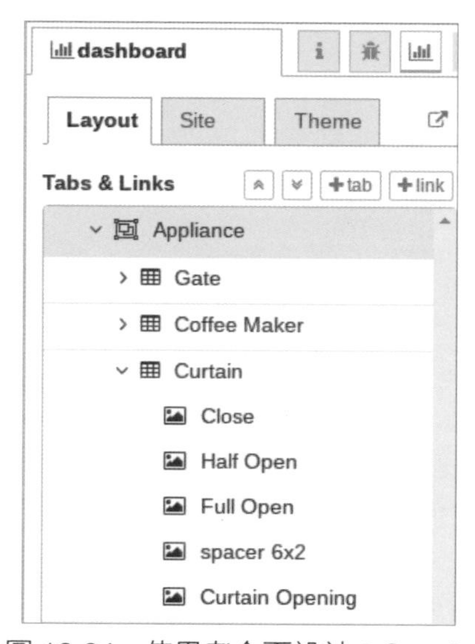

圖 10.24　使用者介面設計：Curtain

(3) 各結點說明

❶ button：

- Close：主題為 appliance/curtain，負載為字串 0

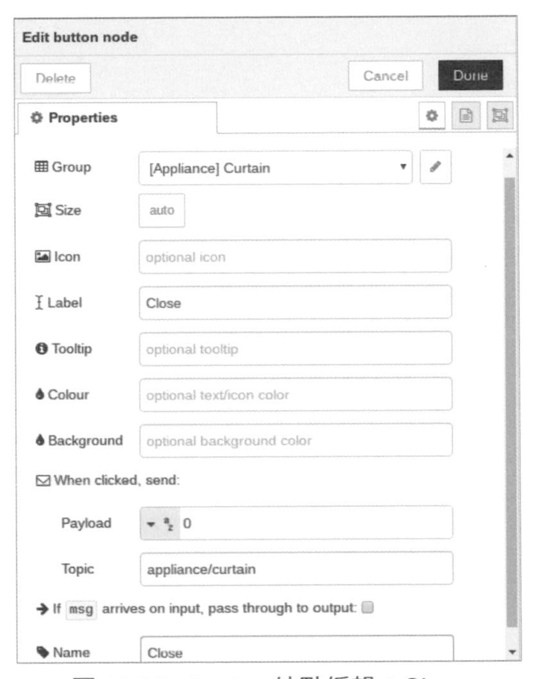

圖 10.25 button 結點編輯：Close

- Half Open：主題為 appliance/curtain，負載為字串 1
- Full Open：主題為 appliance/curtain，負載為字串 2

❷ mqtt out：名稱為 Curtain Control，伺服器網址為 localhost:1883，承接前面 3 個 button 的主題 appliance/curtain。

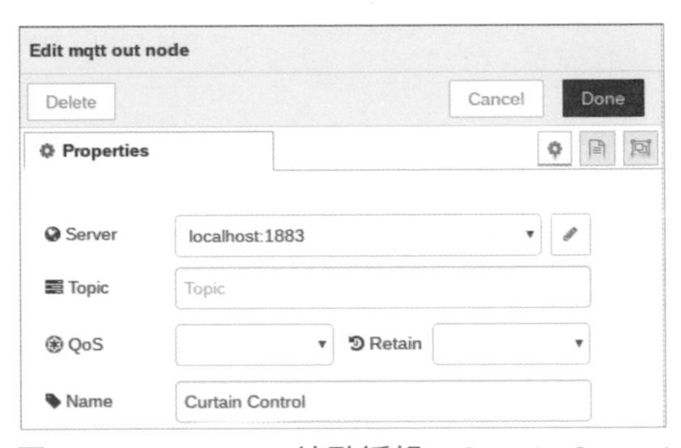

圖 10.26 matt out 結點編輯：Curtain Control

❸ mqtt in：名稱為 Curtain，伺服器網址為 localhost:1883，主題為 Curtain。

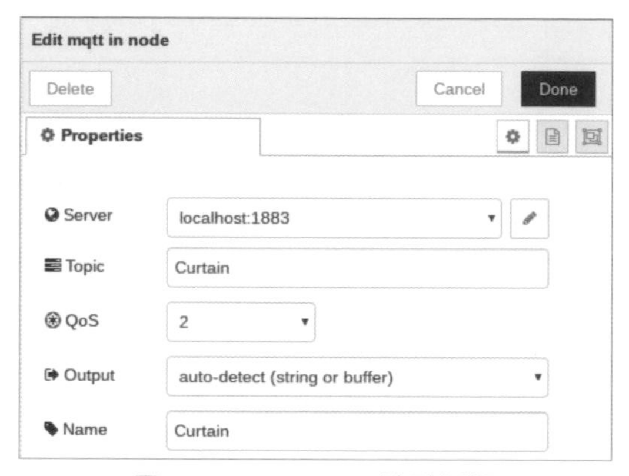

圖 10.27　matt in 結點編輯

❹ text：名稱為 Curtain Opening，標籤為「STATUS>>」，顯示窗簾的開闔狀態。

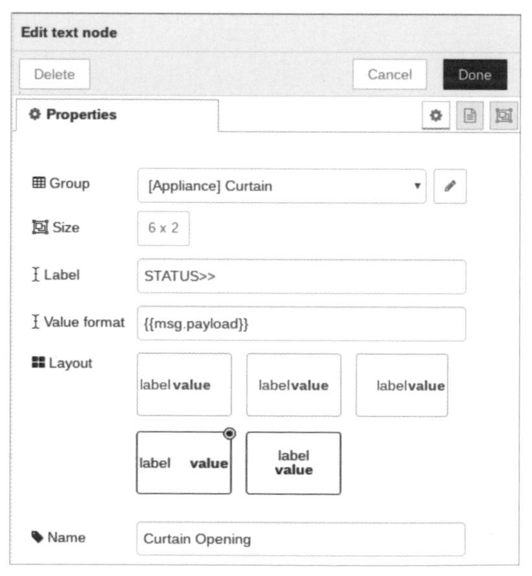

圖 10.28　text 結點編輯：Curtain Opening

(4) 執行結果

使用者介面如圖 10.29，依序點擊「HALF OPEN」、「FULL OPEN」、「CLOSE」、「HALF OPEN」按鍵，ESP8266 NodeMCU 控制窗簾，碰到極限開關後，回傳訊息，畫面顯示最近窗簾開闔狀態為「Curtain is half open」。

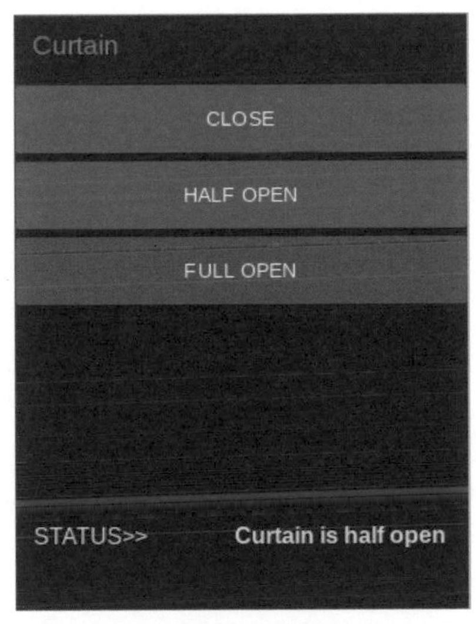

圖 10.29 窗簾控制使用者介面

10.3 百葉窗控制

以手動或自動方式調整主臥室百葉窗的葉片角度。自動控制部分，根據照度調整百葉窗，以光敏電阻作為感測器，配合一固定電阻器輸出 3.3V ～ 0V 電壓（請參考 **4.3** 節），再轉換成分布範圍為 0 ～ 100 的數值，代表相對照度值。百葉窗角度調整範圍 90° ～ 0°，90°—百葉窗全開，0°—全關。本例以型號 MG995 伺服馬達轉動百葉窗角度，模擬百葉窗開度控制。註：讀者可根據實際狀況，建立照度與控制百葉窗角度的關係。

基本硬體組成：

- 樹莓派
- ESP8266 NodeMCU
- 伺服馬達 MG995
- 光敏電阻（CdS 5mm，CD5592）

ESP8266 NodeMCU

量測照度，發布訊息至 MQTT 伺服器，等候樹莓派發布調整百葉窗的指令，指令格式一"x 開度 "，例如："x50" 為調整百葉窗至 50% 開度，相當於 45°。

1. 電路布置

   百葉窗控制電路如圖 10.30，光敏電阻器一側接 10kΩ、3.3V，另一側接 GND，ESP8266 NodeMCU 的類比訊號輸入腳位 A0 接 10kW 與光敏電阻器接點，D1 接 MG995 伺服馬達控制訊號輸入接腳。由樹莓派提供伺服馬達所需 5V 電壓，實際應用可以外接電源。ESP8266 NodeMCU 與樹莓派共接地（Common ground）。

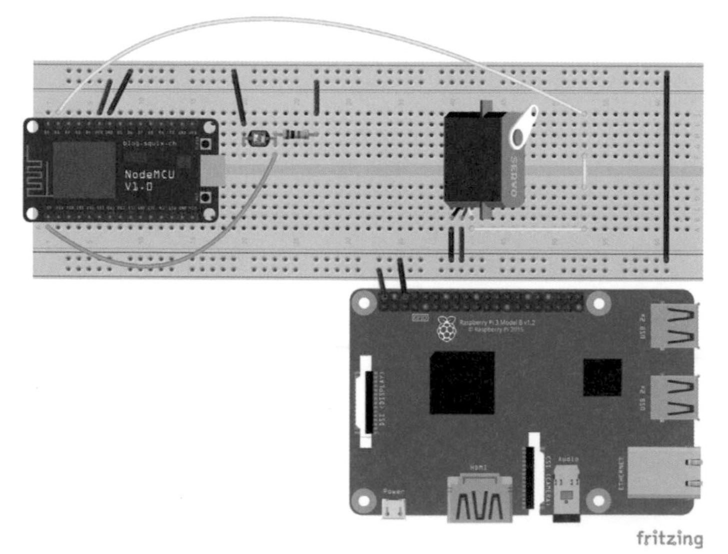

圖 10.30　百葉窗控制電路

2. 程式：

(1) 指令接收：訂閱主題為 "appliance/shutter"，指令訊息："x" + 開度，開度為 0 ～ 100。當確定接收到數據的第 1 個字元為 "x"，設定 Operation 為 true，同時呼叫 str2int 函式將開度字串轉換為整數。power10 函式回傳 10 的冪次。

(2) 伺服馬達控制：內含 <Servo.h>，先將開度以 map 函式轉換至 0 ～ 90，再以 write 函式輸出控制訊號至伺服馬達。

(3) 主程式：每間隔 2s 量測一次照度，同時發布訊息至 MQTT 伺服器。若接收到調整百葉窗指令，執行伺服馬達轉動控制後，發布訊息主題為 "Shutter"、負載為 "Shutter [開度] percent open" 訊息，暫停 2s。

```
#include <ESP8266WiFi.h>
#include <PubSubClient.h>
#include <Servo.h>
#define  servoPin   D1
Servo   servo1;
char urWiFiAccount[]="urWiFiAccount";
char urPassword[]="urPassword";
const char *mqttServer = "192.168.1.104";
const char *client1ID = "ShutterControl";
char topicSubscribe[] = "appliance/shutter";
char topicPublish[] = "Shutter";
WiFiClient espClient1;
PubSubClient client1(espClient1);
void receiveCMD(char *, byte *, unsigned int);
int Illuminance = 0;
bool Operation = false;
int Opening = 0;
int str2int(byte *, int) ;
int power10(int);
char msg[50];
void receiveCMD(char *topic, byte *payload, unsigned int len)
{
  Serial.print("Message received->");
  Serial.print(topic);
```

```
  Serial.print(":");
  for (int i = 0; i < len; i++) Serial.print((char) payload[i]);
  Serial.println();
  char cmd = payload[0];
  if (cmd == 'x') {
    Operation = true;
    Opening = str2int(payload+1, len-1);
  }
  else Operation = false;
}
void setup() {
  servo1.attach(servoPin);
  servo1.write(0);
  delay(1000);
  Serial.begin(9600);
  WiFi.begin(urWiFiAccount, urPassword);
  while (WiFi.status() != WL_CONNECTED) {
    delay(500);
    Serial.print(".");
  }
  client1.setServer(mqttServer, 1883);
  client1.setCallback(receiveCMD);
}
void loop() {
  if (!client1.connected() ) {
    client1.connect(client1ID);
    client1.subscribe(topicSubscribe);
  }
  client1.loop();
  delay(2000);
  Illuminance = analogRead(A0);
  Illuminance = map(Illuminance, 0, 1023, 100, 0);
  sprintf(msg, "{\"Illuminance\": %d}", Illuminance);
  client1.publish("Illuminance", msg);
  if (Operation) {
    sprintf(msg, "Shutter %d percent open", Opening);
    Opening = map(Opening, 0, 100, 0, 90);
    servo1.write(Opening);
    Operation = false;
    client1.publish(topicPublish, msg);
    delay(2000);
```

```
    }
}
int str2int(byte *str, int n) {
  int no = 0;
  for (int i=0; i<n; i++) {
    no += (str[i] - 48)*power10(n-i-1);
  }
  return no;
}
int power10(int n) {
  int no = 1;
  for (int i=1; i<n+1; i++) {
    no = no*10;
  }
  return no;
}
```

3. 執行結果

ESP8266 NodeMCU 接收到經由 MQTT 伺服器轉傳百葉窗開啟指令訊息，如圖 10.31，目前百葉窗需開啟 81%，驅動伺服馬達調整百葉窗開度，完成動作後，發布訊息至 MQTT 伺服器。

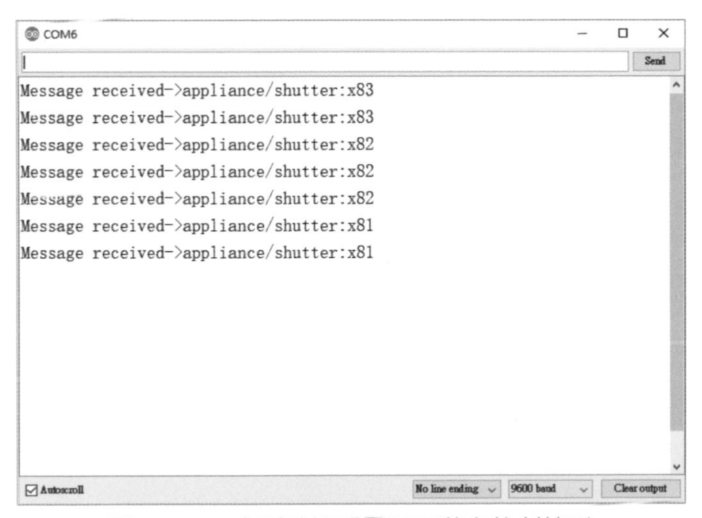

圖 10.31　串列監視器顯示百葉窗控制情形

樹莓派

樹莓派負責控制百葉窗開啟與擔任 MQTT 伺服器腳色。由於流程中會用到「string」結點將整數轉換成字串，需先安裝「string」結點。按 Node-RED 網頁右上角「≡」> Manage palette > Install，搜尋「string」，出現 node-red-contrib-string，點擊「install」，安裝完成後，重新整理網頁。

1. 流程規劃

   整個流程如圖 10.32，分成 3 個部分：

   - Shutter Open Command：組成並發布百葉窗開啟指令
   - Illuminance Data：接收照度資料
   - Opening Data：接收百葉窗開啟資料

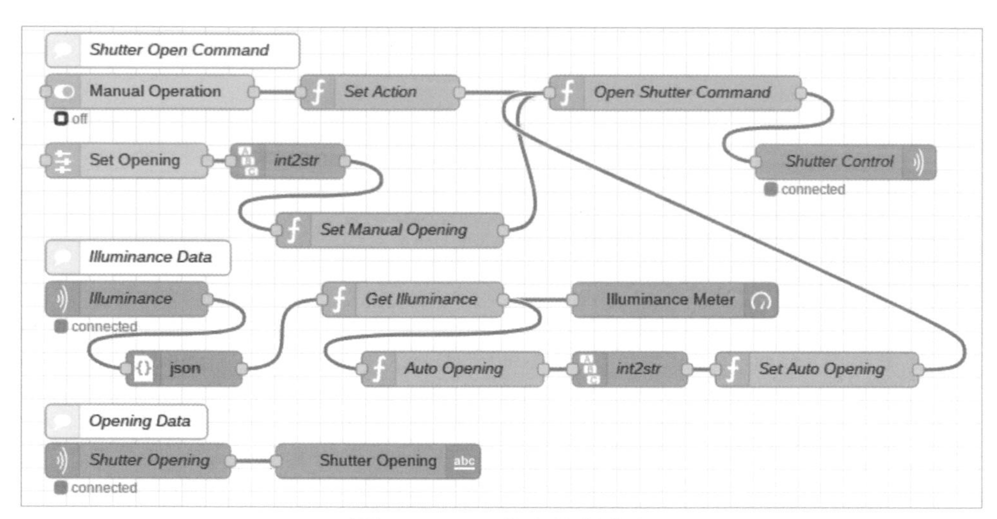

圖 10.32　百葉窗控制流程

2. 使用者介面設計

按 Node-RED 網頁右上角「≡」> View > Dashboard > Layout，頁籤 [Appliance]，「+group」新增群組 Shutter，在「流程規劃區」新增「Manual Operation」、「Set Opening」、「Illuminance Meter」以及「Shutter Opening」結點，如圖 10.33。

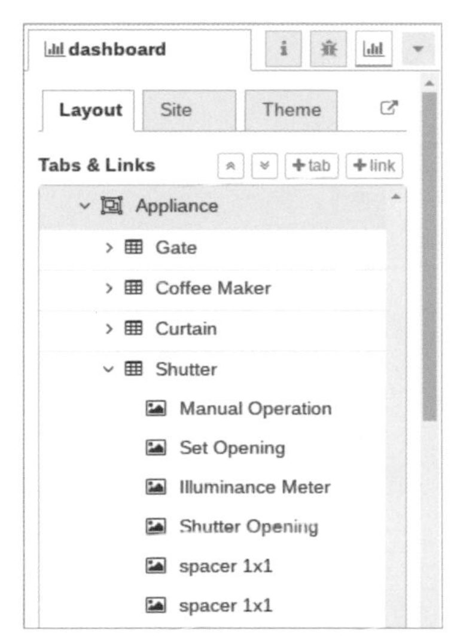

圖 10.33　使用者介面設計：Shutter

3. 各結點說明

(1) Shutter Open Command：分手動與自動調整百葉窗，手動直接設定開度，自動則根據照度調整開度

- switch：名稱為 Manual Operation，標籤為「MANUAL OPERATION」，點擊開關一On，輸出 true，手動調整百葉窗，再點擊一Off，輸出 false，自動調整百葉窗，訊息主題為 appliance/shutter

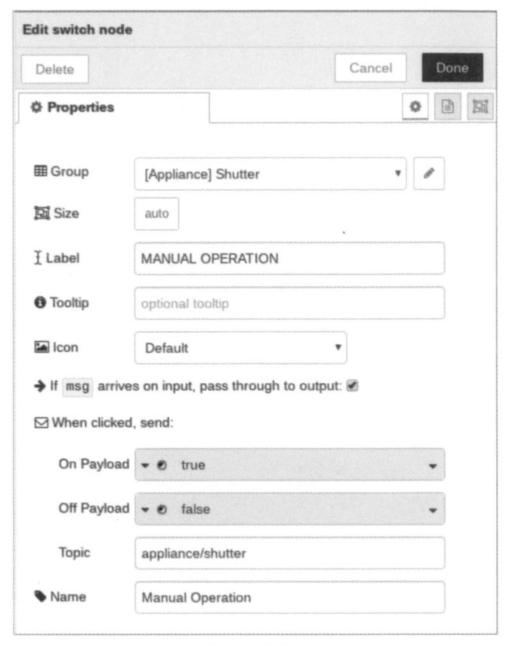

圖 10.34　switch 結點編輯：Manual Operation

- function：名稱為 Set Action，當百葉窗切換手動操作時，設定 flow 變數 Action 為 'm'，若為自動，設為 'a'

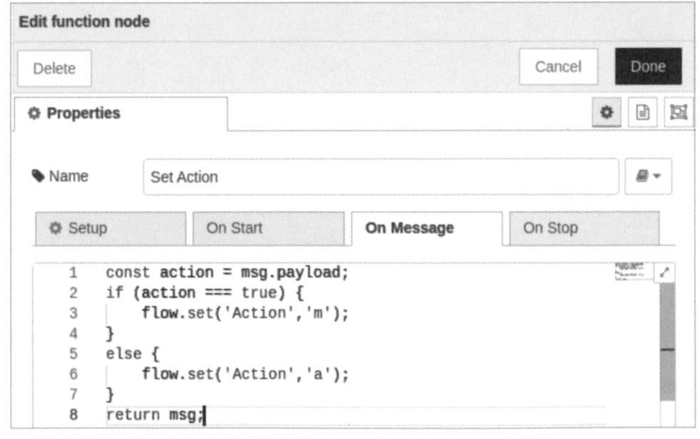

圖 10.35　function 結點編輯：Set Action

- function：名稱為 Open Shutter Command，組成百葉窗開啟指令，先取得 flow 變數—manualOpening（手動開度）與 autoOpening（自

動開度），手動操作指令為 'x'+manualOpening，若為自動，指令為 'x'+autoOpening

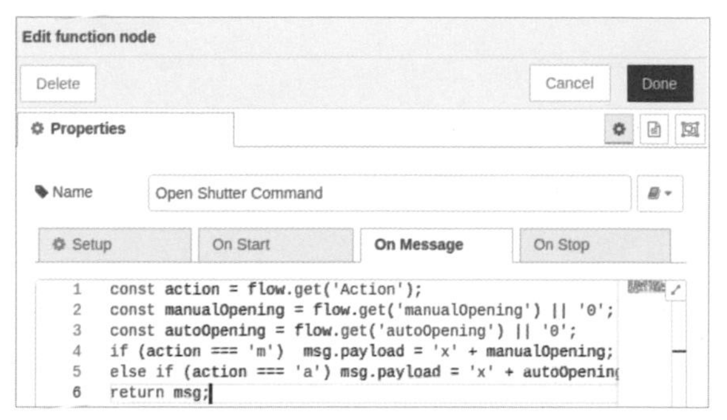

圖 10.36　function 結點編輯：Open Shutter Command

- mqtt out：名稱為 Shutter Control，伺服器網址 192.168.1.104:1883，主題為 appliance/shutter
- slider：名稱為 Set Opening，開度範圍 0 ～ 100，主題為 appliance/shutter

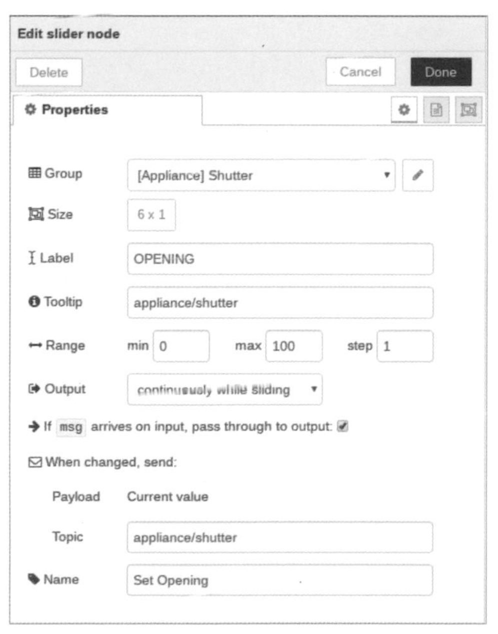

圖 10.37　slider 結點編輯：Set Opening

- string：名稱為 int2str，將整數傳換為字串

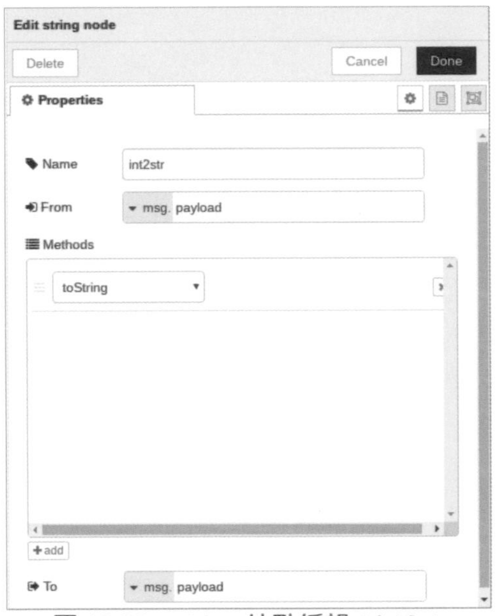

圖 10.38 string 結點編輯：int2str

- function：名稱為 Set Manual Opening，設定 flow 變數 manualOpening

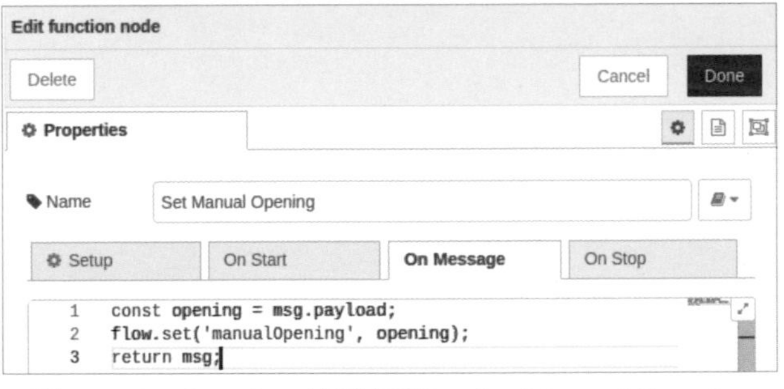

圖 10.39 function 結點編輯：Set Manual Opening

(2) Illuminance Data：除了顯示照度資料外，也將照度傳至「Open Shutter Command」結點，組成百葉窗開度控制指令。組成結點有

- mqtt in：名稱為 Illuminance，伺服器網址為 192.168.1.104:1883，訂閱主題為 Illuminance

- json：將負載轉換成 JSON 資料格式
- function：名稱為 Get Illuminance，取得照度資料

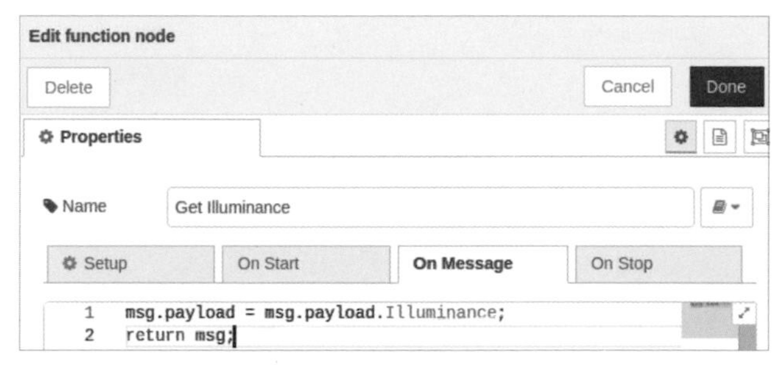

圖 10.40　function 結點編輯：Get Illuminance

- function：名稱為 Auto Opening，100 減掉照度資料，即為開度

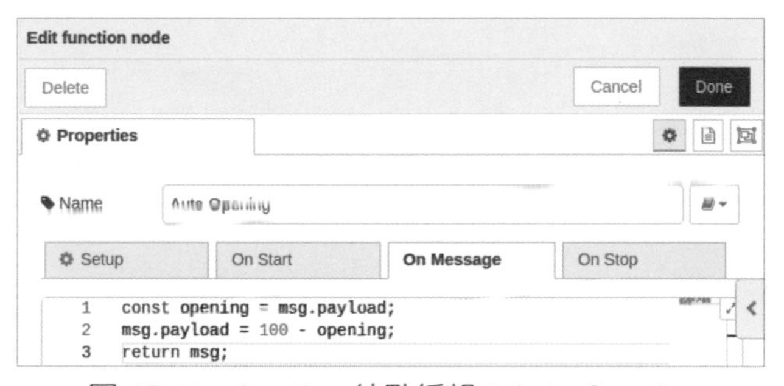

圖 10.41　function 結點編輯：Auto Opening

- function：名稱為 Set Auto Opening，設定 flow 變數 autoOpening

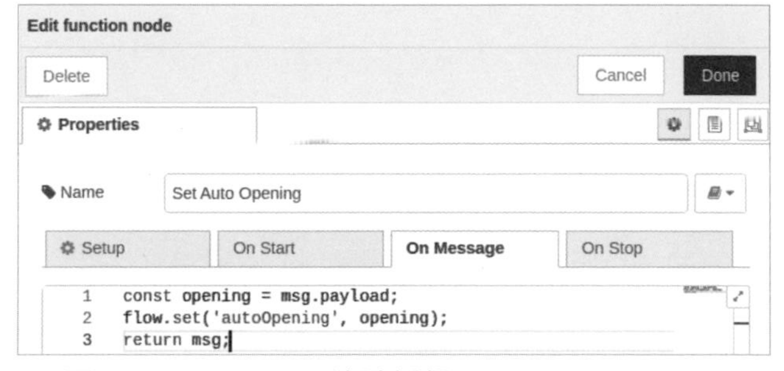

圖 10.42　function 結點編輯：Set Auto Opening

- gauge：名稱為 Illuminance Meter，標籤為「ILLUMINANCE」，隸屬於 [Appliance] Shutter 群組

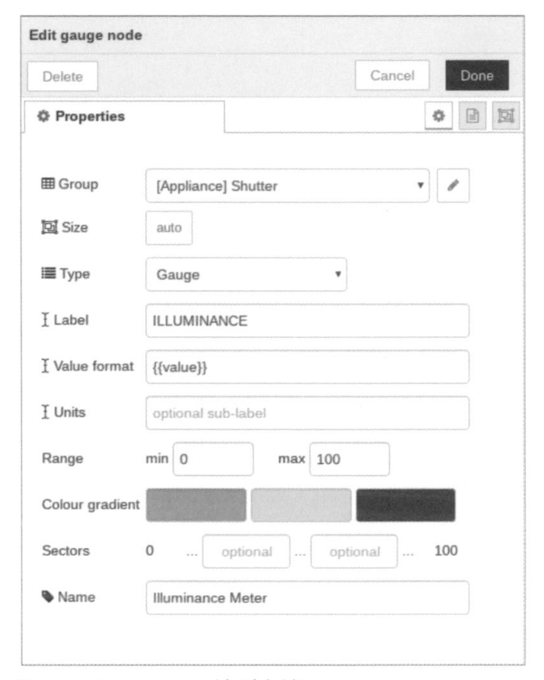

圖 10.43　gauge 結點編輯：Illuminance Meter

(3) Opening Data：顯示百葉窗開度。組成結點有

- mqtt in：名稱為 Shutter Opening，伺服器網址為 192.168.1.104:1883，訂閱主題為 Shutter
- text：名稱為 Shutter Opening，標籤為「STATUS>>」，顯示百葉窗開啟狀態，隸屬於 [Appliance] Shutter 群組

4. 執行結果

使用者介面如圖 10.44，目前採用自動控制模式，照度為 19，ESP8266 NodeMCU 完成動作，回傳訊息，畫面顯示百葉窗開啟狀態為「Shutter 81 percent open」。

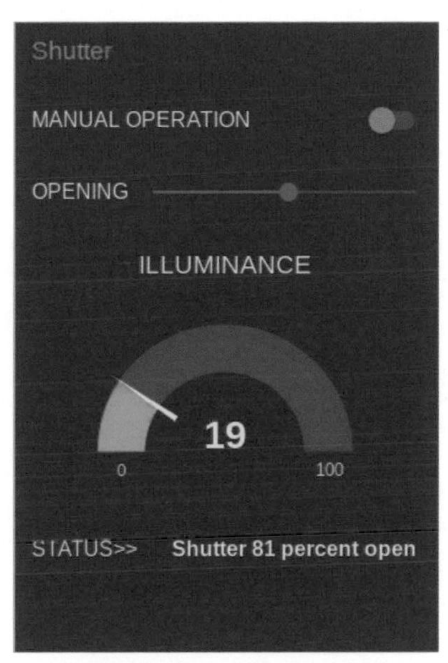

圖 10.44 使用者介面

利用智慧型手機連結至 192.168.1.104:1880/UI/，出現類似畫面，亦可以手動控制白葉窗開度。

10.4 應用 Arduino IoT Cloud 控制咖啡機

咖啡機控制方式與電路與 10.1 節相同。

Arduino IoT Cloud

1. **Device**：沿用第 6 章建立的「裝置」ESP8266-1。
2. **Thing**：建立新「物」coffee maker，連結 ESP8266-1，新增 bool 變數 sw_coffee，並完成無線網路 SSID 與密碼設定。

3. **Dashboard**：名稱 coffee_maker_dashboard，設 1 個開關 Manual Operation，連結 sw_coffee 變數，如圖 10.45，儀表板如圖 10.46。此儀表板開關為手動開啟或關閉，不具備定時啟用功能，定時部分由 Node-RED 流程控制。

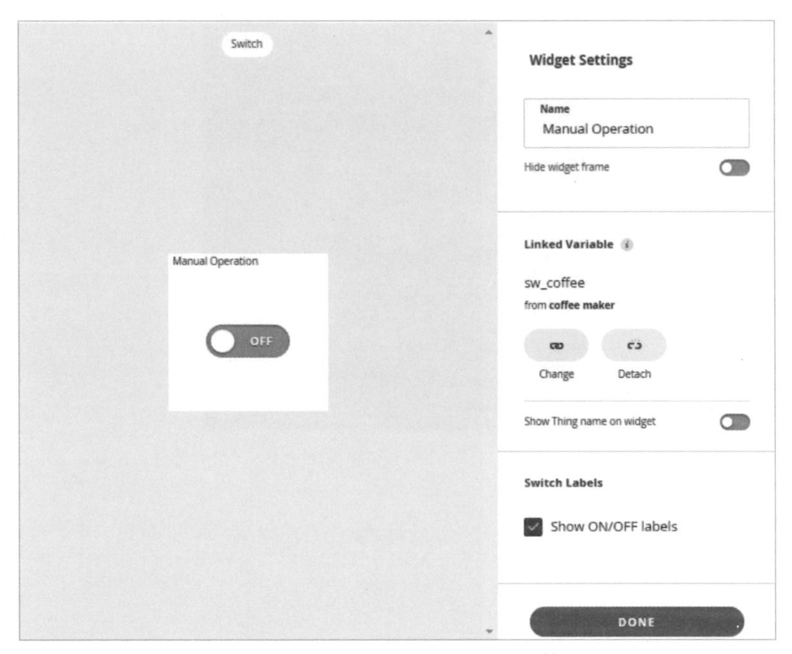

圖 10.45　新增 switch 小部件

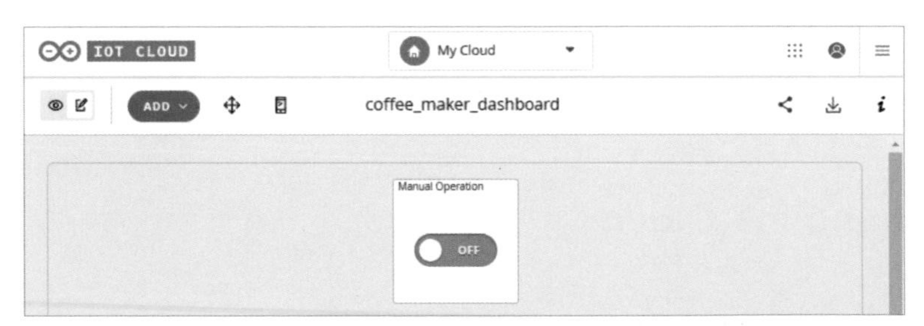

圖 10.46　儀表板：coffee_maker_dashboard

ESP8266 NodeMCU

1. 電路布置：ESP8266 D1 腳位接繼電器模組，採用低準位觸發。
2. 程式：Arduino IoT Cloud 產生程式架構與 9.3 節大致相同，僅列不同處

 (1) setup 部分

 - pinMode(D1, OUTPUT)：設定繼電器腳位為輸出模式
 - digitalWrite(D1, HIGH)：設定輸出高準位，繼電器模組起始狀態失磁

 (2) 事件函式：sw_coffee 狀態改變呼叫 onSwCoffeeChange 函式，當 sw_coffee 為 true 時，輸出低準位，繼電器激磁，反之，失磁。

```
void onSwCoffeeChange()  {
  if (sw_coffee) {
    digitalWrite(D1, LOW);
  } else digitalWrite(D1, HIGH);
}
```

樹莓派

簡化 10.1 節 Node-RED 流程，以 Arduino IoT Cloud property 結點取代 mqtt 結點，因此少掉產生 MQTT 訊息的步驟。

1. 流程規劃：對照圖 10.2，新增 1 個 Arduino IoT Cloud 屬性、3 個 function 結點，刪除 mqtt in、mqtt out、3 個 function（包括 Make Coffee Now、Turn Off、Coffee Command）、delay 結點。

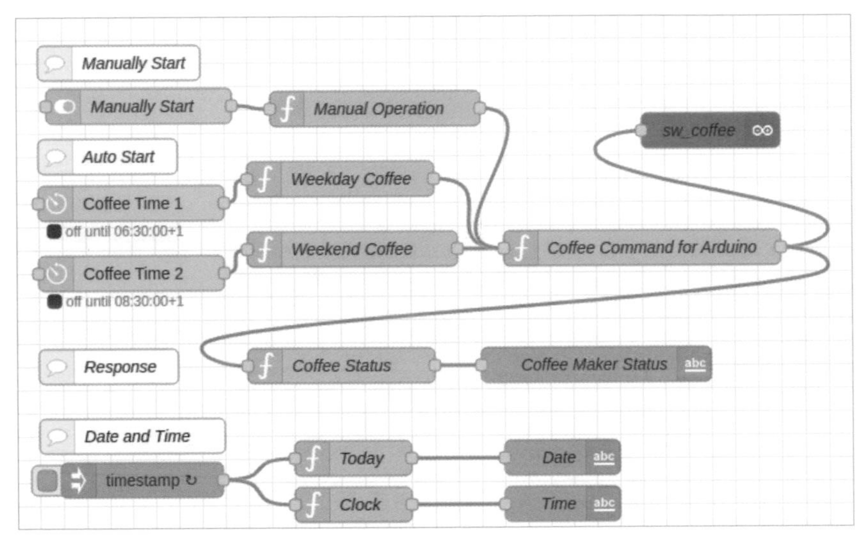

圖 10.47　咖啡機控制流程：Arduino 版

2. 結點說明

- Arduino IoT Cloud property
  - 複製 Arduino IoT Cloud 產生的 API Key，沿用 Temp_Humi，貼至 Client ID、Client secret
  - 連結「物」coffee maker 變數 sw_coffee

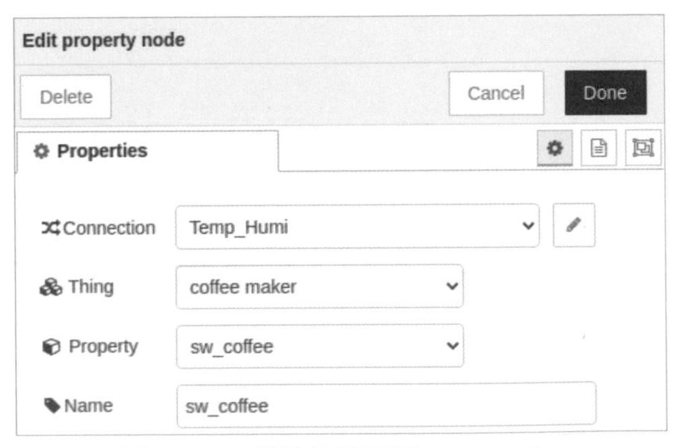

圖 10.48　屬性結點編輯：sw_coffee

- function
  - Manual Operation：根據前一個 switch 按下的狀態，設定流程變數 manual 為 true 或 false

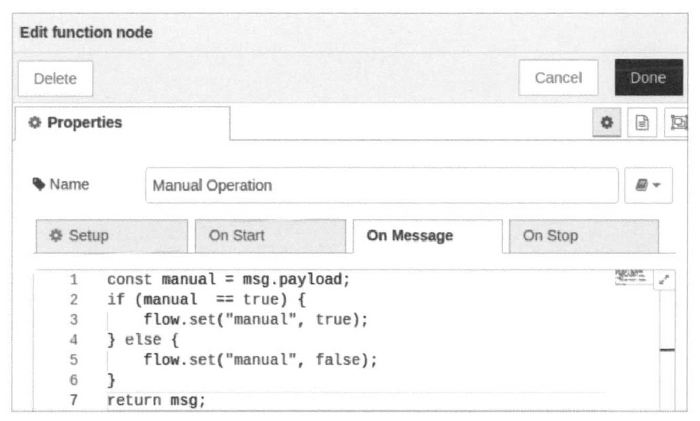

圖 10.49　function 結點編輯：Manual Operation

  - Coffee Command for Arduino：取得流程變數 coffee1、coffee2、manual，如果手動開機，輸出 true，在自動模式時，只要 coffee1 或 coffee2 等於 "1"，輸出 true，其餘輸出 false

圖 10.50　function 結點編輯：Coffee Command for Arduino

- Coffee Status：取得流程變數 message

圖 10.51　function 結點編輯：Coffee Status

3. 執行結果：使用者介面如圖 10.20。

10.5 應用 Arduino IoT Cloud 控制窗簾

窗簾控制方式與電路與 10.2 節相同。

Arduino IoT Cloud

1. **Device**：沿用第 6 章建立的「裝置」ESP8266-1。
2. **Thing**：建立新「物」curtain，連結 ESP8266-1，新增 3 個可讀寫 bool 變數 close、half、full（控制窗簾指令），3 個唯讀 bool 變數 Is_close、Is_half、Is_full（極限開關是否觸及的指示），以及 1 個唯讀 String 變數 opening_status，並完成無線網路 SSID 與密碼設定，如圖 10.52。

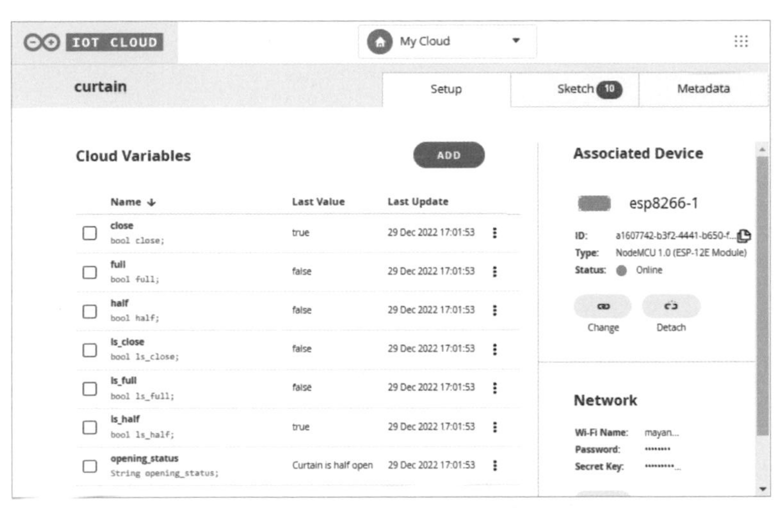

圖 10.52　物 curtain 編輯

3. **Dashboard**：名稱 curtain_dashboard，設 3 個 button 小部件，連結變數 close、half、full，3 個 status 小部件，連結變數 ls_close、ls_half、ls_full，儀表板如圖 10.53。

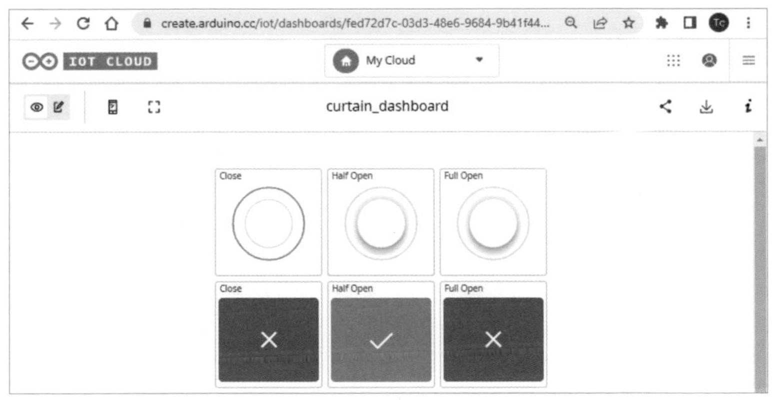

圖 10.53　儀表板：curtain_dashboard

ESP8266 NodeMCU

1. 電路布置：與 10.2 節相同。

2. 程式：窗簾控制邏輯與 10.2 節相同，採用相同馬達控制方式與極限開關，腳位亦相同。根據變數 close、half、full 狀態，觸發事件函式，同時以觸及不同開度極限開關設定變數 ls_close、ls_half、ls_full。

   (1) 事件函式 onCloseChange、onHalfChange、onFullChange，分別設定 opening 等於 '0'、'1'、'2'，以及雲端變數 ls_close、ls_half、ls_full、opening_status，再呼叫 open_curtain 函式，控制馬達迴轉。

   (2) open_curtain 函式：係將 10.2 節 loop 函式有關馬達控制部分獨立成函式。

```
/*
  The following variables are automatically generated and updated
when changes are made to the Thing

  String opening_status;
  bool close;
  bool full;
  bool half;
  bool ls_close;
  bool ls_full;
  bool ls_half;.
*/
#include "thingProperties.h"
#define motorRunPin   D1
#define motorDirPin   D3
unsigned int limitSWPin[] = {D5, D6, D7};
char opening = '0';
char previousOpening = '0';
unsigned long startTime;

void setup() {
```

```
  Serial.begin(9600);
  delay(1500);
  for (int i=0; i<3; i++) pinMode(limitSWPin[i], INPUT_PULLUP);
  ls_close = false;
  ls_half = false;
  ls_full = false;
  pinMode(motorDirPin, OUTPUT);
  pinMode(motorRunPin, OUTPUT);
  // Defined in thingProperties.h
  initProperties();

  // Connect to Arduino IoT Cloud
  ArduinoCloud.begin(ArduinoIoTPreferredConnection);
  setDebugMessageLevel(2);
  ArduinoCloud.printDebugInfo();
}

void loop() {
  ArduinoCloud.update();
}
void open_curtain()  {
  switch (opening) {
    case '0':
      if ( opening == previousOpening ) break;
      else {
        previousOpening = opening;
        startTime = millis();
        while ( digitalRead(limitSWPin[0])==HIGH && (millis()-
startTime)<10000 ) {
          yield();
          digitalWrite(motorDirPin, HIGH);
          analogWrite(motorRunPin, 1023);
        }
        analogWrite(motorRunPin, 0);
      }
      break;
    case '1':
```

```
      if ( opening == previousOpening ) break;
      else if ( opening < previousOpening ) {
        previousOpening = opening;
        startTime = millis();
        while ( digitalRead(limitSWPin[1])==HIGH && (millis()-
startTime)<10000 ) {
          yield();
          digitalWrite(motorDirPin, HIGH);
          analogWrite(motorRunPin, 1023);
        }
        analogWrite(motorRunPin, 0);
      }
      else {
        previousOpening = opening;
        startTime = millis();
        while ( digitalRead(limitSWPin[1])==HIGH && (millis()-
startTime)<10000 ) {
          yield();
          digitalWrite(motorDirPin, LOW);
          analogWrite(motorRunPin, 1023);
        }
        analogWrite(motorRunPin, 0);
      }
      break;
    case '2':
      if ( opening == previousOpening ) break;
      else {
        previousOpening = opening;
        startTime = millis();
        while ( digitalRead(limitSWPin[2])==HIGH && (millis()-
startTime)<10000 ) {
          yield();
          digitalWrite(motorDirPin, LOW);
          analogWrite(motorRunPin, 1023);
        }
        analogWrite(motorRunPin, 0);
      }
```

```
        break;
      defalult:
        break;
    }
  }
  void onCloseChange()  {
    opening = '0';
    opening_status = "Curtain is closed" ;
    ls_close = true;
    ls_half = false;
    ls_full = false;
    open_curtain();
  }
  void onHalfChange()  {
    opening = '1';
    opening_status = "Curtain is half open" ;
    ls_half = true;
    ls_close = false;
    ls_full = false;
    open_curtain();
  }
  void onFullChange()  {
    opening = '2';
    opening_status = "Curtain is full open" ;
    ls_full = true;
    ls_close = false;
    ls_half = false;
    open_curtain();
  }
```

智慧型手機

執行 IoT Remote 並登入，點選 curtain_dashboard 儀表板，如圖 10.54，顯示目前窗簾位在「拉開一半」位置。

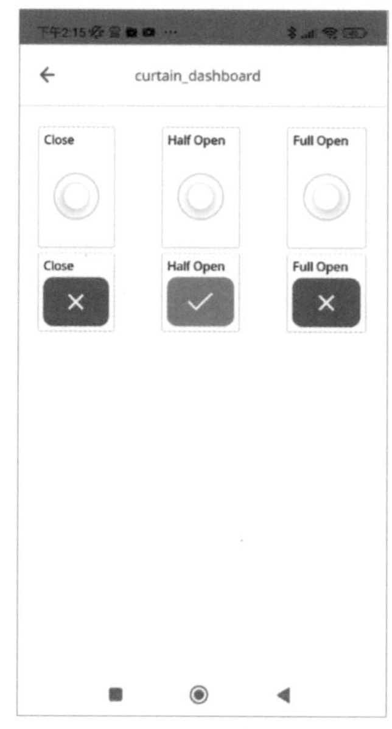

圖 10.54　手機使用者介面

樹莓派

1. 流程規劃：對照圖 10.23，仍採用原 button 儀表結點，只是改變輸出訊息為 Boolean 型態，保留 text 結點，刪除 mqtt in、mqtt out 結點，新增 3 個 Arduino IoT Cloud 屬性（輸入屬性）、1 個 Arduino IoT Cloud 屬性（輸出屬性），如圖 10.55。

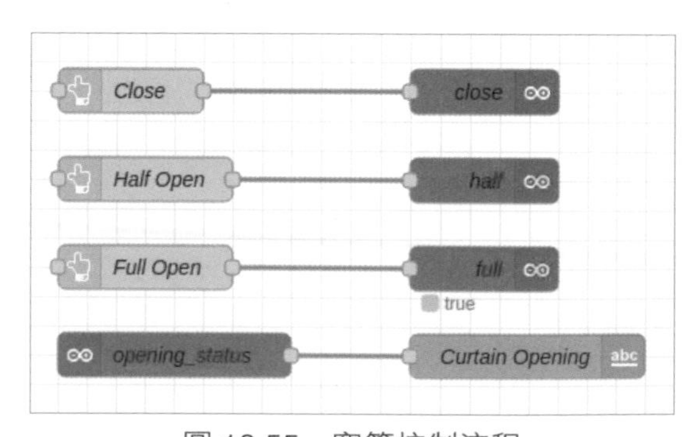

圖 10.55　窗簾控制流程

2. 結點說明

- button
  - 3 個 button 儀表結點，名稱分別為 Close、Half Open、Full Open，按壓後輸出 true（與 10.2 節輸出是 0、1、2 不同，請留意）
- Arduino IoT Cloud property（輸入屬性）
  - 3 個輸入屬性結點，變數名稱分別為 close、half、full，複製 Arduino IoT Cloud 產生的 API Key，沿用 Temp_Humi，貼至 Client ID、Client secret
- Arduino IoT Cloud property（輸出屬性）
  - 變數名稱為 opening_status，沿用 Temp_Humi
  - 將 ESP8266 傳回字串輸出至 text 結點

3. 執行結果：使用者介面如圖 10.29。

10.6 應用 Arduino IoT Cloud 控制百葉窗

百葉窗控制方式與電路與 10.3 節相同。

Arduino IoT Cloud

1. **Device**：沿用第 6 章建立的「裝置」ESP8266-1。
2. **Thing**：建立新「物」shutter，連結 ESP8266-1，新增 bool 變數 manually、3 個整數變數 illuminance、opening、opening_demand，並完成無線網路 SSID 與密碼設定。

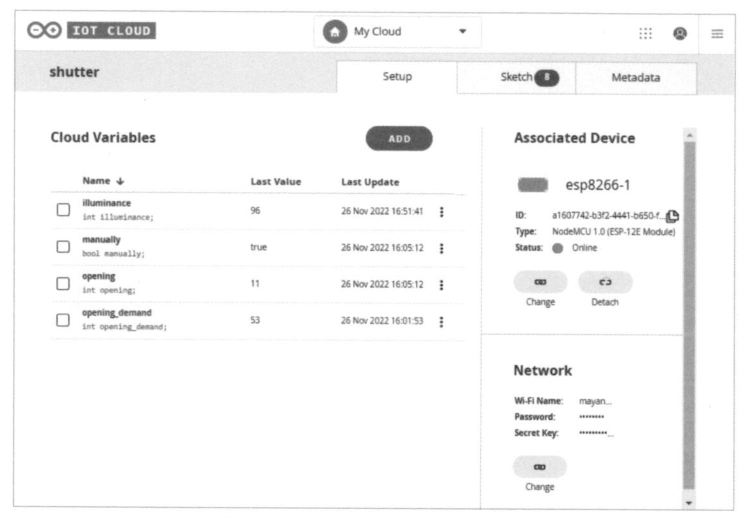

圖 10.56　物 shutter 編輯

3. **Dashboard**：名稱 shutter_dashboard，儀表板如圖 10.57

(1) switch 小部件：名稱為 MANUAL OPERATION，連結 manually 變數。

(2) slider 小部件：名稱為 OPENING，連結 opening_demand 變數。

(3) gauge 小部件：名稱為 ILLUMINANCE，連結 illuminance 變數。

(4) value 小部件：名稱為 STATUS（Shutter open %），連結 opening 變數。

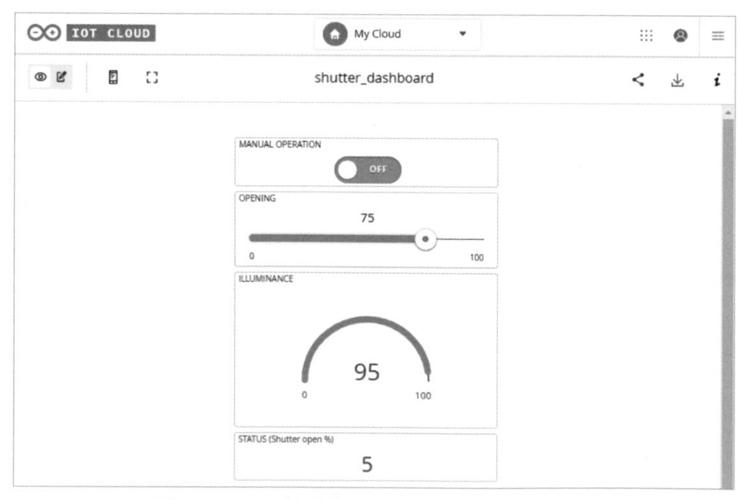

圖 10.57　儀表板：shutter_dashboard

ESP8266 NodeMCU

1. 電路布置：與 10.3 節採用相同電路，伺服馬達控制訊號接 D1 腳位，照度類比訊號接 A0 腳位。
2. 程式：百葉窗控制方式與 10.3 節相同。
   (1) 自動模式：100 減去相對照度為百葉窗開度，設定伺服馬達轉動角度，同時更新雲端變數 illuminance、opening。
   (2) 手動模式：當雲端變數 manually 為 true 時，使用者介面 slider 改變百葉窗開度觸發 onOpeningDemandChange 函式，設定伺服馬達轉動角度。

```
/*
  The following variables are automatically generated and updated
when changes are made to the Thing

  int illuminance;
  int opening;
  int opening_demand;
  bool manually;
*/

#include "thingProperties.h"
#include <Servo.h>
#define servo_pin  D1

Servo servo1;
void setup() {
  Serial.begin(9600);
  servo1.attach(servo_pin);
  servo1.write(0);
  delay(1500);
  initProperties();
  ArduinoCloud.begin(ArduinoIoTPreferredConnection);
  setDebugMessageLevel(2);
  ArduinoCloud.printDebugInfo();
}
```

```
void loop() {
  ArduinoCloud.update();
  delay(2000);
  illuminance = map(analogRead(A0), 0, 1023, 100, 0);
  Serial.print("Illuminance =");
  Serial.println(illuminance);
  if (!manually) {
    opening = 100 - illuminance;
    servo1.write(map(opening, 0, 100, 0, 90));
  }
}
void onOpeningDemandChange()  {
  if (manually) {
    opening = opening_demand;
    servo1.write(map(opening, 0, 100, 0, 90));
  }
}
```

智慧型手機

執行 IoT Remote 並登入，點選 shutter_dashboard 儀表板，如圖 10.58，顯示目前照度 95%，以手動方式設定百葉窗開度 62%。

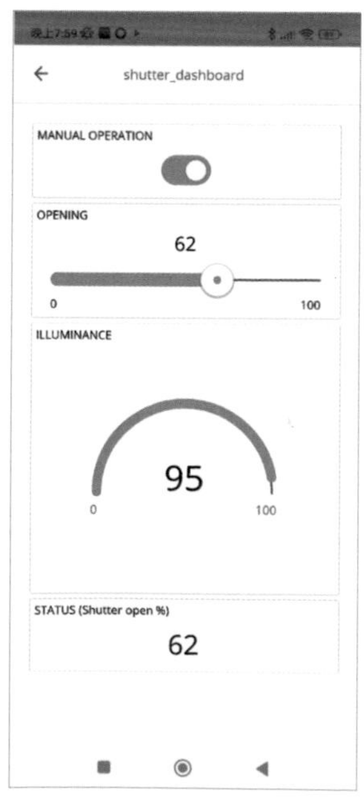

圖 10.58　手機使用者介面

樹莓派

1. 流程規劃：對照圖 10.32，大幅度修改簡化，保留原儀表結點，新增 2 個 Arduino IoT Cloud 屬性（輸入屬性）、2 個 Arduino IoT Cloud 屬性（輸出屬性）、1 個 function 結點，如圖 10.59。

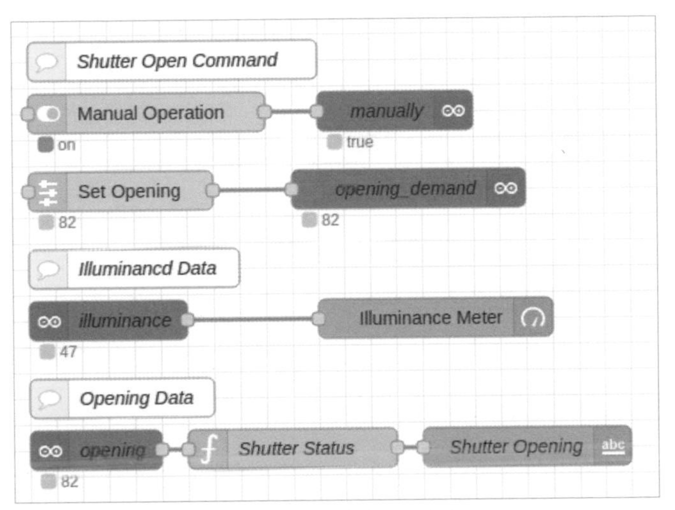

圖 10.59　百葉窗控制流程

2. 結點說明
   - Arduino IoT Cloud property（輸入屬性）
     - 複製 Arduino IoT Cloud 產生的 API Key，沿用 Temp_Humi，貼至 Client ID、Client secret
     - 2 個輸入屬性結點，分別連結雲端變數 manually、opening_demand
   - Arduino IoT Cloud property（輸出屬性）
     - 複製 Arduino IoT Cloud 產生的 API Key，沿用 Temp_Humi，貼至 Client ID、Client secret
     - 2 個輸出屬性結點，分別連結雲端變數 illuminance、opening

- function：名稱 Shutter Status，設定百葉窗開度訊息，如圖 10.60

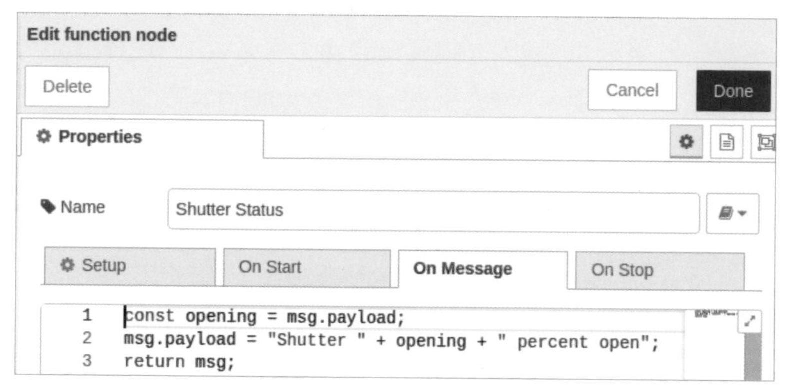

圖 10.60　function 結點編輯：Shutter Status

3. 執行結果：使用者介面如圖 10.44。

本章習題

10.1 試設計一電動熱水瓶（electric water boiler）控制系統，設定早上 5 時開啟電源，開始煮水，晚上 11 時關掉電源，達到省電功效。ESP8266 NodeMCU 設繼電器模組，利用常開接點控制電動熱水瓶電路。MQTT 伺服器、指令訊息發布者設在樹莓派，ESP8266 NodeMCU 為指令訂閱者。註：使用低準位觸發繼電器模組。

10.2 試設計花圃自動灌溉（irrigation）控制系統，設定每天上午 10 時，打開電磁閥開關，15m 後，關掉開關。ESP8266 NodeMCU 設繼電器模組，利用常開接點控制電磁閥。MQTT 伺服器、指令訊息發布者設在樹莓派，ESP8266 NodeMCU 為指令訂閱者。註：常閉電磁閥，通電時開啟。使用低準位觸發繼電器模組。

10.3 試設計寵物自動餵食（feeding）控制系統，ESP8266 NodeMCU 設伺服馬達控制飼料出口閘門的開啟與關閉。設定 3 個時段：上午 8 時、中午 12 時、下午 6 時，每到設定時間，伺服馬達旋轉 90° 打開閘門，停留 10s 後，伺服馬達旋轉至 0° 關閉閘門。MQTT 伺服器、指令訊息發布者設在樹莓派，ESP8266 NodeMCU 為指令訂閱者。

10.4 利用 Arduino IoT Cloud 雲端伺服器與樹莓派 Node-RED 流程重做習題 10.3。註：不使用樹莓派 MQTT 伺服器。

MEMO

11

CHAPTER

居家安全監視系統

本章利用樹莓派建立居家安全監視系統，功能包括：

- 偵測有人進出大門，蜂鳴器發出警示聲響，拍照、寄信
- 伺服馬達驅動攝影機座 180° 旋轉，觀看各角度即時影像
- 以手動模式按下按鍵，拍照、寄信
- 照片檔案名稱依據取像日期、時間命名

基本硬體組成：

- 樹莓派
- 紅外線反射式感應開關
- 網路攝影機
- 蜂鳴器
- 伺服馬達

電路布置

1. 紅外線反射式感應開關：訊號輸出至樹莓派 GPIO27，感應開關與樹莓派共接地。
2. 伺服馬達：控制訊號輸入接樹莓派 GPIO13。
3. 蜂鳴器：接樹莓派 GPIO12。
4. 網路攝影機：以 USB 電纜線接至樹莓派，攝影機座裝在伺服馬達轉軸上。

電路如圖 11.1。

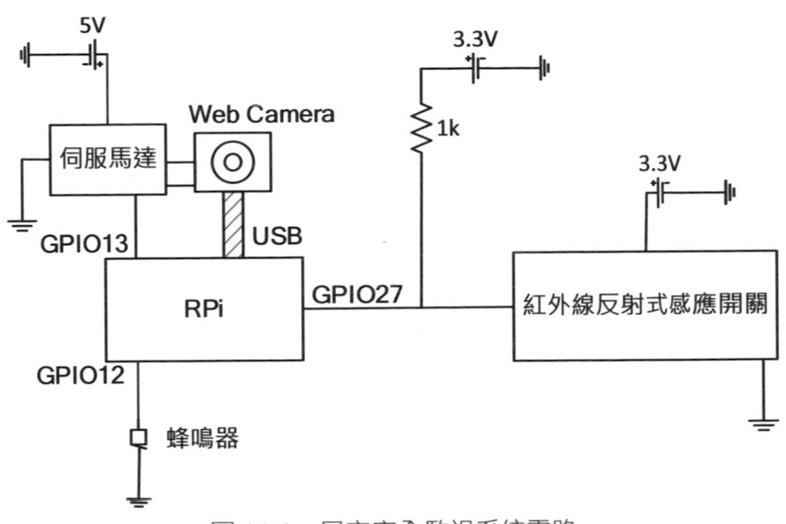

圖 11.1 居家安全監視系統電路

樹莓派設定

除了使用 Node-RED 撰寫程式、建立使用者介面外，還需要其他前置作業配合。

1. 攝影機相關設定

   將網路攝影機當成監視器，需安裝 motion 程式（官網：https://motion-project.github.io/index.html）。motion 程式可以監視多台攝影機影像，同時可以偵測運動，本書僅用它來以串流方式將攝影機所拍攝的影像即時呈現在網頁上。本書使用 motion 版本 4.3.2。

   (1) 安裝 motion

   ```
   $ sudo apt install motion
   ```

   （參考資料：https://motion-project.github.io/motion_guide.html）

   (2) 修改設定檔案：安裝完成後，打開設定檔進行修改

   ```
   $ sudo nano /etc/motion/motion.conf
   ```

   （參考資料：https://motion-project.github.io/motion_config.html）

到檔案最底，新增 logfile 設定

```
logfile /home/pi/motion/motion.log
```

註：pi 為預設使用者，若設其他使用者名稱，請更換名稱。

(3) 新增目錄、設定 log 檔案讀寫權限：log 檔案名稱 motion.log

```
$ cd /home/pi
$ mkdir motion                                    # 新增目錄 motion
$ cd motion
$ touch motion.log                                # 建立空檔案
$ sudo chown motion:motion motion.log
                        # 設定 motion.log 的擁有者與群組為 motion
                        #  motion 群組在安裝 motion 過程中自動建立
```

（參考資料：https://raspberrypi.stackexchange.com/questions/78715/motion-daemon-var-log-motion-motion-log-permission-denied）

(4) 啟動 motion：手動方式啟動 motion 程式

```
$ sudo systemctl start motion
```

(5) 檢視 motion 服務狀態

```
$ sudo service motion status
```

若字幕中有一行顯示 active (running)，例如

```
Active: active (running) since Mon 2022-12-19 10:33:18 CST;
3s ago
```

表示 motion 正常運作。

(6) 觀看即時監視影像：打開網頁瀏覽器，網址 http://localhost:8081；8081 為第 1 部攝影機預設的串流埠號，第 2 部為 8082，以此類推。

(7) motion 與 fswebcam 不可以同時執行，拍攝照片時必須先終止 motion 程式，終止 motion 指令

```
$ sudo systemctl stop motion
```

2. 電子信箱設定

使用 google mail server 將所拍攝的照片寄至自己電子信箱，讀者若無 google 帳號，請即刻申請。進入 Google 帳戶設定頁面 > 安全性 > 登入 Google，如圖 11.2。設定「應用程式密碼」

- 選取應用程式：郵件
- 選取裝置：iPhone、Windows 電腦、或其他（自訂名稱）

如圖 11.3，點擊「產生」，即產生 16 字元密碼，如圖 11.4，這密碼用在 Node-RED。

註：Google 為保護帳戶安全，自 2022 年 5 月 30 日起將不再支援第三方應用程式或裝置只要求以使用者名稱和密碼登入 Google 帳戶，也建議一律關閉「低安全性應用程式存取權」設定。（參考資料：https://support.google.com/accounts/answer/6010255?hl=en#:~:text=Turn%20off%20%22Less%20secure%20app,Allow%20less%20secure%20apps%20off.）

圖 11.2　Google 帳戶安全設定

圖 11.3　產生應用程式密碼

系統產生的應用程式密碼

Email

securesally@gmail.com

Password

••••••••••••

您裝置專用的應用程式密碼

bloi qsda uqmj gxyi

使用方式

在您想設定 Google 帳戶的應用程式或裝置上前往帳戶的「設定」頁面，然後將您的密碼替換成上方的 16 字元密碼。
這個應用程式密碼就如同您平常使用的密碼，可授予完整的 Google 帳戶存取權限。您不需要記住這組密碼，因此，請勿將密碼寫下或透露給任何人知道。

完成

圖 11.4　裝置專用應用程式密碼

流程規劃

流程如圖 11.5，分成 4 個部分：

- Take Photo：手動拍照、寄信
- Monitoring：監測區紅外線感測、蜂鳴器響起、拍照、寄信
- Rotate Camera：旋轉攝影機座
- Browse localhost: 8081：觀看即時影像

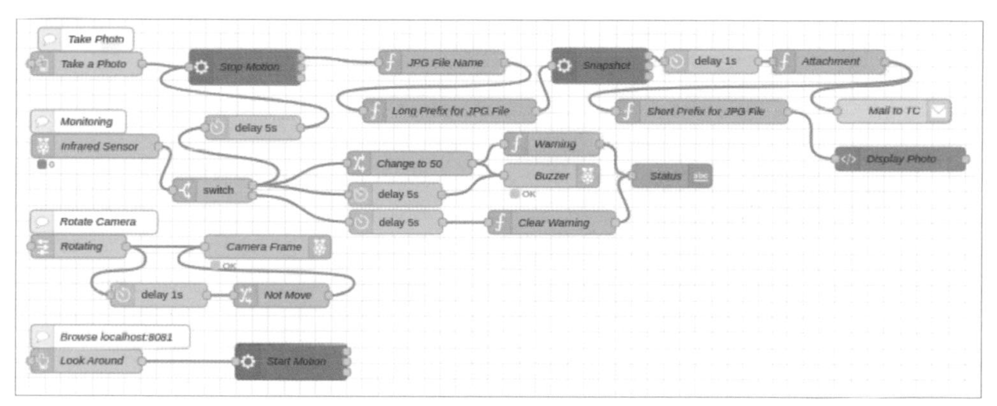

圖 11.5　居家安全監視系統流程

使用者介面設計

按 Node-RED 網頁右上角「≡」> View > Dashboard > Layout，「+tab」新增頁籤 [Security]，「+group」新增群組 Functions、Display，Functions 群組為控制介面，在「流程規劃區」新增 2 個 button、1 個 slider、以及 1 個 text 結點；Display 為照片顯示介面，新增 1 個 template 結點，如圖 11.6。

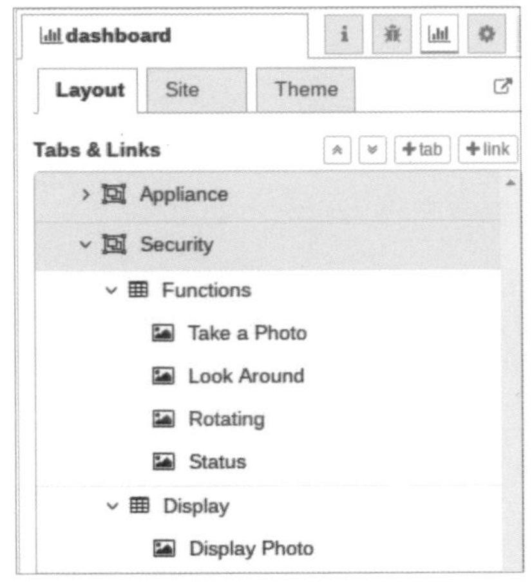

圖 11.6　使用者介面設計：Security

各結點說明

1. Take Photo

(1) button：名稱與標籤均為「Take a Photo」，點擊按鍵觸發下一個結點。

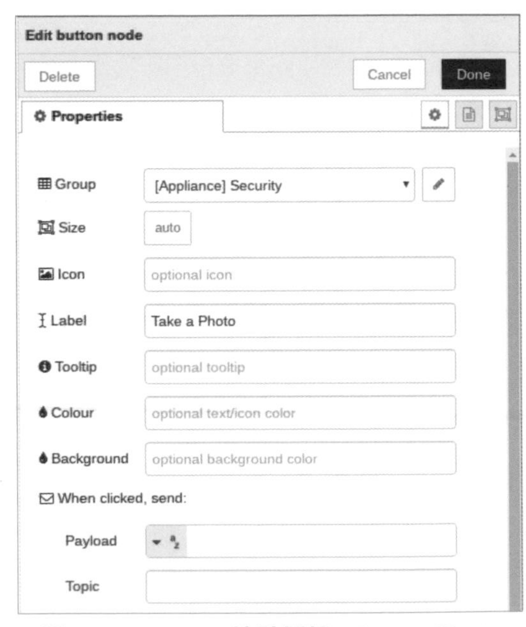

圖 11.7　button 結點編輯：Take a Photo

(2) function：

- JPG File Name：根據日期、時間組成檔案名稱，例如：2022 年 11 月 7 日 14 時 28 分 10 秒，檔案名稱為 7-14-2810.jpg

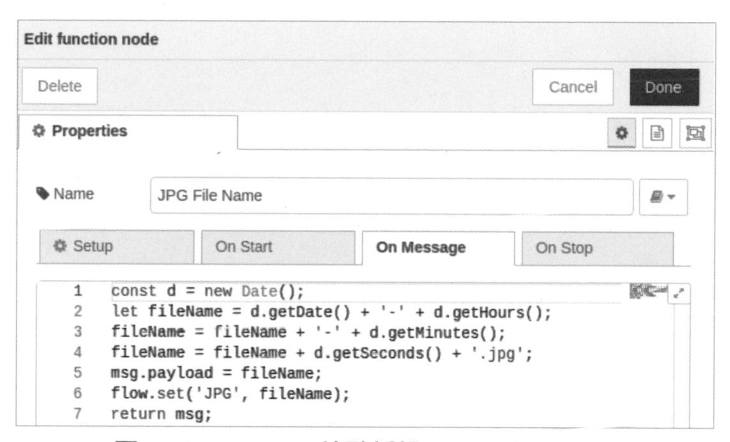

圖 11.8　function 結點編輯：JPG File Name

- Long Prefix for JPG File：照片檔案完整路徑，照片放在 .node-red/public/images 目錄。註：.node-red 目錄位在 pi 目錄下，為隱藏目錄，可以執行 $ ls -a 查看，請讀者建立 public 目錄，並在 public 目錄下建立 images 目錄，本例照片存於此目錄下。在執行「fswebcam」指令時，完整的檔案路徑（相對於使用者主目錄：/home/pi）是必須的。同時，儲存 flow 變數 'LongJPG'

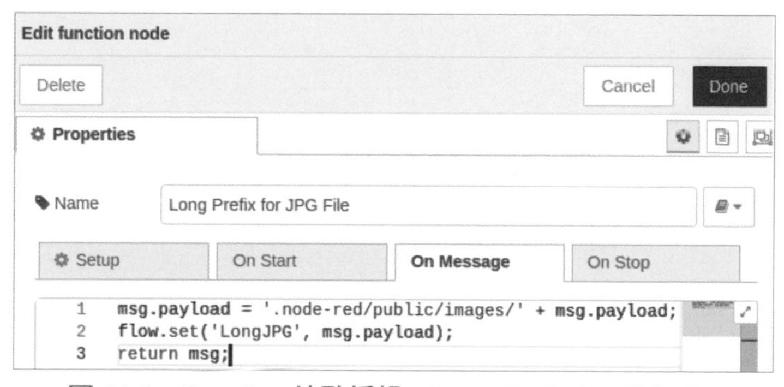

圖 11.9　function 結點編輯：Long Prefix for JPG File

- Short Prefix for JPG File：照片檔案部分路徑，由於使用者介面使用 template 結點僅需部分路徑（此部分用於照片顯示）。filename 為照片檔案名稱，取自 flow 變數 'JPG'，輸出訊息負載為 '/images/' 串接檔案名稱，例如：照片檔案名稱為 '7-14-2810.jpg'，輸出訊息為 '/images/7-14-2810.jpg'

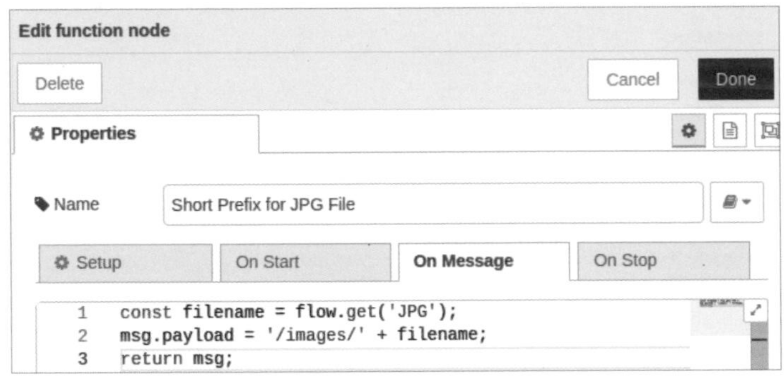

圖 11.10　function 結點編輯：Short Prefix for JPG File

- Attachment：編輯電子信函，內容為附加照片檔案，filename1 為檔案名稱，取自 flow 變數 'JPG'，filename2 為完整路徑名稱，取自 flow 變數 'LongJPG'，路徑必須完全正確，否則照片無法寄出

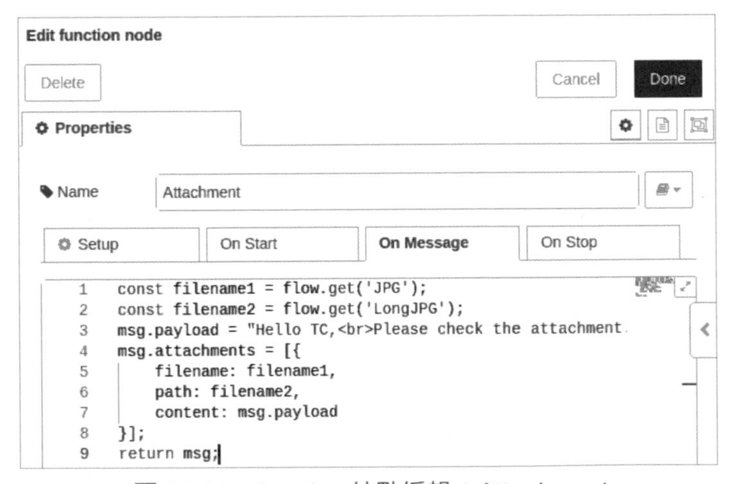

圖 11.11　function 結點編輯：Attachment

(3) exec：

- Stop Motion：停止 motion 指令—sudo systemctl stop motion，如圖 11.12，其中 +Append 不勾選 msg.payload

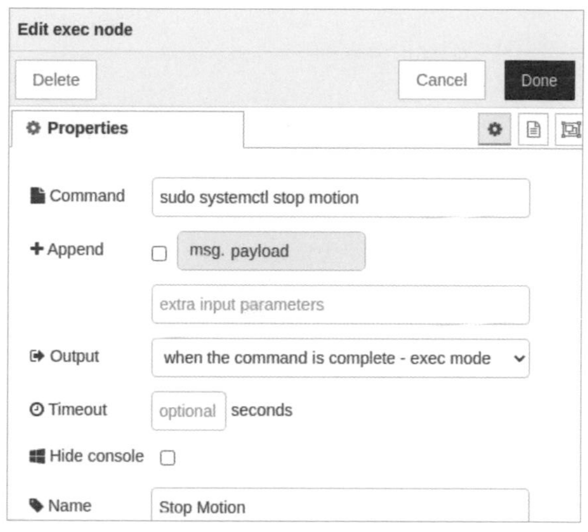

圖 11.12　exec 結點編輯：Stop Motion

- Snapshot：執行拍照指令—fswebcam --no-banner -r 640x480 msg.payload，照片檔案名稱為前一個結點的 msg.payload

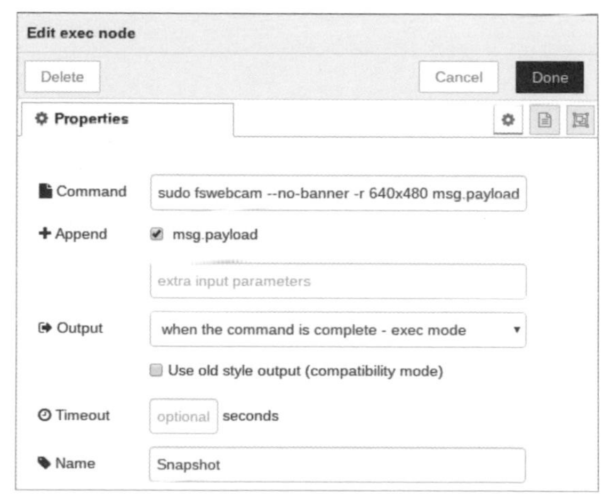

圖 11.13　exec 結點編輯：Snapshot

(4) email：名稱為 Mail to TC，使用 google mail server：smpt.gmail.com，Userid 為電子信箱帳號，To 與 Userid 相同，表示寄信給自己，本例為筆者信箱 **tclinnchu@gmail.com**，Password 為在 Google 帳戶取得的「應用程式密碼」。

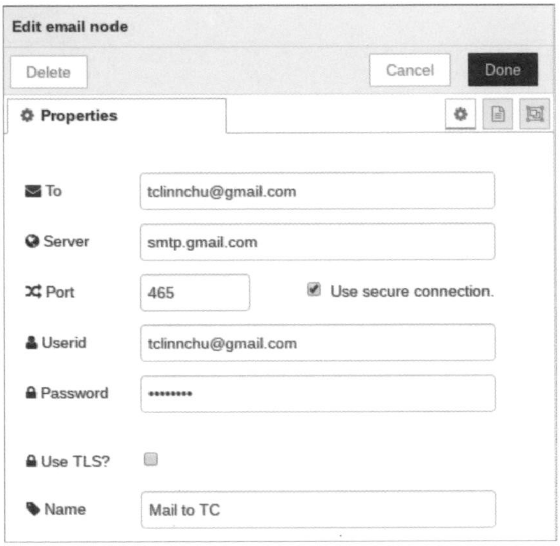

圖 11.14　email 結點編輯：Mail to TC

(5) template：名稱為 Display Photo，利用 html 的 img 標籤將圖片插入使用者介面網頁上：<img src={{msg.payload}} height='480' width='640' id='img' >。此結點隸屬於 [Security] Display 群。執行本例前，需更改 Node-RED 相關設定，設定檔 settings.js 位於 .node-red 目錄下，它涉及相當多內容，讀者若不清楚相關細節，請勿任意更動。打開、編輯 settings.js，

```
$ sudo nano .node-red/settings.js
```

搜尋 httpStatic，通常該行預設為註解（//），解除註解，更改內容：

```
httpStatic: '/home/pi/.node-red/public/',
```

儲存後，停止 node-red，再重新啟動 node-red。由「Short Prefix for JPG File」結點產生的照片部分路徑，它的第 1 個「/」會被 httpStatic 替

換掉，例如：照片路徑為 '/images/7-14-2810.jpg'，在 template 中會變成 '/home/pi/.node-red/public/images/7-14-2810.jpg'。若未正確設定，找不到照片檔案，將無法呈現預期的使用者介面。

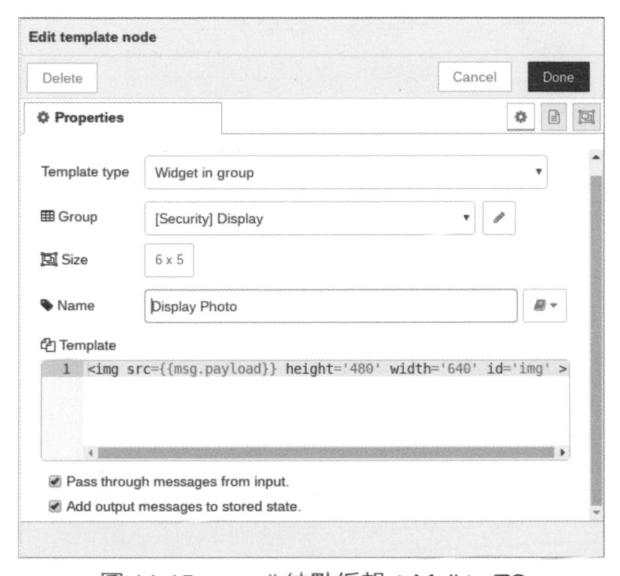

圖 11.15 email 結點編輯：Mail to TC

2. Monitoring

紅外線反射式感應開關結點後，流程分支：

- 有物體進入監測區，
  - 延遲 5s，拍照、寄信
  - 頁面顯示警語，5s 後清除
  - 蜂鳴器響 5s
- 監測區淨空，5s 後清除先前警語

(1) rpi-gpio in：名稱為 Infrared Sensor，設定 GPIO27 為輸入腳位，Resistor? none 表示未使用內部提升或下降電阻，預設反彈跳時間 25ms，有物體進入監測區時，輸出低準位。

圖 11.16　rpi-gpio in 結點編輯：Infrared Sensor

(2) switch：2 個輸出，msg.payload 等於 0 時，輸出 1；等於 1 時，輸出 2。

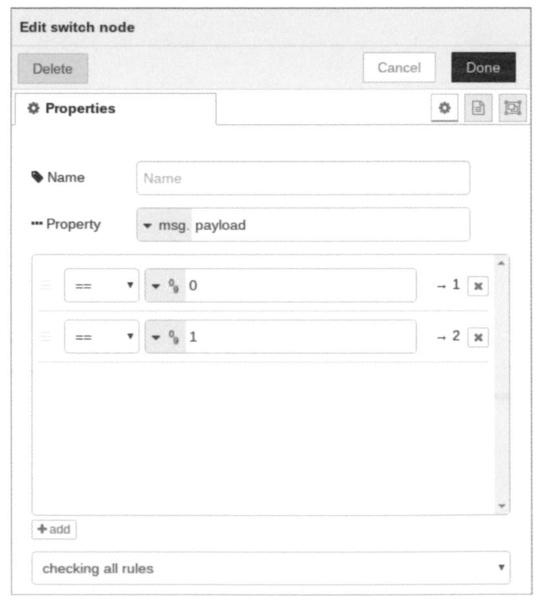

圖 11.17　switch 結點編輯

(3) change：

- Change to 50：設定 PWM 訊號占空比為 50%，產生方波訊號，作為蜂鳴器使用

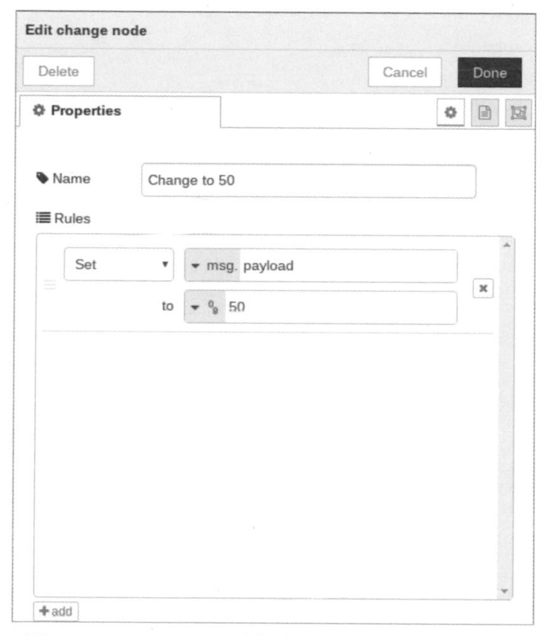

圖 11.18　function 結點編輯：Change to 50

(4) function：

- Warning：產生警語「Invasion!! 」，表示有物體進入監測區

圖 11.19　function 結點編輯：Warning

- Clear Warming：清除警語

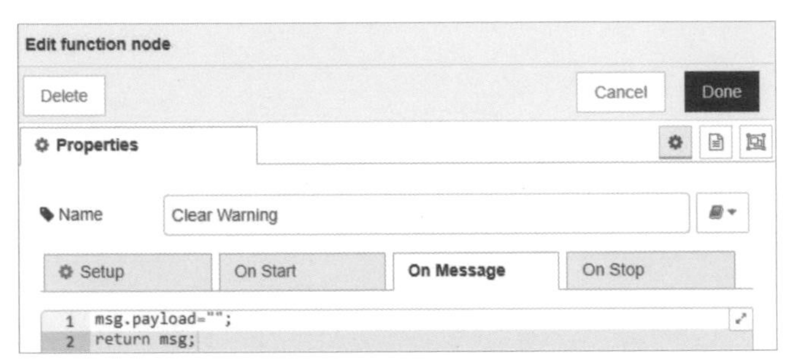

圖 11.20　function 結點編輯：Clear Warning

(5) rpi-gpio out：名稱為 Buzzer，輸出 PWM 訊號至蜂鳴器，設定 GPIO12 為 PWM 輸出腳位，頻率 523Hz（高音 Do）。

圖 11.21　rpi-gpio out 結點編輯：Buzzer

(6) delay：蜂鳴器響 5s 後停止。

(7) text：名稱為 Status，標籤為「STATUS>>」，顯示門禁狀態。

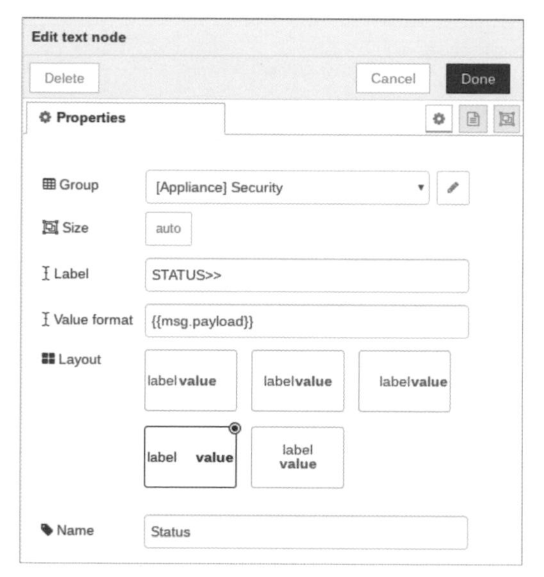

圖 11.22 text 結點編輯：Status

3. Rotate Camera

(1) slider：名稱為 Rotating，標籤為「ROTATING」，範圍為 2.5 ～ 12.5，為 PWM 訊號的占空比，2.5—伺服馬達轉軸 0°，12.5—伺服馬達旋轉 180°，最小刻度 0.1，相當於 1.8°。Output「only on release」，鬆開滑鼠按鍵才輸出數值。

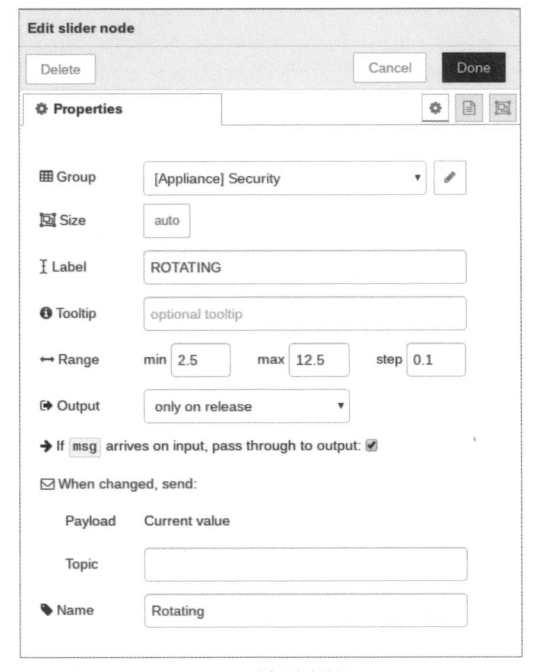

圖 11.23　slider 結點編輯：Rotating

(2) change：名稱為 Not Move，輸出 0，伺服馬達停止轉動。

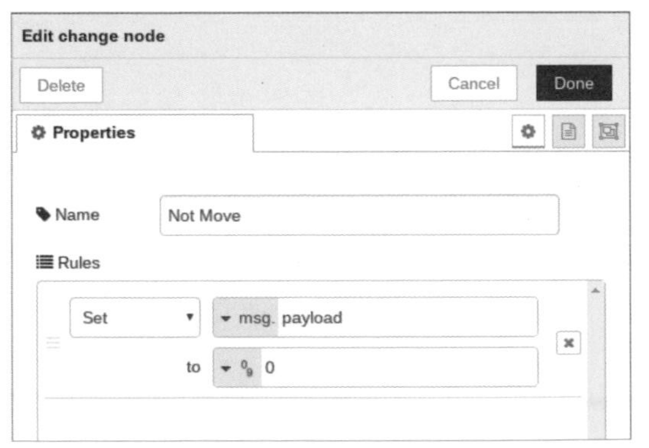

圖 11.24　change 結點編輯：Not Move

(3) rpi-gpio out：名稱為 Camera Frame，輸出 PWM 訊號至伺服馬達，設定 GPIO13 為 PWM 輸出腳位，頻率設為 50Hz。

圖 11.25　rpi-gpio out 結點編輯：Camera Frame

4. Browse localhost:8081

(1) button：名稱為 Look Around，標籤為「LOOK AROUND」，點擊按鍵觸發下一個結點。

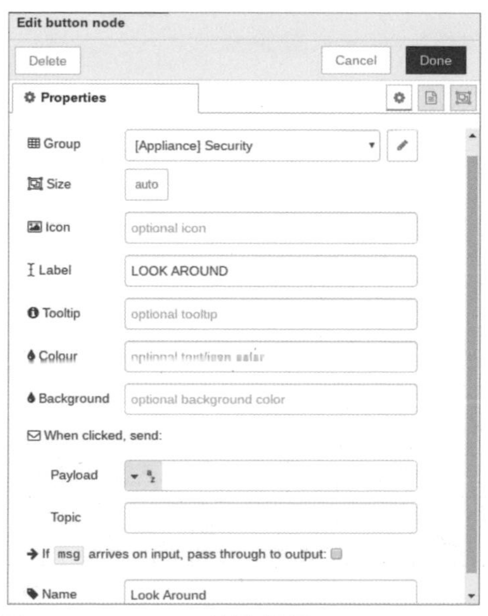

圖 11.26　button 結點編輯：Look Around

(2) exec：名稱為 Start Motion，執行啟動 motion 指令—sudo systemctl start motion，如圖 11.27，其中 +Append 不勾選 msg.payload。

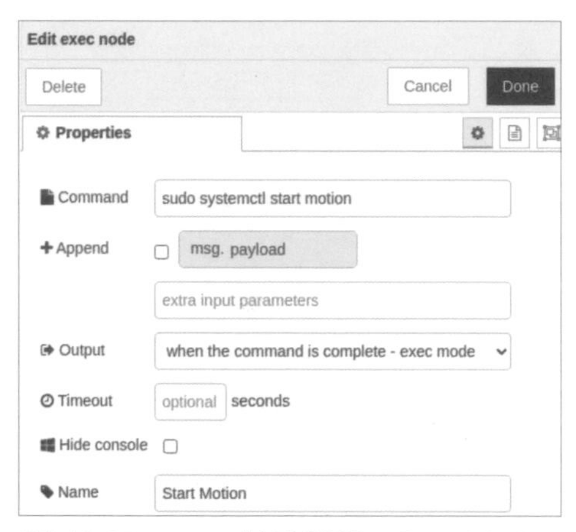

圖 11.27　exec 結點編輯：Start Motion

執行結果

使用者介面如圖 11.28，設定伺服馬達 PWM 訊號占空比為 6%，攝影機座轉 63°，點擊「TAKE A PHOTO」，拍照、寄信；點擊「LOOK AROUND」後，訪問 http://localhost:8081 網頁，觀看即時影像。

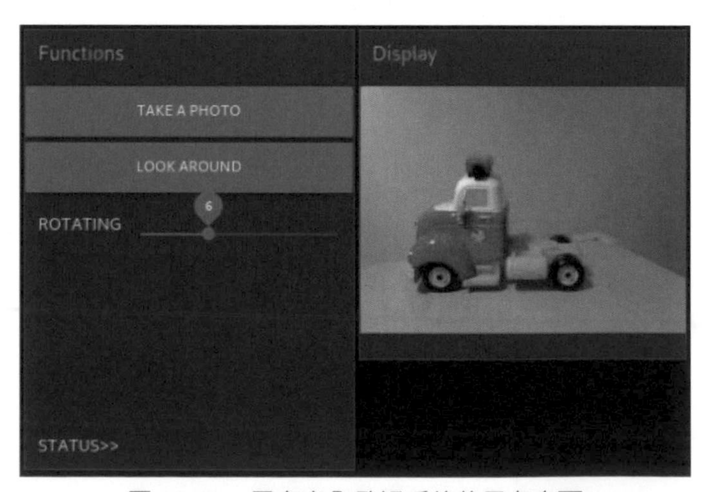

圖 11.28　居家安全監視系統使用者介面

本章習題

11.1 試在居家安全監視系統中增設窗戶開啟偵測，利用磁簧開關（或門窗開關）裝在窗戶與窗框，窗戶緊閉時，磁簧互相吸引，電路呈現導通狀態，一旦打開窗戶，磁簧彼此分離，電路斷開，即時發出警示。窗戶緊閉時，顯示 'Window is closed!'，窗戶一旦開啟，即時顯示 'Invasion!!'，蜂鳴器響起，2s 後停止。磁簧開關接至 ESP8266 NodeMCU，蜂鳴器設在樹莓派。ESP8266 NodeMCU 為窗戶啟閉狀態的訊息發布者，樹莓派為訂閱者，同時 MQTT 伺服器設在樹莓派。

11.2 試設計停車場車位計數與柵欄啟閉控制系統，進出口各有 1 個 MG995 伺服馬達，馬達旋轉 90°，柵欄開啟，轉回 0°，柵欄關閉，各裝設有網路攝影機。以按壓開關控制入口柵欄，按下按壓開關時，柵欄開啟，同時拍攝一張照片，檔案名稱為 IN-DD-HH-MM-SS.jpg（DD -- 日期、HH -- 時、MM -- 分、SS -- 秒），在出口處紅外線反射式感應開關感測到物體時，拍攝一張照片，檔案名稱為 OUT-DD-HH-MM-SS.jpg。

MEMO

12 CHAPTER 使用者介面客製化

前幾章使用者介面的按鍵、開關等，包括它們的圖標、顏色，都是使用 Node-RED 預設，相當制式的格式，若要讓它更活潑、更多樣，Node-RED 提供一些工具，可以依據個人喜好客製化使用者介面。使用者介面有頁籤（Tab）、群組（Group）、小部件（Widget）（即配置在各群組的按鍵、開關、儀表等）等組成，可以針對這些組成的外觀風格進行設計。本章的內容包括：

- 主題設計（Theme）
- 介面格式設計（Site）
- 版面配置（Layout）

12.1 主題設計

主題設計（Theme）是對頁面整體風格以及色彩、字型的統一設定。按 Node-RED 網頁右上角「≡」> View > Dashboard > Theme，預設為「Light」風格、「System Font」字型，如圖 12.1。

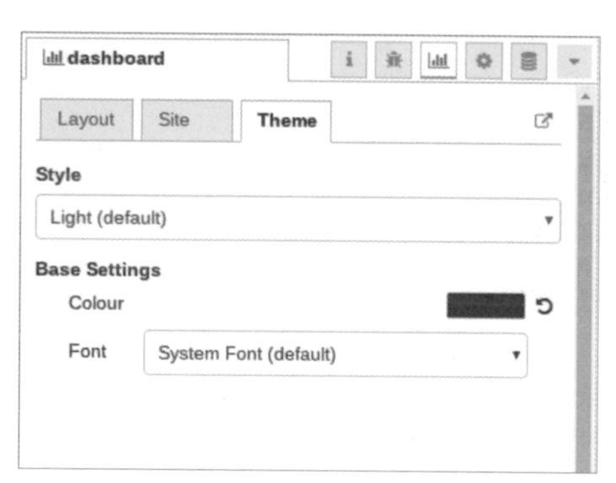

圖 12.1　主題設計

先規劃一個簡單的使用者介面，由 button、switch、slider、gauge 結點組成流程，其中 slider 輸出數值至 gauge，如圖 12.2，再以這個使用者介面說明如何客製化。

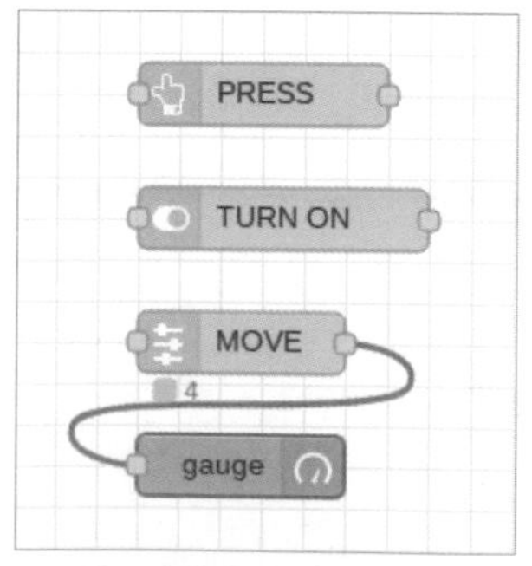

圖 12.2　簡單流程

色彩調配

1. 明亮背景：Theme > Style > Light (default)，點擊 Base Settings > Colour 色塊，調色盤如圖 12.3，設定 RGB 灰階值：R=8、G=0、B=206，灰階值範圍 0 ~ 255。改變設定後的使用者介面如圖 12.4，圖中 TURN ON 為 switch，它的圖標非預設圖標，稍後說明如何取得。

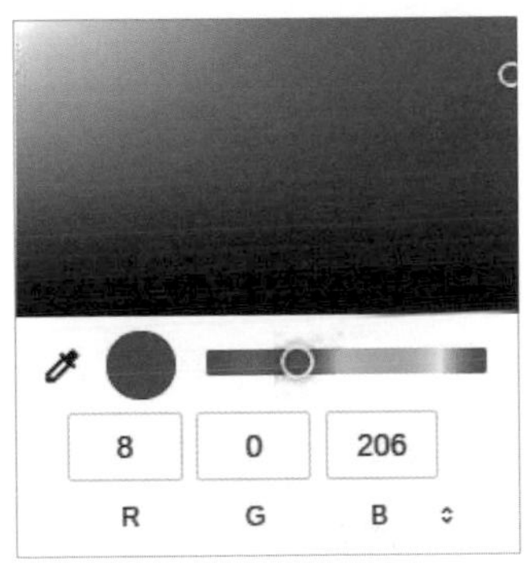

圖 12.3　調色盤：R=8、G=0、B=206

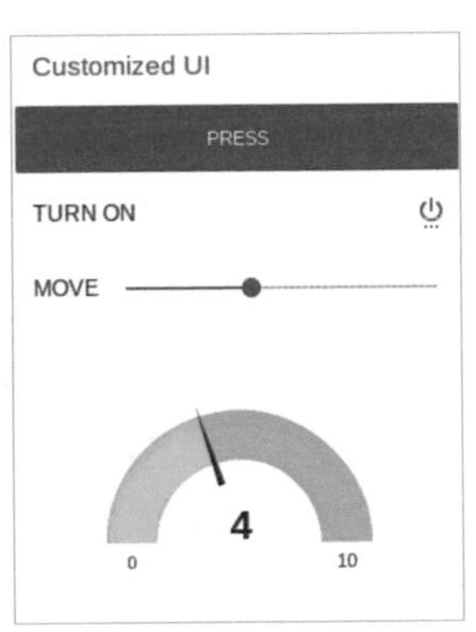

圖 12.4　明亮背景使用者介面

2. 深暗背景：Theme > Style > Dark。顏色資料除了設定 RGB 灰階值外，也可以設定 3 個灰階值組合的十六進位數 (HEX)，本例為 #337909。改變設定後的使用者介面如圖 12.6。

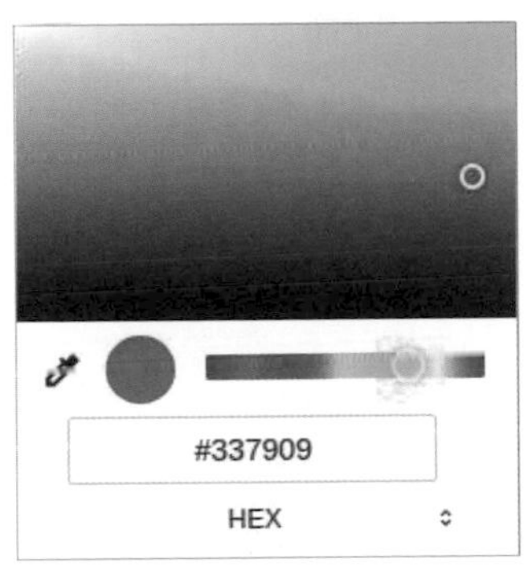

圖 12.5　調色盤：#337909

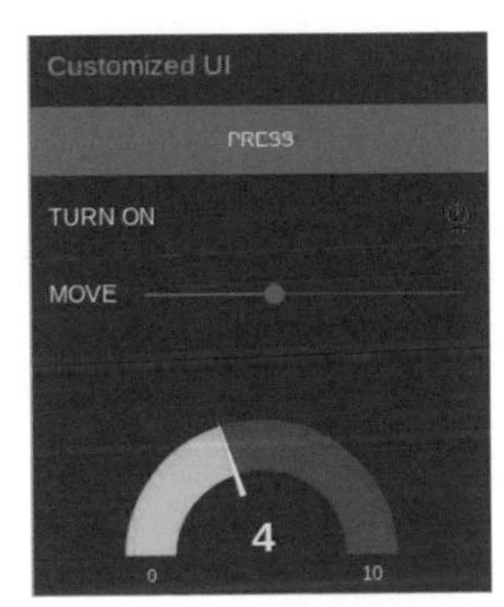

圖 12.6　深暗背景使用者介面

客製化使用者介面色彩

Theme > Style > Custom，設定顏色步驟與前面相同，可以逐項設定，如圖 12.7。

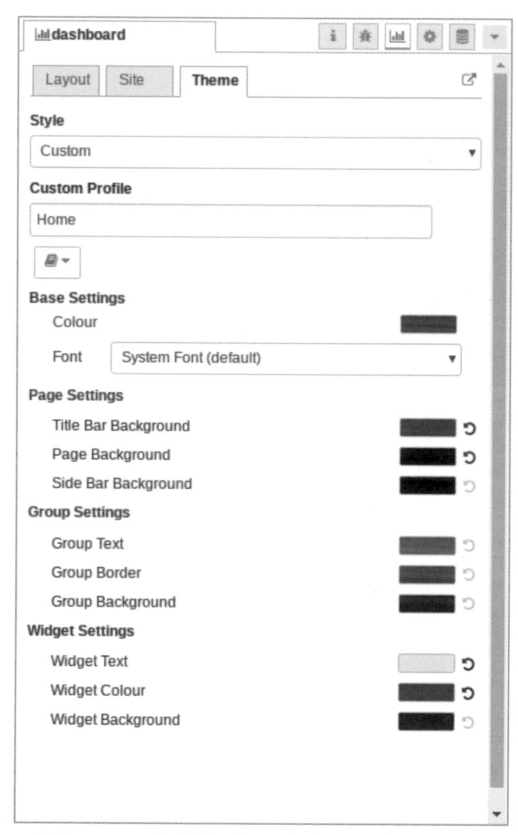

圖 12.7　客製化使用者介面顏色與字型

1. **Custom Profile**：使用資料庫儲存的 Custom Profile，或在本次完成設定後，儲存供以後使用，本例名稱為 Home。
2. **Base Settings**：選擇主要色系與字型。

3. **Page Settings**

   (1) Title Bar Background：設定標題背景顏色。

   (2) Page Background：設定頁面背景顏色。

   (3) Side Bar Background：設定側邊選單背景顏色。

4. **Group Settings**

   (1) Group Text：群組文字顏色。

   (2) Group Border：群組邊線顏色。

   (3) Group Background：群組背景顏色。

5. **Widget Settings**

   (1) Widget Text：小部件文字顏色。

   (2) Widget Colour：小部件顏色。

   (3) Widget Background：小部件背景顏色。

將前面使用者介面的小部件文字設為藍色（#0410F9）、小部件設為橘色（#FCB908）、背景設為灰色（#A9B1BC），改變設定後的使用者介面如圖 12.8。

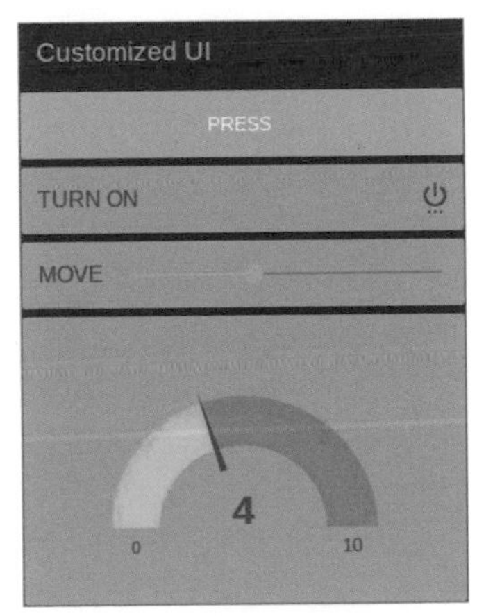

圖 12.8 客製化使用者介面

12.2 介面格式設計

介面格式設計主要針對使用者頁面的標題、側邊選單、群組與小部件寬度、切換頁籤方式等選項的設定，按 Node-RED 網頁右上角「≡」> View > Dashboard > Site，進入設定視窗，如圖 12.9。

圖 12.9　介面格式設定

1. **Title**：網頁顯示的標題，預設標題為 Node-RED Dashboard。
2. **Options**：
   (1) Show the title bar/Hide the title bar：顯示或隱藏標題。
   (2) Click to show side menu/Always show side menu/Always show icons only：點擊顯示 / 永遠顯示側邊選單 / 永遠只顯示圖標。
   (3) No swipe between tabs/Allow swipe between tabs/Allow swipe (+mouse) between tabs/Swipe to open/close menu：頁籤間不可滑動 / 允許滑動 / 允許滑鼠切換 / 滑動開啟或關閉選單，用於觸控螢幕。

(4) Node-RED theme everywhere/Use Angular theme in ui_template/Angular theme everywhere：採用 Node-RED 或 Angular 主題，即顏色與字型格式。

3. **Date Format**：設定圖表或標籤的日期格式，預設格式一DD/MM/YYYY。

4. **Sizes**：設定小部件、群組的尺寸。

(1) 1x1 Widget Size：小部件 1 個單位的尺寸，預設值一水平、垂直各 48 px（像素點）。

(2) Widget Spacing：小部件每一個單位間隔，預設值一6 px。

(3) Group Padding：群組區到邊框距離，預設值一0 px。

(4) Group Spacing：群組區間隔，預設值一6 px。

12.3 版面配置

按 Node-RED 網頁右上角「≡」> View > Dashboard > Layout，「+tab」新增頁籤 [Customized UI]，「+group」新增群組 Customized UI，如圖 12.10。

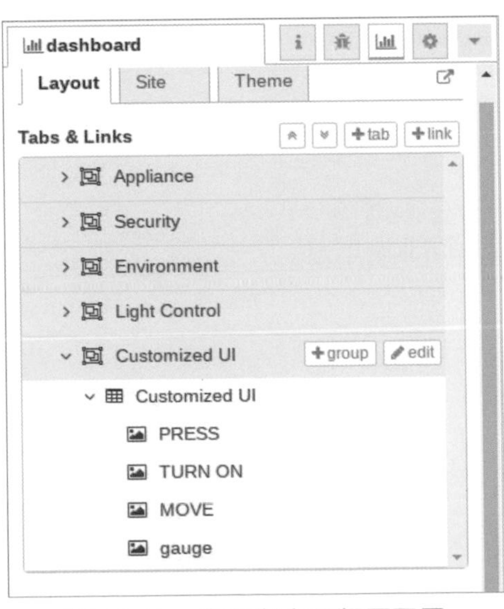

圖 12.10　使用者介面版面配置

1. 頁籤編輯：點擊頁籤 [Customized UI] > edit，如圖 12.11。顯示在側邊選單的圖標（Icon）預設為「dashboard」，可點擊 i 訊息視窗的「Material Design icon」(https://klarsys.github.io/angular-material-icons/) 或「Font Awesome icon」(https://fontawesome.com/v4.7.0/icons/)，查詢適宜的圖標，取得名稱，例如：「Material Design icon」的 assignment，取代原來的「dashboard」，可獲得如圖 12.12 側邊選單 [Customized UI] 頁籤的「assignment」圖標，圖中其餘 [Appliance] 與 [Security] 頁籤維持原有的「dashboard」圖標。如果使用「Font Awesome icon」圖標，名稱需在原名稱前面加上「**fa-**」，例如：「check-circle-o」，使用「fa-check-circle-o」。

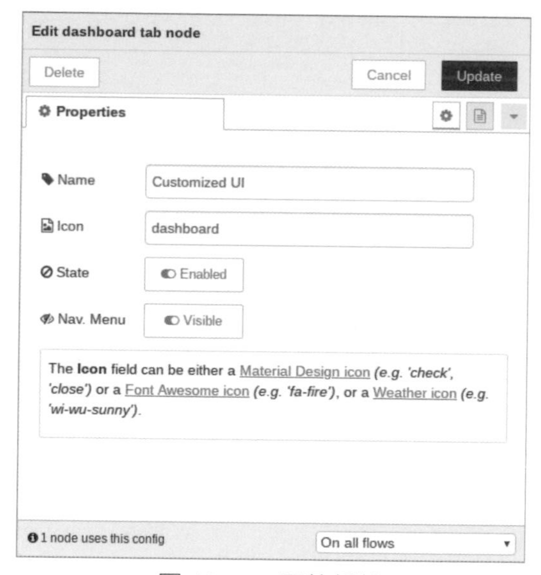

圖 12.11　頁籤編輯

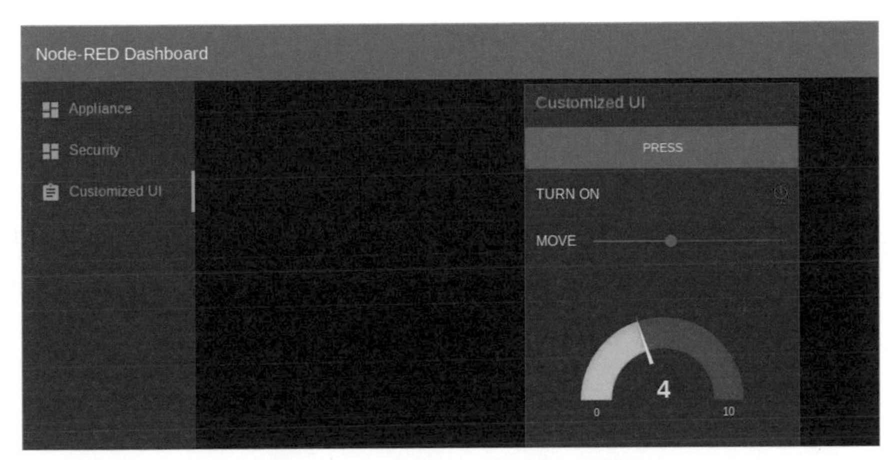

圖 12.12　頁籤：assigment 圖標

2. 群組編輯：點擊頁籤 [Customized UI] > 群組 Customized UI > edit，如圖 12.13。

   (1) Name：名稱為 Customized UI。

   (2) Tab：群組隸屬於 [Customized UI]。

   (3) Width：群組的「預設寬度」為 6 個單位，每個單位 48 px，加上各單位間隔 6 px，可以計算出群組預設寬度為 318 px。

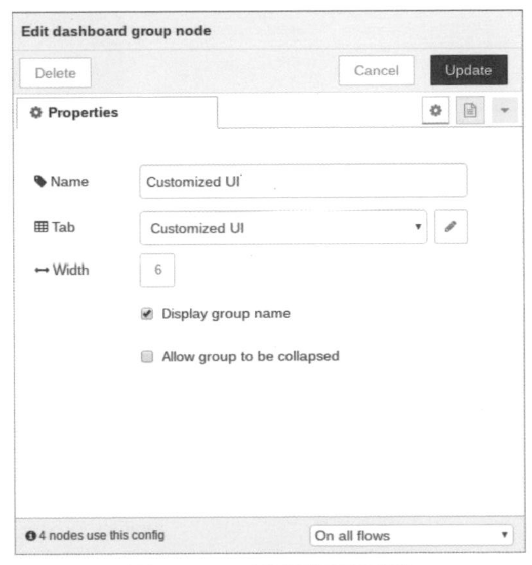

圖 12.13　群組版面配置

3. 小部件編輯：續前例，群組「Customized UI」已有 4 個小部件，可以進一步更改寬度、顏色、圖標，設定步驟大致相同，僅說明如何設定 button 與 switch 小部件：

   (1) button：隸屬於 [Customized UI] Customized UI 群組，大小 Size 為「auto」(配合群組自動調整，若群組寬度為 6 單位，button 也是 6 單位，高度 1 單位)，點擊「auto」可以設定寬度與高度。Icon 使用預設圖標，標籤為「PRESS」，Colour 值為 #0410F9，Background 為 red (紅色)(或 #FF0000)，如圖 12.14，改變設定後的使用者介面如圖 12.15。

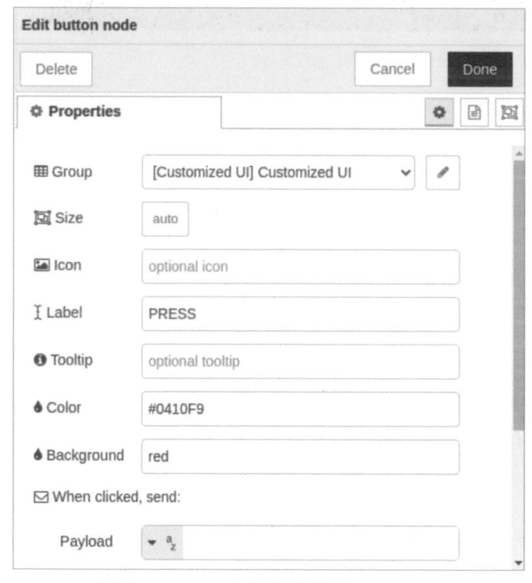

圖 12.14　小部件編輯：button

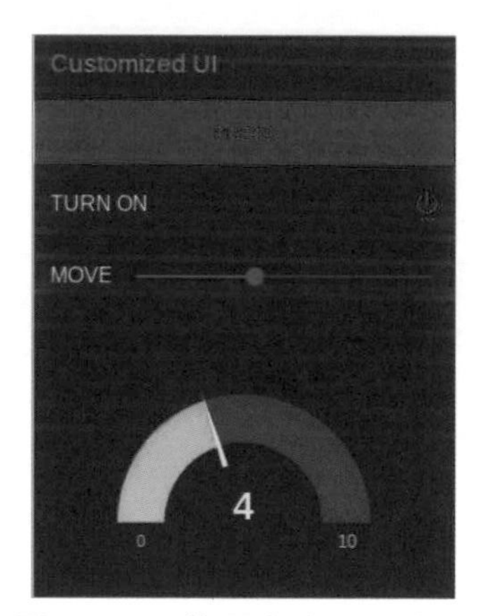

圖 12.15　使用者介面：改變 button 顏色

   (2) switch：隸屬於 [Customized UI] Customized UI 群組，標籤為「TURN ON」，Icon 選 Custom，如圖 12.16。switch 開啟與關閉的狀態不同，需分別設定：

❶ On Icon：查詢「Material Design icon」，得知一圖標名稱為「settings_power」，將名稱鍵入欄位，Colour 值為 red。

❷ Off Icon：圖標與 On Icon 相同，Colour 值為 green。

圖 12.15 中「TURN ON」標籤後面的符號即是「settings_power」圖標。

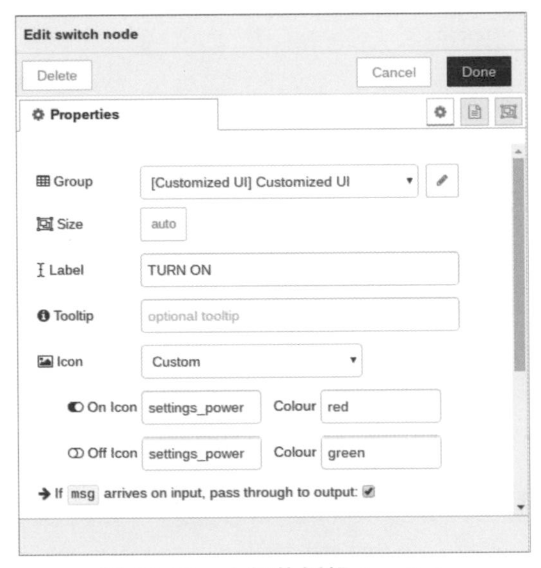

圖 12.16　小部件編輯：switch

相關網站提供的各式各樣圖標，讀者可以仔細查詢、善加運用，讓使用者介面更生動、醒目。

本章習題

12.1 試設計一使用者介面：2 個 button，標籤分別為「POWER STATION 1」、「POWER STATION 2」，使用「Font Awesome icon」圖標，名稱為「fa-power-off」。

12.2 試設計一使用者介面：1 個 switch，標籤為「MAIN ENTRANCE」，使用「Material Design icon」圖標，「On」Icon 使用「lock」，「Off」Icon 使用「lock_open」。

參考資料

1. Python 官網：https://www.python.org/ 。
2. smbus 官網：http://smbus.org/ 。
3. Javascript 與 Python 學習網站：https://www.w3schools.com/。
4. Node-RED 網站：https://nodered.org/。
5. mosquitto MQTT 官網：https://mosquitto.org/。
6. Atmel AVR 資料：https://zh.wikipedia.org/wiki/Atmel_AVR。
7. MQTT Python 函式庫官網：https://pypi.org/project/paho-mqtt/。
8. ESP8266 官網：https://www.espressif.com/en/products/socs/esp8266。

附錄 A：安裝 Arduino 函式庫方法

至相關網站下載壓縮檔，例如：至 https://github.com/PaulStoffregen/Wire 下載 Wire-master.zip，有兩種方式安裝函式庫：

1. 功能主選單 > Sketch（草稿碼）> Include Library（匯入程式庫）> Add .ZIP Library（加入 ZIP 程式庫），如圖 A1。

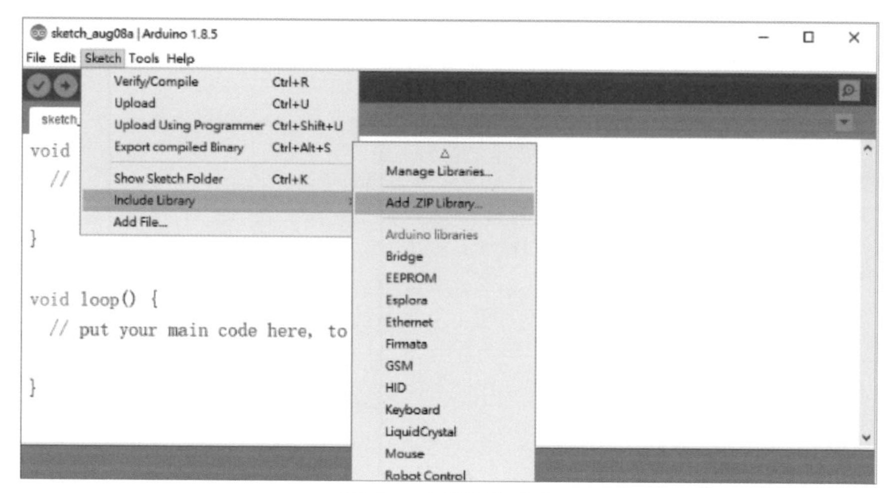

圖 A1　匯入程式庫

2. 解壓縮後將全部目錄，放在 Arduino\libraries\，例如：Wire-master，目錄有 Wire.cpp、Wire.h、以及範例。

附錄 B：電子零件清單

項次	項目名稱	數量	使用的章節
1	Raspberry Pi 4 Model B	1	1～3、5、7～11
2	Arduino UNO	1	4、7
3	ESP8266 NodeMCU	5	5～6、9～10
4	紅外線反射式感應開關	1	3、11
5	網路攝影機	1	3、11
6	樹莓派腳位 T 型轉接板	2	1、3、11
7	DHT11	1	3、8～9
8	DHT22	1	3、8～9
9	L293D 馬達控制模組	1	10
10	繼電器模組	4	4～5、8～10
11	直流馬達	1	4～5、10
12	28BYJ-48-5V 步進馬達	1	3
13	ULN2003A	1	3
14	伺服馬達 MG995	2	3～4、7、10～11
15	溫度感測器 DS18B20	1	4、7
16	溫度感測器 LM35DZ	1	4、7
17	超音波感測模組 HC-SR04	1	3、7
18	LED	10	3～8
19	RGB LED	1	7
20	330Ω 電阻器	10	3～8
21	1kΩ 電阻器	10	3～4、11
22	4.7kΩ 電阻器	1	4、7
23	10kΩ 電阻器	10	3～4、7～9
24	按壓開關	5	3～7

項次	項目名稱	數量	使用的章節
25	極限開關	3	5、10
26	磁簧開關	2	11
27	5kΩ 可變電阻器	1	5
28	光敏電阻器（CdS 5mm）	1	4、6、10
29	蜂鳴器	1	7、11
30	麵包板	2	3～11
31	跳線		3～11